Themenhefte

SCHWERPUNKTPROGRAMM **UMWELT**
SCHWEIZ. NATIONALFONDS ZUR FÖRDERUNG DER WISSENSCHAFTLICHEN FORSCHUNG
PROGRAMME PRIORITAIRE **ENVIRONNEMENT**
FONDS NATIONAL SUISSE DE LA RECHERCHE SCIENTIFIQUE
PRIORITY PROGRAMME **ENVIRONMENT**
SWISS NATIONAL SCIENCE FOUNDATION

Ökologie und Interdisziplinarität – eine Beziehung mit Zukunft?

Wissenschaftsforschung zur Verbesserung der fachübergreifenden Zusammenarbeit

Ph. W. Balsiger
R. Defila
A. Di Giulio (Hrsg.)

Springer Basel AG

Herausgeber

Dr. Philipp W. Balsiger
Interdisziplinäres Institut
für Wissenschaftstheorie und
Wissenschaftsgeschichte
Universität Erlangen-Nürnberg
Bismarckstrasse 1
D-91054 Erlangen

Fürspr. Rico Defila
lic. phil. hist. Antonietta Di Giulio
Interfakultäre Koordinationsstelle
für Allgemeine Ökologie (IKAÖ)
Universität Bern
Falkenplatz 16
CH-3012 Bern

Die Deutsche Bibliothek - CIP-Einheitsaufnahme

Ökologie und Interdisziplinarität – eine Beziehung mit Zukunft?:
Wissenschaftsforschung zur Verbesserung der fach-
übergreifenden Zusammenarbeit / Ph. W. Balsiger... (Hrsg.).
(Themenhefte Schwerpunktprogramm Umwelt)
ISBN 978-3-7643-5317-9 ISBN 978-3-0348-5036-0 (eBook)
DOI 10.1007/978-3-0348-5036-0

NE: Balsiger, Phillip W. [Hrsg.]

Ursprünglich erschienen bei Birkhäuser Verlag AG, Basel 1996

Camera-ready Vorlage erstellt von den Autoren
Umschlaggestaltung: Markus Etterich, Basel
Gedruckt auf säurefreiem Papier,
hergestellt aus chlorfrei gebleichtem Zellstoff. TCF ∞

ISBN 978-3-7643-5317-9

9 8 7 6 5 4 3 2 1

Inhaltsverzeichnis

Geleitwort

Wissenschaftsforschung, also die Forschung, welche die Wissenschaft und den "Wissenschaftsbetrieb" selber zum Gegenstand hat, scheint neuerdings in der Schweiz aus ihrem Schattendasein herauszutreten. Der Präsident der Abteilung Geisteswissenschaften schrieb in der Festbroschüre "25 Jahre Schweizerischer Nationalfonds zur Förderung der wissenschaftlichen Forschung": "Wohin führt der Weg der Menschheit? Und wohin ganz besonders führt die Forschung? Die Wissenschaftstheorie - die Forschung über die Forschung - gehört zu den vordringlichen Aufgaben, die der Nationalfonds zu unterstützen hat." Dieser Appell, der damals, nämlich im Jahr 1977, ohne Folgen blieb, ist heute von erneuter Aktualität. Dies ist kein Zufall. Wissenschaft hat seither nicht nur an Bedeutung (und Kosten) für unsere Gesellschaft weiter zugenommen, sie hat auch eine innere Entwicklung durchgemacht, welche Anlass gibt zum Nachdenken über das, was Wissenschaft ist und sein soll.

Über unsere Sinne nehmen wir die Welt zunächst als ein Ganzes wahr. Die Zerlegung dieses Gesamteindrucks in einzelne seiner Aspekte oder mit anderen Worten der fachwissenschaftliche Zugang zur Ganzheit der Wahrnehmung war die Voraussetzung für den Erfolg der neuzeitlichen Wissenschaft. Dies muss heute deutlich in Erinnerung gerufen werden. Mit der zunehmenden Spezialisierung und Verbreiterung des Wissens ging sodann auch eine Vertiefung einher, welche immer wieder gemeinsame Wurzeln verschiedener Disziplinen aufzudecken erlaubte. Dies und die Fülle des Wissens auf der einen, die Sehnsucht des Menschen nach Einheit auf der anderen Seite, sind heute Anlass, die Grenzzonen zwischen den Disziplinen ins Auge zu fassen, als fruchtbares Niemandsland zu erschliessen und schliesslich zu überwinden.

Gefördert wurde diese innere durch eine äussere Entwicklung, nämlich durch Erwartungen und Forderungen, die von aussen an die Wissenschaften immer dringender gestellt wurden und die in der Umweltproblematik besonders deutlich ihren Ausdruck, ja ihren Höhepunkt, finden. Hier ist es nicht der Wissenschafter, der seine Probleme wählt - und oft zählt ja für den Erfolg nicht weniger, wie er sie wählt, als wie er sie löst -, hier sind die Probleme auch nicht nach Disziplinen sozusagen pfannenfertig vorbereitet, hier müssen sie zunächst erkannt und in Worte gefasst werden. Dass dies nur in gemeinsamer Anstrengung verschiedener Disziplinen, eben interdisziplinär, geschehen kann, dürfte nachgerade unbestritten sein, ebenso, dass sich dazu organisatorisch und für die Forschungsförderung der Rahmen von Forschungs*programmen* anbietet, also die Ausrichtung mehrerer Projekte auf übergeordnete gemeinsame Fragestellungen. Dass schliesslich im Zusammenwirken verschiedenster Disziplinen und den damit verbundenen Schwierigkeiten die Frage auftaucht, wie denn eigentlich erfolgreiche Forschung "funktioniere", ist nur folgerichtig. Dies ist eine der Kernfragen der Wissenschaftsforschung, und sie steht im Zentrum dieses Themenhefts.

Brauchen wir "neue Forscher", um diesen Anforderungen gegenüber bestehen zu können? Soll schon ab dem ersten Studienjahr interdisziplinär gelehrt und geforscht werden? Meines Erachtens wäre dies verfehlt. Was wir brauchen, sind Forscher, die ihr Fach gründlich kennen - und dazu ist eben zeitweilig eine fast ausschliessliche Versenkung unerlässlich -, die dabei aber offen bleiben ihrem Umfeld gegenüber, sowohl den anderen Wissenschaften, wie auch der Gesellschaft im allgemeinen. Offen sein heisst kommunizieren, und kommuniziert wird auch heute noch in erster Linie mittels der Sprache (womit nicht etwa die Bildersprache gemeint ist). Wenn es Grenzen zu überwinden gilt, so handelt es sich dabei in aller Regel um - oft künstlich errichtete - Sprach-Barrieren zwischen den Disziplinen. Was sich berühmte Wissenschafter erlauben können, nämlich ihre Einsichten in einfacher und doch genauer Sprache darzustellen, das sollte auch jungen Forschern von allem Anfang an nicht nur erlaubt sein, sondern bei ihnen gezielt gefördert werden. Wobei dieser Anfang allerdings nicht erst bei den Hochschulen, sondern bei der Mittelschule, ja wesentlich früher zu setzen wäre.

Der Wissenschaftsrat als beratendes Organ des Bundesrates in Fragen der Wissenschafts- und Forschungspolitik hat sozusagen ex officio nachzudenken darüber, was Wissenschaft ist und was sie für das Gemeinwesen bedeutet. In Erfüllung dieses Auftrags hat er u.a. seine Klausurtagung 1994 dem Thema Wissenschaftsforschung gewidmet (Wissenschaftsrat, 1995), und so hat er einen Bericht zur Lage der Wissenschaftsforschung in der Schweiz erstellen lassen (Heintz und Kiener, 1995). Doch auch die Arbeiten zur Früherkennung (FER), zur Technikfolgenabschätzung (TA) sowie zur Evaluation von Forschung sind im weiteren Sinn der Wissenschaftsforschung zuzurechnen.

So unterstützt der Wissenschaftsrat die Anliegen, die in diesem Themenheft zur Sprache kommen, und wünscht ihm eine gute Aufnahme bei einer breiten Leserschaft.

Bern, im Juli 1996 | Verena Meyer

Literatur

Heintz, B. and Kiener, U. (1995) Wissenschaftsforschung in der Schweiz. Eine Bestandesaufnahme. Reihe Forschungspolitik. Schweizerischer Wissenschaftsrat (Hrsg.). FOP 21. Bern.

Wissenschaftsrat, Schweizerischer (Hrsg.) (1995) Wissenschaftsforschung. Probleme und Perspektiven. Klausurtagung 1994 des Schweizerischen Wissenschaftsrates. FOP 20. Schweizerischer Wissenschaftsrat, Bern.

Vorwort

Die Idee für dieses Buch entstand an einer Arbeitstagung des Schwerpunktzentrums "Umweltverantwortliches Handeln" (SPZ) an der Universität Bern, die der Zusammenarbeit der humanwissenschaftlichen Forschungsprojekte der ersten Phase des Schwerpunktprogramms Umwelt (SPPU) gewidmet war (1993-1995): Die Zielsetzungen und Möglichkeiten von Wissenschaftsforschung im Hinblick auf die Verbesserung der interdisziplinären Zusammenarbeit darzulegen, ihren Stellenwert und Nutzen für die Umweltforschung und -lehre aufzuzeigen.

Ermuntert und unterstützt durch die Programmleitung des SPPU haben wir es gerne übernommen, diese Idee zu realisieren, im Wissen darum, dass wir nicht eine Fülle von Antworten, sondern eher eine breite Palette an Fragen zusammenstellen können. Einer allgemeinen Einführung in das Thema folgen Beiträge, die erlauben, sonst nur getrennt vorliegende empirische und analytische Ansätze einer integrativen "Wissenschafts-Wissenschaft" exemplarisch kennenzulernen. Der Kreis der Autorinnen und Autoren wurde entsprechend weit gezogen, der Bogen der Texte bezieht verschiedenste Disziplinen und Richtungen ein. Das Buch ist so - wie wir hoffen - ein Beitrag zur Diskussion über den Zusammenhang von "Wissenschaftsforschung", "Interdisziplinarität" und "Ökologie". Es belegt auch, dass diese Diskussion - vor allem im Kontext von interdisziplinären Forschungsprogrammen - fortgeführt und vertieft werden muss.

Unser Dank gilt allen, die die Entstehung dieses Buches mit Rat und Tat unterstützt haben. An erster Stelle gebührt ein herzlicher Dank Dr. Ruedi Häberli und Walter Grossenbacher, welche den nicht immer einfachen Weg zu diesem Buch aus der Warte der Programmleitung SPPU ebenso wohlwollend wie kritisch-konstruktiv begleitet haben. Ohne ihre grosse ideelle wie finanzielle Unterstützung wäre dieses Buch nicht zustandegekommen. In diesen Dank einzuschliessen sind die Interfakultäre Koordinationsstelle für Allgemeine Ökologie (IKAÖ) der Universität Bern, in deren Räumlichkeiten die Herausgabe und Redaktion des Buches hauptsächlich vonstatten ging, und das Interdisziplinäre Institut für Wissenschaftstheorie und Wissenschaftsgeschichte (IIWW) der Universität Erlangen, das Philipp W. Balsiger die infrastrukturellen Voraussetzungen zur Mitarbeit geschaffen hat. Prof. Ruth Kaufmann-Hayoz ist für den Freiraum zu danken, den sie Rico Defila und Antonietta Di Giulio für die Arbeit an diesem Buch einräumte, den Mitarbeiterinnen und Mitarbeitern der IKAÖ für ihr Verständnis und ihre Geduld. Ein ganz besonderer Dank geht an Christine Künzli, welche einmal mehr die umfangreichen redaktionellen Arbeiten mit grosser Sorgfalt und sicherem Gespür ausführte. Unseren

Dank aussprechen möchten wir auch dem Birkhäuser Verlag für die gute Zusammenarbeit, ebenso den Reviewerinnen und Reviewern, die sich bereit erklärt haben, das Buch zu begutachten und so zu seiner Verbesserung beizutragen, obwohl das interdisziplinäre Thema eine solche Beurteilung nicht immer leicht machte. Last but not least danken wir besonders den Autorinnen und Autoren, die zur Mitarbeit in diesem für viele von ihnen nicht alltäglichen Rahmen bereit waren - von ihren Beiträgen lebt dieses Buch.

Bern und Erlangen, im Juli 1996 Philipp W. Balsiger, Rico Defila, Antonietta Di Giulio

Einführung

Ökologie und Interdisziplinarität – eine Beziehung mit Zukunft?
Wissenschaftsforschung zur Verbesserung der fachübergreifenden Zusammenarbeit
Ph. W. Balsiger/R. Defila/A. Di Giulio (Hrsg.)

Ökologie und Interdisziplinarität – eine Beziehung mit Zukunft? Wissenschaftsforschung zur Verbesserung der fachübergreifenden Zusammenarbeit

Rico Defila, Philipp W. Balsiger, Antonietta Di Giulio

Einleitung

Im Titel dieses Buches werden "Ökologie", "Interdisziplinarität" und "Wissenschaftsforschung" nebeneinander gesetzt. In welchem Zusammenhang stehen Wissenschaftsforschung, Interdisziplinarität und Ökologie?

Ein Merkmal von Gesellschaften industrialisierter Länder in der zweiten Hälfte des 20. Jahrhunderts ist ihre besondere Sensibilität in der Wahrnehmung von als bedrohlich empfundenen Veränderungen in Ökosystemen, die sie selbst betreffen. Die Werke, die von grösseren Kreisen der Bevölkerung zur Kenntnis genommen worden sind und die damit zu dieser Sensibilisierung beigetragen haben (bspw. Meadows, 1972), stimmen hinsichtlich der Gründe, die zur Bedrohungseinschätzung geführt haben, überein: übermässige Nutzung von Energie und Rohstoffen, Verschmutzung von Boden, Luft und Wasser, Zerstörung und Uniformierung von Ökosystemen sowie Mobilitätsbedürfnisse.[1] Weniger Übereinstimmung besteht hinsichtlich der Konsequenzen. Die Diskussion reicht von einer idealisierenden "Zurück-zur-Natur"-Renaissance über

1 Wie sehr die Mobilitätsbedürfnisse durch ein verändertes Verhältnis zur Zeit und damit der Beherrschung des (geographischen) Raumes bedingt sind, beschreibt u.a. Paul Virilio (1992).

den festen Glauben an die technologische Innovationskraft des Menschen (z.B. von Weizsäcker et al., 1995) bis zu einem wenig differenzierten Bekenntnis zur Selbstregulation von Systemen. Einziger gemeinsamer Nenner ist das gegenüber der Wissenschaft erhobene Problemlösungspostulat: Gefordert werden wissenschaftlich fundierte Erklärungen für vorgefundene Veränderungen und die Entwicklung situationsadäquater Handlungsmöglichkeiten. Dieses Postulat scheint nun aber eine Veränderung des bisherigen Verständnisses von Wissenschaft nach sich zu ziehen:

Bisher wurden die Gegenstände der Forschung ausgehend von wissenschaftsinternen Diskussionen und technologischen Notwendigkeiten zum grössten Teil nach wissenschaftsimmanenten Kriterien formuliert (Spiegel-Rösing, 1973). Die Erklärbarkeit von Phänomenen leitete das Erkenntnisinteresse. Methodisch wurden die Forschungsgegenstände in ihrer Komplexität bis zu einer disziplinenkonformen Erklärbarkeit reduziert. Mit dem gesellschaftlichen Postulat an die Wissenschaft, Lösungen für Umweltprobleme zu entwickeln, haben nun vermehrt auch wissenschaftsexterne Kriterien bei der Selektion von Forschungsgegenständen an Bedeutung gewonnen (de Bie, 1973: 7). Damit ergab sich die Anforderung an die Wissenschaft, (gesellschaftliche) Probleme mit ihrer in der Regel nicht wissenschafts- bzw. disziplinenkonformen Komplexität adäquat zu bearbeiten. Als weitere veränderte Rahmenbedingung kommt seit Ende der 80er Jahre hinzu, dass die Unterstützung der Wissenschaft durch die öffentliche Hand konjunkturbedingt unter zusätzlichen Druck geraten ist.

Die Wissenschaft ist durch diese Entwicklungen herausgefordert[2]: Sie ist vermehrt gezwungen, ihre hohen Kosten zulasten der Gesellschaft zu rechtfertigen. Die Gesellschaft erwartet von ihr umsetzbare Ergebnisse in gesellschaftlich drängenden Problemfeldern wie der Umweltproblematik. Angesprochen wird damit die Schnittstelle zwischen Wissenschaft und Gesellschaft, insbesondere die Frage, inwiefern und wie Wissenschaft gesteuert werden soll und kann. Dies betrifft auch und insbesondere die Umweltforschung und damit die Ökologie als Wissenschaft. Wissenschaftsforschung erlaubt, über diese Schnittstelle mit ihren Charakteristika mehr zu erfahren, mit dem Ziel, die Interaktionen von Wissenschaft und Gesellschaft zu optimieren - dies ist eine Antwort auf die eingangs gestellte Frage: Wissenschaftsforschung kann dazu beitragen,

---

2 Mocek bezieht sich in seinem 1989 veröffentlichten Aufsatz "Wissenschaft und Produktionsverhältnisse" auf Herbert Marcuses 1967 publizierte Studie "Der eindimensionale Mensch". Mocek hält drei Tendenzen als kennzeichnend für jede künftige Forschungsplanung fest und umreisst damit das, "was man sinnvoll heute schon als die künftige Gestalt der Wissenschaft bezeichnen kann" (1989: 35). Diese drei Tendenzen sind: (a) die ganzheitliche Problemkonzipierung, (b) die Interdisziplinarität "als logische Folge, den ganzheitlichen Forschungsproblemen gewappnete Forschungsteams 'entgegenzustellen'" (1989: 35/36) und (c) die Einbeziehung der sozialtheoretisch-ethischen Komponente.

mit diesen neuen Rahmenbedingungen des Verhältnisses von Wissenschaft und Gesellschaft umzugehen.

Die veränderten Rahmenbedingungen haben dazu geführt, dass innerhalb der Wissenschaft versucht wurde, eine an Umweltproblemen orientierte gesamtheitliche Ökologie als eigenständigen Wissenschaftsbereich herauszubilden. Allerdings bewegt sich eine solche Ökologie nach wie vor in einer in vielen Teilen anders gearteten wissenschaftlichen Wirklichkeit (Krohn und Küppers, 1989: 27): Wichtigstes Merkmal des Wissenschaftssystems, wie es sich seit dem 19. Jahrhundert ausdifferenziert hat, ist seine kompartimentalisierte Form. Ökologie im hier skizzierten Sinn zeichnet sich demgegenüber aus durch die Notwendigkeit breiter und flexibler Zusammenarbeit verschiedener Wissenschaftsdisziplinen (Trepl, 1987: 15), eine Notwendigkeit, die sich aus dem besonderen Charakter ihrer Erkenntnisobjekte ergibt. Eine solche Ökologie ist herausgefordert, unterschiedliche epistemologische Ansätze und sich daraus ergebende methodologische Konsequenzen verschiedener Disziplinen(gruppen) zu integrieren. Diese Integrationsleistung wiederum setzt die Möglichkeit eines Dialogs voraus.[3] Ein solcher Dialog ist bereits innerhalb der verschiedenen Fachkulturen schwierig und problematisch. Durch die Kluft zwischen naturwissenschaftlichen Disziplinen einerseits und geistes- und sozialwissenschaftlichen Disziplinen andererseits wird der Dialog über die Fachkulturen hinweg und damit die Entwicklung einer gesamtheitlichen Ökologie besonders erschwert.[4] Eine solche Vielzahl wissenschaftstheoretischer und methodologischer Schwierigkeiten zu Beginn der Konstituierung eines Wissenschaftsbereiches muss notwendigerweise zu einem begründenden und rechtfertigenden Nachdenken über dessen wissenschaftliche Praxis führen (vgl. dazu Balsiger et al., 1995), insbesondere zur Frage, wie diese Schwierigkeiten angegangen werden können. Zu untersuchen sind die Grundlagen wissenschaftlicher Praxis im allgemeinen und der disziplinübergreifenden Zusammenarbeit im besonderen. Auch dies sind - wenn auch noch recht junge - Themen der Wissenschaftsforschung: Dies die zweite Antwort auf die Frage nach dem Zusammenhang zwischen Interdisziplinarität, Ökologie und Wissenschaftsforschung: Wissenschaftsforschung kann helfen, den methodologischen Herausforderungen zu begegnen, die sich einer gesamtheitlichen Ökologie stellen.

---

3 Paul Lorenzen hat darauf hingewiesen, dass jede interdisziplinäre Forschung sich "als erstes explizit um die Konstruktion einer sprachlichen Basis bemühen" müsse (Lorenzen, 1974: 138). Diese Grundlage erachtet er als unerlässlich, um "eine in allen Schritten kontrollierbare Wissenschaft aufzubauen" (139).

4 Das Bild einer Kluft zwischen den verschiedenen wissenschaftlichen "Kulturen" geht auf Charles P. Snow zurück (Snow, 1959/87). Die Wissenschaft bildet kein homogenes Ganzes, sondern ist in verschiedene Fachkulturen gegliedert, die sich in bezug auf Forschungspraktiken, Kommunikationsformen, Wertorientierungen, paradigmatische Kohärenz etc. unterscheiden (Becher, 1989; Huber, 1990; Snow, 1959/87; Whitley, 1984). In der Regel wird heute zwischen fünf Fachkulturen unterschieden: Geisteswissenschaften, Sozialwissenschaften, Naturwissenschaften, Ingenieurwissenschaften und formale Wissenschaften, wobei es auch Disziplinen (bspw. Informatik) gibt, die sich nicht nur einer Fachkultur zuordnen lassen.

Ein Gefäss, in dem beide hier angesprochenen Gesichtspunkte eine Rolle spielen, sind staatliche Forschungsprogramme im Umweltbereich.[5] Solche Programme sind an der Schnittstelle von Wissenschaft und Gesellschaft situiert, ihre Forschungsthemen werden in einem Aushandlungsverfahren von Politik und Wissenschaft formuliert.[6] Sie orientieren sich an gesellschaftlichen Problemen und sind inter- bzw. transdisziplinär ausgerichtet. Sie bieten sich deshalb besonders dazu an, die Konsensbildungs-, Diffusions- und Integrationsprozesse[7] zu untersuchen. Trotz der Forderung nach interdisziplinärer Forschung ist wenig bekannt über die stattfindenden Prozesse und über Massnahmen zu deren Optimierung. Über die auftretenden Schwierigkeiten und insbesondere deren Lösung und Vermeidung liegen nur wenige Arbeiten vor.[8] Solches Wissen wäre jedoch nötig, um problemorientierte Forschung auf allen Ebenen möglichst effektiv planen, durchführen und unterstützen zu können. Interdisziplinäre Forschungsprojekte wären daraufhin zu untersuchen:

- "Ob und mit welchen Kooperations-Formen neues problemorientiertes Wissen produziert werden kann;
- welche Strukturen und Massnahmen zur Unterstützung der Kommunikation und Kooperation dienlich sein können;
- wie ein adäquates Integrationsinstrumentarium entwickelt werden kann;
- durch welche Merkmale sich die stattfindenden Konsensbildungs-, Integrations- und Diffusionsprozesse auszeichnen und wie sie optimiert werden können;
- wie das erarbeitete individuelle Wissen und Können für einen grösseren Kreis als die direkt Beteiligten nutzbar gemacht werden kann" (Defila und Di Giulio, 1996).

---

5 Es ist denn auch kein Zufall, dass das vorliegende Buch in der Reihe "Themenhefte des Schwerpunktprogramms Umwelt" erscheint: Bezeichnenderweise wurde von den eidgenössischen Räten gleichzeitig mit der Schaffung dieses und weiterer fünf interdisziplinärer Forschungsprogramme 1991 beschlossen, aus deren Mitteln explizit auch Vorhaben der Technologiefolgenabschätzung und Wissenschaftsforschung zu fördern (Protokoll des Ständerats vom 04.06.91: 372ff.).

6 S. hierzu insbesondere Küppers et al. 1978 und 1979.

7 Konsens, Integration und Diffusion sind nach Gibbons et al. 1994 notwendige Voraussetzungen, damit problemorientierte Forschung tatsächlich zur Lösung gesellschaftlich relevanter Probleme beitragen kann; vgl. hierzu, insbesondere hinsichtlich der Anwendung auf interdisziplinäre Forschungsprogramme, ausführlich Defila und Di Giulio 1996.

8 Die Fallstudie von Krott ist ein Beispiel neueren Datums für eine solche Arbeit im Bereich interdisziplinärer Forschung ("Waldsterben") (vgl. auch Krott in diesem Buch). Er weist auf die im Programm aufgetretenen Schwierigkeiten hin und zeigt auch gewisse vor allem strukturelle Massnahmen auf, mit denen sie vermieden werden könnten (Krott, 1994: bspw. 289ff.), hat jedoch die stattfindenden Konsensbildungs-, Integrations- und Diffusionsprozesse nicht im einzelnen untersuchen können. Die von ihm vorgeschlagenen Massnahmen sind aus der spezifischen Situation der von ihm analysierten Waldschadensforschung abgeleitet und können nicht ohne weiteres auf andere Forschungskontexte und Fachkulturen übertragen werden. Weitaus die meisten vorhandenen Arbeiten sind - auch in anderen Forschungszusammenhängen (z.B. Blaschke und Lukatis, 1976) - Fallstudien ähnlicher Art.

Hinzu käme die Frage der Entwicklung adäquater Kriterien als Grundlage für die Evaluation solcher Forschungsprogramme und die Begutachtung und Beurteilung entsprechender Projekte.[9] Alle diese Fragen gehören ebenfalls in die Domäne der Wissenschaftsforschung.

Die dargelegten Fragen würden eingehende theoretische und empirische (begleitende) Untersuchungen verlangen. Die diesbezügliche Forschungssituation, namentlich in der Schweiz, ist jedoch noch unbefriedigend.[10] Der heutige Stand des Wissens führt notgedrungen zu einer Liste wünschbarer, aber noch ausstehender Erkenntnisse und zeigt damit auch einen beträchtlichen Forschungsbedarf auf.

Eine breite Diskussion über Stellenwert, Stand und Nutzen der Wissenschaftsforschung hat in der Schweiz anlässlich der Beratung der Forschungsbotschaft im Bundesparlament 1991 begonnen.[11] Der Schweizerische Wissenschaftsrat widmete 1994 seine Klausurtagung der Wissenschaftsforschung (Wissenschaftsrat, 1995). Ebenfalls gab er eine Studie über den Stand der Wissenschaftsforschung in der Schweiz in Auftrag (Heintz und Kiener, 1995).[12] An der Klausurtagung herrschte Konsens über die generelle Förderungswürdigkeit der Wissenschaftsforschung, ebenso darüber, dass diese direkt und indirekt einen Beitrag zur Wissenschaftspolitik leisten kann; "die Art und Weise der Förderung bleibt jedoch zu bestimmen" (Wissenschaftsrat, 1995: 61). Heintz und Kiener versuchen in ihrer Studie die diesbezüglichen Positionen auf einen Nenner zu bringen: Wissenschaftsforschung in der Schweiz sollte keine ordentlichen

9 Vgl. in diesem Zusammenhang auch die Forderung der Schweizerischen Akademischen Gesellschaft für Umweltforschung und Ökologie (SAGUF), dass für eine "transdisziplinäre und partizipative Umweltforschung" angemessene "Qualitätsmerkmale" zu entwickeln sind, auch wenn diese "wissenschaftstheoretisch noch wenig verankert [sind]" (Roux, 1995: 33).

10 Vorschläge für Projekte, in denen eine "analysierende Begleitung von Forschungsprojekten (...) im Hinblick vor allem auf die Weiterentwicklung der Umweltwissenschaft und ihrer Methodologie" vorgenommen worden wäre, wurden bspw. in der 1. Phase des SPPU 1993-1995 unterbreitet, konnten jedoch nicht aus Mitteln des SPPU finanziert werden (Programmleitung SPPU, 1993: 28; vgl. auch Balsiger, 1995; Balsiger et al., 1995).

11 Diese Diskussion wurde und wird in der Schweiz insbesondere im Zusammenhang mit interdisziplinären Forschungsprogrammen geführt: Zu erwähnen sind namentlich das damals beschlossene Schwerpunktprogramm "Umwelt" (SPPU), das über das Jahr 2000 hinaus fortgeführt werden soll und dessen zweite Phase 1996 eingesetzt hat, sowie das Schwerpunktprogramm "Demain la Suisse", das 1996 begonnen hat.

12 Auf diese Arbeiten kann hier im wesentlichen abgestellt werden: Die Situation der Wissenschaftsforschung in der Schweiz wird als ungenügend beurteilt. Entsprechende Zentren fehlen, anders als in den meisten anderen Ländern erfolgte bis anhin keine spezifische Förderung, die meisten Aktivitäten sind an einzelne Personen gebunden, Forschung und Lehre weisen stark punktuellen Charakter auf, es fehlt an Kontinuität wie an Perspektiven etc. (Heintz und Kiener, 1995: 50f.). Internationale Resonanz hingegen (vgl. Wissenschaftsrat, 1994: 24) finden zumindest die Aktivitäten des Schweizerischen Wissenschaftsrates im Bereich der "forschungspolitischen Früherkennung" (FER) (s. die Beiträge in der Zeitschrift *Futura Fer*).

Mittel binden, die anderswo gestrichen werden müssten, nicht zeitlich unbeschränkt institutionalisiert werden und nur beschränkt zentralistisch organisiert sein (Heintz und Kiener, 1995: 54).[13]

Zu den Begriffen

Das vorliegende Buch gibt Einblick in verschiedene Zugänge einer breit verstandenen Wissenschaftsforschung: Es bietet Gelegenheit, sonst nur getrennt vorliegende empirische und analytische Ansätze der Wissenschaftsforschung exemplarisch kennenzulernen. Das Buch versteht sich als Beitrag zur Diskussion, welchen Stellenwert und Nutzen Wissenschaftsforschung für Umweltforschung und -lehre haben kann und wie sie zur Entwicklung einer gesamtheitlichen Ökologie beitragen kann.

Im ersten Teil des Beitrages wurden der Zusammenhang von Wissenschaftsforschung, Ökologie und Interdisziplinarität sowie die Fragen, die Wissenschaftsforschung in diesem Zusammenhang angehen könnte, skizziert. Nunmehr scheint es zweckdienlich, das Thema ausgehend von einer Diskussion der drei Begriffe stärker zu umreissen:

Wissenschaftsforschung

"*Wissenschaftsforschung* umfasst all jene wissenschaftlichen Arbeiten, die sich empirisch oder reflektierend mit Wissenschaft befassen. Anstatt von 'Wissenschaftsforschung' müsste man deshalb besser von '*Wissenschafts-Wissenschaft*' sprechen. 'Wissenschafts-Wissenschaft' ist in diesem Sinn ein Oberbegriff und bezieht sich auf den gesamten Bereich der systematischen Erforschung der Wissenschaft, unabhängig davon, ob das Vorgehen eher analytisch (wie in der Wissenschaftsphilosophie) oder eher empirisch ausgerichtet ist (wie in der Wissenschaftsgeschichte und -soziologie). Gegenstand der 'Wissenschafts-Wissenschaft' ist die Wissenschaft, und zwar in ihren institutionellen wie epistemischen Dimensionen" (Heintz und Kiener, 1995: 2f.). Spezifischer untersucht Wissenschaftsforschung wissenschaftsinterne wie -externe Faktoren, die als Bedingungen für wissenschaftliches Handeln sowie als wissenschaftliche Handlun-

[13] In der Wissenschaftsförderung des Bundes findet sich dies wieder: Die Botschaft 1996-1999 sieht eine Förderung der Wissenschaftsforschung ausschliesslich im Rahmen bestehender Gefässe vor (Botschaft, 1994).

gen selbst auftreten.[14] Spiegel-Rösing umschreibt ihre Aufgabe als "(...) die theoretische und empirische Analyse der Wissenschaftsentwicklung und ihrer Steuerbarkeit auf verschiedene Ziele sowie die kritische Reflexion der gesellschaftlichen Voraussetzungen und Konsequenzen von Wissenschaft" (Spiegel-Rösing, 1973: 28). Wissenschaftsforschung ist prozessorientiert und hat nicht primär begründenden Charakter. Ihr Interesse gilt der Art und Weise "realzeitlichen Forschungshandeln(s) und (den) Forschungsprozesse(n) der Wissenschaften" (Amann und Knorr-Cetina, 1991) sowie deren Konsequenzen.

Mit dieser Begriffsbestimmung[15], die auch dem vorliegenden Buch zugrundegelegt wird, geht folgendes einher:

- Eine solche Wissenschaftsforschung hat Forschung wie Lehre zum Gegenstand:[16] Sie beschäftigt sich sowohl mit der Funktionsweise von Wissenschaft als auch mit den Wechselwirkungen zwischen Wissenschaft und Gesellschaft, so der Steuerung von Wissenschaft und der Evaluation der Forschung; sie richtet sich primär an die Wissenschaft selbst, liefert jedoch auch wissenschaftspolitische Grundlagen sowie Grundlagen zur Optimierung von Forschung und Lehre. Wissenschaftsforschung ist damit sowohl Ausdruck einer wissenschaftlichen Selbstreflexion als auch wissenschaftliches Fundament der Wissenschaftsförderung - "Symbol der Autonomie des Wissenschaftssystems und gleichzeitig ein wichtiges Instrument zur Steuerung dieses Systems durch die Politik" (Heintz und Kiener, 1995: 53).
- Beiträge zu einer breit verstandenen integrativen Wissenschaftsforschung im Sinne einer "Wissenschafts-Wissenschaft" resultieren aus mehreren Disziplinen, vornehmlich aus der

---

14 Als Forschungsgegenstand ist der Forschungsprozess weiter zu differenzieren: Es sind Faktoren (gemeint sind diejenigen Einflüsse, die als Bedingungen und begleitende Umstände hingenommen werden müssen) und handlungsleitende Kriterien (an denen sich die Forschenden bei der Problemauswahl und bei der Entscheidung für Lösungsstrategien orientieren) zu untersuchen, die beide in unterschiedlicher Weise die Inhalte beeinflussen (vgl. dazu Peckhaus, 1988: 205f.).

15 Verwirrlich ist, dass in der Literatur mit "Wissenschaftsforschung" oft nur deren empirischer Teil angesprochen wird, d.h. die Wissenschaftssoziologie. Der unterschiedliche Sprachgebrauch steht für eigentliche Grabenkämpfe insbesondere zwischen Vertretern der Wissenschaftstheorie und der Wissenschaftssoziologie in Deutschland in den 70er und 80er Jahren: Während die philosophische Seite der anderen "disziplinären Imperialismus" vorwirft (Mittelstrass, 1988; s. bereits Mittelstrass 1982), spricht die wissenschaftssoziologische vom "Bankrott der Wissenschaftstheorie" (Weingart, 1984). Für einmal könnte die typisch schweizerische Verzögerung (s. hierzu Wissenschaftsrat, 1995) von Vorteil sein: Folge der im Vergleich zu anderen Ländern weitgehenden Abstinenz von Wissenschaftsforschung welcher Art auch immer dürfte sein, dass heute der Einstieg jenseits solcher ideologischer Grabenkämpfe eher möglich scheint. Da sich der Begriff "Wissenschafts-Wissenschaft", der schon in den 30er Jahren eingeführt worden ist (Ossowska und Ossowski, 1936), jedenfalls im Westen nie durchgesetzt hat, scheint es zweckdienlich, diesen interdisziplinären, integrativen Ansatz (Hoyningen-Huene, 1995: 19 und 22) nach wie vor mit "Wissenschaftsforschung" zu bezeichnen, zu der die Wissenschaftssoziologie ebenso wie die Wissenschaftsphilosophie und -geschichte ihre Beiträge leisten.

16 Hier zeigt sich auch die enge Verknüpfung von Hochschul- und Wissenschaftsforschung (Heintz und Kiener, 1995: 22, entgegen Wissenschaftsrat, 1995: 5).

Wissenschaftsphilosophie, der Wissenschaftssoziologie und der Wissenschaftsgeschichte, aber bspw. auch aus der Politologie und der Ökonomie.[17]

- Als besonders wichtig erweist sich die Zusammenarbeit mit den Vertretern weiterer als der genannten Disziplinen; nur wenn die Wissenschaftsforschung zur methodischen und institutionellen Aufklärung der Wissenschaftspraxis selbst beiträgt, kann sie wirksam werden und wird von deren Angehörigen akzeptiert.[18] Sie darf sich nicht darauf beschränken, "l'art pour l'art" zu betreiben und sich nur an diejenigen zu wenden, die selber in der Wissenschaftsforschung aktiv sind.
- Wissenschaftsforschung ist damit selbst ein fachübergreifendes Forschungsfeld, das sich mit den Schwierigkeiten konfrontiert sieht, zu deren Lösung sie beitragen soll (Wissenschaftsrat, 1995: 7 und 48).[19]

An der erwähnten Klausurtagung des Schweizerischen Wissenschaftsrates 1994 wurden zehn Bereiche identifiziert, denen sich Wissenschaftsforschung annimmt bzw. annehmen sollte, darunter "Mécanismes réels de l'interdisciplinarité, possibilités d'intervention de la politique scientifique pour les renforcer" (Wissenschaftsrat, 1995: 4). Bereits in der Debatte über die Forschungsförderung im Bundesparlament wurde als besonderes Ziel der Wissenschaftsforschung die Förderung der interdisziplinären Zusammenarbeit und Koordination genannt (Protokoll des Ständerats vom 04.06.91). Hoyningen-Huene wiederum sieht als besondere Rolle für die Wissenschaftsphilosophie, eine "Integrationsinstanz für interdisziplinäre Bemühungen aller Art, insbesondere über die Grenzen einander fernliegender Disziplinen hinweg"

[17] In der Regel von Angehörigen der untersuchten Disziplinen selbst bearbeitet werden Vorhaben, die der Rekonstruktion des jeweiligen Fachs dienen (z.B. Werkeditionen von Naturwissenschaftlern). Diese "interne Wissenschaftsforschung" (Heintz und Kiener, 1995: 3) ist fast ausschliesslich auf Naturwissenschaften, Medizin und Mathematik beschränkt.

[18] Es ist zu bedenken, dass, wer Wissenschaftsforschung treibt, sich dem Vorwurf aussetzt, gerade angesichts der Leistungsfähigkeit der Natur- und Ingenieurwissenschaften überflüssig zu sein und im übrigen aufgehört zu haben, Wissenschaft zu treiben, kurz: ein "Metameier" zu sein, "der von dem lebt, was die anderen leisten" (Mittelstrass, 1988).

[19] Auch in der Wissenschaftsforschung ist die Tendenz festzustellen, in letzter Konsequenz einer einseitigen fachlichen Perspektive verhaftet zu argumentieren: Ein Beispiel dafür liefert Weingart (1995). Das Gutachten des deutschen Wissenschaftsrates (Wissenschaftsrat, 1994) plädiert aufgrund der zunehmenden Komplexität der Forschungslandschaft und der dadurch verlorenen Übersicht für eine professionelle Wissenschaftsforschung. Weingarts Konsequenz daraus bleibt ausschliesslich eine soziologische. Zwar scheint seine Argumentation von der Einsicht getragen, dass zur Konsolidierung der Wachstumsbranche "Wissenschaft" ein Überdenken ihrer Funktion und Zielsetzung unabdingbar ist, und Weingart anerkennt auch, dass Wissenschaftstheorie - als Reflexion der Bedingungen wissenschaftlicher Rationalität - und Wissenschaftsgeschichte - als Aufarbeitung und Darstellung der Genese von Wissenschaften und allenfalls deren organisatorischer und sozialer Bedingtheit - das geforderte "Wissen über Wissenschaft" seit langem produzieren. Gleichzeitig erachtet er aber gerade dieses Wissen in planerischer Hinsicht als nur teilweise relevant oder gar irrelevant. Die durch Weingarts Vorschläge dokumentierte Reduktion von Wissenschaftsforschung auf eine ausschliesslich soziologische Dimension würde jedoch zu kurz greifen. Der Stellenwert des historischen und erkenntnistheoretischen Rahmens wissenschaftlicher Erkenntnisproduktion würde aussen vor bleiben und so ein unzureichendes Bild einer in dynamischer Neuorientierung befindlichen Wissenschaftslandschaft gezeichnet werden.

sein zu können (Hoyningen-Huene, 1995: 26).[20] Wissenschaftsforschung wird - vor allem in der Schweiz - also insbesondere im Zusammenhang mit Interdisziplinarität diskutiert. Daraus erklären sich auch die Bedeutung für das Schwerpunktprogramm Umwelt und dessen Engagement für die Wissenschaftsforschung. Das vorliegende Buch versteht sich somit auch als Beitrag zu einer interdisziplinären integrativen Wissenschaftsforschung, die sich Fragen der Interdisziplinarität in Forschung und Lehre annimmt.

Ökologie

Die Umschreibung des Begriffes "Ökologie" gestaltet sich nicht einfach. Dies hat verschiedene Gründe: "Ökologie" wird sowohl zur Bezeichnung einer politischen Bewegung als auch zur Bezeichnung einer Wissenschaft verwendet (und nur letztere ist im Zusammenhang des vorliegenden Buches von Interesse). Eingeführt wurde "Ökologie" im 19. Jahrhundert ursprünglich zur Bezeichnung einer (Teil-)Disziplin der Biologie; diese Terminologie besteht auch heute noch. Seit der Mitte des 20. Jahrhunderts hat sich aber - parallel zu diesem fachspezifischen Verständnis - im Zusammenhang mit der Umweltproblematik ein interdisziplinäres Verständnis von "Ökologie" herausgebildet, das alle Wissenschaften umfasst. Diese gesamtheitliche "Ökologie" hat in den letzten Jahren zunehmend an Bedeutung gewonnen, was zum Versuch ihrer Institutionalisierung im Wissenschaftssystem geführt hat. Die gesamtheitliche Ökologie kann zudem als eher junge, wissenschaftstheoretisch noch nicht fundierte Wissenschaft bezeichnet werden. Entsprechend hat sich bis anhin auch keine Terminologie durchsetzen können, und die hier mit gesamtheitlicher Ökologie bezeichnete interdisziplinär ausgerichtete Wissenschaft wird an den Hochschulen unter verschiedenen Namen und institutionell unterschiedlich beheimatet betrieben.[21]

Eine weite Auffassung von "Ökologie", verstanden als interdisziplinärer Bereich der Wissenschaft mit integrativem Anspruch, ist etwa folgende: "Ökologie als Wissenschaft handelt von Wechselwirkungen zwischen Lebewesen und ihrer Umwelt. Sie setzt einen Pluralismus der Er-

---

20 Hoyningen-Huene weist darauf hin, dass die Wissenschaftsphilosophie kaum als Lieferantin von Ergebnissen auftreten kann, die unmittelbar in politische Entscheidungen umgesetzt werden können; dies dürfte eher eine Domäne der Wissenschaftssoziologie bleiben. Hingegen kann die Wissenschaftsphilosophie insbesondere auch eine Integrationsinstanz für die interdisziplinären Bemühungen der Metawissenschaften selbst abgeben, denen allein er eine Chance für eine "wissenschaftliche Wissenschaftspolitikberatung" gibt (Hoyningen-Huene, 1995: 26).

21 Auf die weiteren Definitions- und Abgrenzungsfragen und die Begriffsgeschichte von "Ökologie" wird hier nicht eingegangen; s. hierzu Di Giulio in diesem Buch mit weiteren Hinweisen. Für die Einbettung der Entstehung der Ökologie im Traditionszusammenhang der Naturgeschichte sei insbesondere verwiesen auf Trepl 1987.

kenntnismethoden und interdisziplinäre Zusammenarbeit voraus" (Balsiger, 1991). Ökologie ist damit einerseits ein eigenständiger Wissenschaftsbereich, andererseits finden sich in den meisten Disziplinen fachspezifische Zugänge zu Themen und Fragen einer gesamtheitlichen Ökologie. Balsiger schlägt vor, diese Zugänge mit "Umweltwissenschaften" zu bezeichnen: "Umweltwissenschaften (...) umfassen diejenigen Teilgebiete einer (...) Wissenschaft (...), welche sich mit ökologischen Fragestellungen beschäftigen" (Balsiger, 1991).[22]

Diese bewusst sehr offene Umschreibung wird im Zusammenhang dieses Buches anhand des Begriffs "Umweltprobleme" eingegrenzt: Von Interesse ist, wie sich Wissenschaft adäquat mit der Umweltproblematik auseinandersetzt, also eine Ökologie, die sich grundsätzlich an Umweltproblemen orientiert.[23] Als Folgen der Interaktionen des Menschen mit der ihn umgebenden Natur sind sie Probleme, die sich aus der Beziehung des Menschen zur Natur ergeben und damit beim Menschen, seinen Verhaltensweisen und Handlungen, anzusiedeln sind (s. auch Di Giulio in diesem Buch und Di Giulio 1993).[24]

Dieselbe Fokussierung kann auch für "Umweltwissenschaften" vorgenommen werden: Gestützt auf diese Eingrenzung ist nicht jede Fragestellung, welche die Natur oder den Menschen zum Gegenstand von Forschung macht, per se eine "ökologische Fragestellung"; nur diejenigen Ansätze, die sich auf Umweltprobleme und damit auf die Wechselwirkungen zwischen Mensch und (aussermenschlicher) Natur beziehen, werden vorliegend als umweltwissenschaftliche Beiträge zu einer interdisziplinären Ökologie bezeichnet. Dies erlaubt insbesondere die Abgrenzung von den Forschungsinteressen und -themen der Naturwissenschaften, die sich seit jeher mit Phänomenen der Natur beschäftigen, ohne sich deswegen in einen weiteren Kontext einzubinden. Ebenso können damit geistes- und sozialwissenschaftliche Ansätze, die sich mit der (sozialen) Umwelt des Menschen beschäftigen, dabei jedoch keinen Bezug auf die aussermenschliche Natur nehmen, ausgeklammert werden.[25]

---

22 Diese Begriffsbestimmungen zeigen, dass eine solche Ökologie sich nur schwer in Relation zu einem traditionellen Fächerkanon bringen lässt.

23 "Umweltprobleme" sind negativ bewertete Veränderungen in der aussermenschlichen Natur: Es bietet sich aus pragmatischen Gründen an, in diesem Zusammenhang den Menschen als Spezies aus dem umfassenden Naturzusammenhang zu lösen und der "aussermenschlichen Natur" - d.h. der natürlichen Umwelt des Menschen ohne diesen selbst und ohne dessen Artefakte - gegenüberzustellen (vgl. Di Giulio in diesem Buch; Di Giulio, 1993). Auf erkenntnistheoretische Probleme einer solchen Gegenüberstellung, namentlich das Problem der Subjekt-Objekt-Spaltung, wird an dieser Stelle nicht näher eingegangen (vgl. auch Balsiger, 1991: 31ff. und 37).

24 Diese Fokussierung ändert nichts am gesamtheitlichen Charakter der Ökologie. Die Beziehung Mensch-Natur und im speziellen die Umweltprobleme umfassen mehr Aspekte, als mit einem disziplinären Ansatz bearbeitet werden können: Informationen über Umweltprobleme, deren Erklärung, Grundlagen für deren Bewertung und Prognosen über mögliche zu erwartende Veränderungen sind von verschiedenen Disziplinen zu liefern.

25 Solche Eingrenzungen können auch als Kriterien bei der Förderung entsprechender Forschung dienen: Nur wenn der Bezug eines Projekts auf die Wechselwirkungen zwischen Mensch und (aussermenschlicher) Natur überzeugend dargestellt ist, verdient es, im Rahmen eines interdisziplinären Umwelt-Forschungsprogramms gefördert zu werden.

Wie bereits erwähnt, fehlt eine einheitliche Ausrichtung der Umweltforschung und -lehre. Eine gesamtheitliche Ökologie bildet sich letztendlich erst allmählich als Wissenschaft heraus (Di Giulio, 1993). So fehlen beispielsweise allgemein anerkannte wissenschaftskonstituierende Sätze genauso wie normierte Handlungen (Methoden oder standardisierte Interaktionen in der Scientific Community). Die Harmonievorstellung ("ökologisches Gleichgewicht") und die Schutzwürdigkeit von Natur liegen zwar der Ökologie zugrunde, sind aber wissenschaftstheoretisch nicht begründet.

Die wissenschaftliche Fundierung der Ökologie ist Aufgabe der Wissenschaftsforschung: Die Merkmale, welche die interdisziplinäre Ökologie kennzeichnen, sind jedoch nur durch eine integrative Wissenschaftsforschung bearbeitbar. Eine weitgehend auf sozialwissenschaftliche Zugänge beschränkte (und damit disziplinäre) Wissenschaftsforschung (vgl. dazu: Wissenschaftsrat, 1995: 15; Felt et al., 1995) - wie sie bisher vornehmlich betrieben wurde - reicht angesichts der Neuartigkeit der Problemstellung nicht aus: Zusätzlich zu wissenschaftssoziologischen Fragen, wie die nach der Steuerbarkeit von Wissenschaft oder die nach der Organisationsform von Wissenschaft, interessieren ebenso wissenschaftsphilosophische und -historische Themen. Als Beispiele wissenschaftsphilosophischer Fragen seien hier genannt: die Frage nach der "Verantwortung des individuellen Wissenschaftlers und der Verantwortung von Wissenschaftlerkollektiven" (Hoyningen-Huene, 1995: 17) oder danach, welche Zielsetzung die Wissenschaften insgesamt und eine wissenschaftliche Ökologie im besonderen hinsichtlich der Gesellschaft haben sollten (Hoyningen-Huene, 1995: 17). Als Beispiel einer wissenschaftshistorischen Frage sei die nach der Genese verschiedener wissenschaftlicher Disziplinen, die sich mit ökologierelevanten Problemen befassen, aufgeführt. Als Beispiel an der Schnittstelle der genannten drei Zugänge sei hier schliesslich die interdisziplinäre Frage angegeben, durch was sich die verschiedenen epistemischen und methodischen Ansätze einer gesamtheitlichen Ökologie auszeichnen und wie diese integriert werden können.

Eine bloss additive Anhäufung wissenschaftssoziologischer, -philosophischer und -historischer Kenntnisse genügt zur Erhellung des wissenschaftlichen Fundamentes der Ökologie nicht. Sollen diese für die weitere Entwicklung der Ökologie dienlich sein, so müssen sie im Sinne einer qualitativen Orientierungshilfe formuliert werden. Dies wiederum bedeutet, dass die betreffenden Erkenntnisse bzw. die zu ihnen führenden Prozesse im Sinne einer gesamtheitlichen Wissenschaftsforschung integriert werden müssen.[26]

26 Eine solche Integrationsleistung verlangt namentlich das auf den Grundlagen des methodischen Konstruktivismus (Janich, 1992: 13) basierende "Erlanger Konzept" einer integrativen Wissenschaftsforschung. Diese generiert "Wissen über die Praxis wissenschaftlichen Handelns, insbesondere in ihrer sozialen, kulturellen und politisch-ökonomischen Einbindung (...)" und verwendet dazu in integrativer Absicht die "Ergebnisse und Methoden mindestens der drei Disziplinen Wissenschaftstheorie, Wissenschaftssoziologie und Wissenschaftsgeschichte" (Peckhaus, 1988: 203; ähnlich: Kötter und Thiel, 1988: 1; Thiel, 1992: 133).

Inter- und Transdisziplinarität

Wissenschaftliche Beschäftigung mit der Umweltproblematik heisst also, gesellschaftlich relevante Probleme zu untersuchen und zu deren Lösung beizutragen. Solche Probleme sollen in ihrer tatsächlichen Komplexität angegangen und nicht auf die disziplinären Grenzen und Sichtweisen kompartimentalisiert und damit reduziert werden (s. bspw. van den Daele et al., 1979; Gibbons et al., 1994). Entsprechende Forschung ist damit immer geprägt durch den Anspruch der Integration, d.h. die gewonnenen Erkenntnisse und Problemlösungsansätze sollen zu einer Gesamtsicht integriert und nicht bloss akkumuliert werden. Diese Art von Forschung stellt hohe Ansprüche an die Beteiligten: intensive Kommunikation und Kooperation bilden die Voraussetzungen zu einer tatsächlichen Problemlösung, ebenso wie eine gemeinsame Problemsicht und Sprache. Gleichzeitig gilt es, das erworbene Wissen handlungswirksam werden zu lassen, d.h. seinen Transfer in die Öffentlichkeit, zu den Anwenderinnen und Anwendern, zu gewährleisten (s. auch Stichweh, 1994).[27] Sie sprengt gewissermassen die disziplinären Strukturen und überschreitet auch die Grenzen der Wissenschaft: Sie bildet im Sinne von Gibbons et al. 1994 einen neuen Forschungsmodus.[28]

Problemorientierte Forschung muss damit notwendigerweise *interdisziplinär* organisiert sein. Gesellschaftlich relevante Probleme werden in Forschungsfragen transformiert und im Rahmen von problemorientierten Forschungsprogrammen interdisziplinär bearbeitet (van den Daele et al., 1979).

Damit stellt sich die Frage, was unter Interdisziplinarität überhaupt verstanden werden soll.[29] Auffällig ist die grosse Heterogenität der verwendeten Begriffe: Jeder Versuch der Systematisie-

27 Gelingt derartige Forschung, erwerben die Beteiligten dadurch ein spezifisches Wissen und Können, das über reines Faktenwissen und blosse Sachkompetenz hinausgeht. Es umfasst im idealen Fall auch Integrations- und Konsensbildungskompetenzen, Kommunikations- und Kooperationsfähigkeiten. Auf der Suche nach einer gemeinsamen Sprache und Problemsicht haben die Beteiligten gelernt, ihre eigene Fachkultur in Relation zu anderen Fachkulturen zu setzen, und damit, ihre eigene Fachkultur zu reflektieren.

28 Problemorientierte Forschung wird als eigener Modus der Wissensproduktion durch folgende Charakteristiken beschrieben ("Modus 2"):

- Seine Interdisziplinarität (bzw. Transdisziplinarität; s. unten),
- seine Heterogenität,
- das Infragestellen der traditionellen Orte der Wissensproduktion,
- die Zusammenarbeit zwischen ausser- und inneruniversitären Forschungsinstitutionen und
- seine Problemorientierung (Gibbons et al., 1994).

Dieser Modus der Wissensproduktion leistet nicht nur einen Beitrag zur Problemlösung und zur Umsetzung wissenschaftlicher Erkenntnisse, er führt auch zu neuem und neuartigem Wissen (s. auch Defila und Di Giulio, 1996).

29 Eine Übersicht über den neueren Stand der Forschung über Interdisziplinarität ergibt sich bspw. aus Klein 1990, Hübenthal 1991 und Kocka 1987 (vgl. auch Arber, 1993; Gräfrath et al., 1991; Mittelstrass, 1989a, 1989b und 1995).

rung, der weiteren Untergliederung fachübergreifender Zusammenarbeit ("Cross-", "Multi-", "Pluri-" und "Kon-"disziplinarität mögen als Beispiele genügen) hat nur die Fülle der Begriffe vermehrt, ohne dass sich ein bestimmtes Verständnis hätte durchsetzen können. Die Herausgebenden plädieren deshalb dafür, eine offene Form der Begriffsumschreibung zu wählen und von Fall zu Fall, in Abhängigkeit von Kontext und Zweck der jeweiligen Aktivitäten und Zusammenarbeitsformen, festzulegen, welche weitergehende begriffliche Untergliederungen vorzunehmen sind. Sie verstehen entsprechend unter "Interdisziplinarität" *"eine Form wissenschaftlicher Kooperation in Bezug auf gemeinsam zu erarbeitende Inhalte und Methoden, welche darauf ausgerichtet ist, durch Zusammenwirken geeigneter Wissenschaftler/innen unterschiedlicher fachlicher Herkunft das jeweils angemessenste Problemlösungspotential für gemeinsam bestimmte Zielsetzungen bereitzustellen. Eine Vielzahl unterschiedlicher Faktoren und deren Verhältnis zueinander legt eine solche Zusammenarbeit von Fall zu Fall fest"* (Balsiger, 1991).

Im Kontext eines interdisziplinären Forschungsprogramms wie des Schwerpunktprogramms Umwelt, das Beiträge zur Lösung gesellschaftlicher Probleme liefern will, ist das Verhältnis von Wissenschaft und Praxis von grosser Bedeutung: Problemorientierte Forschung ist oft auch anwendungsorientiert, d.h. Adressat der Forschung ist nicht, wie etwa in der Grundlagenforschung, vor allem die Wissenschaft, sondern ebenso oder sogar noch mehr das wissenschaftsexterne Umfeld (Unternehmen, Schulen, politische Instanzen etc.). Problemorientierte Forschung ist deshalb oft fachübergreifende Forschung, die gemeinsam mit den Anwenderinnen und Anwendern entwickelt und durchgeführt wird. Sie überschreitet in diesem Fall die Grenzen des Wissenschaftssystems und kann dann *transdisziplinär* genannt werden. Diese begriffliche Spezifizierung von Interdisziplinarität basiert in erster Linie auf angelsächsischer Literatur zur Wissenschaftssoziologie (insbesondere Gibbons et al., 1994).[30] Als akteurbezogene Unterscheidung eignet sie sich zur Thematisierung der Grenzen zwischen Wissenschaft und Gesellschaft.

Für die Ausschreibung der 2. Phase des Schwerpunktprogramms Umwelt stellen auch die Expertengruppe und die Programmleitung SPPU auf diese Terminologie ab und betonen den Einbezug von Anwenderinnen und Anwendern (Schweizerischer Nationalfonds, 1995: 8; Häberli, 1995; Häberli, 1994). Sie stützen sich dabei auf Mittelstrass (s. bspw. Mittelstrass, 1989b und 1995), der in einer wissenschaftstheoretischen Tradition steht, wie sie sich innerhalb der deutschen Philosophie entwickelt hat.[31] Bei ihm steht nicht die - eher wissenschaftssozio-

---

30 Zur Diskussion von Inter- und Transdisziplinarität im angelsächsischen Raum vgl. z.B. auch: Cramer et al., 1978; Jantsch, 1972; Klein, 1990; Meadows, 1976; Rossini und Porter, 1978; Streeten, 1976.

31 Weitere Beispiele aus dieser Tradition sind z.B. Liesenfeld 1993 oder Mainzer 1993.

logisch interessierende - Frage im Vordergrund, welche Akteure an der Erkenntnisproduktion und an der Problemlösung partizipieren. Nicht sie bildet bei Mittelstrass das Unterscheidungskriterium zwischen Inter- und Transdisziplinarität. Vielmehr differenziert er zwischen einer Interdisziplinarität, die nicht problem- und integrationsorientiert ist, weil disziplinären Grenzen und Optiken verhaftet, und einer "wirklichen Interdisziplinarität" (Mittelstrass, 1995: 52): Letztere ist problem- und integrationsorientiert und wird von ihm "Transdisziplinarität" genannt (vgl. auch Hirsch, 1995). Auch bei Mittelstrass ist Interdisziplinarität damit ein Oberbegriff: Die weitere Ausdifferenzierung ist jedoch eine graduelle, die sich primär auf die Frage des Zusammenwirkens in der Wissenschaft selbst bezieht - Transdisziplinarität ist eine durch Integration ausgezeichnete Form der Interdisziplinarität. Entsprechende Forschung beansprucht, disziplinäre Parzellierungen aufzuheben, und versteht es in besonderem Masse, sich aus ihren disziplinären Grenzen zu befreien, ihre Probleme disziplinenunabhängig zu definieren und zu lösen (Mittelstrass, 1995: 52). Gleichzeitig weist auch er darauf hin, dass Transdisziplinarität "nicht zuletzt angesichts lebensweltlicher Problementwicklungen [ein Forschungsgebot]" ist und dass sich in diesem Falle "die Lebenswelt unter jeweils besonderen Problemkonstellationen der Wissenschaften transdisziplinär bedient" (Mittelstrass, 1995: 53).

Damit finden die beiden unterschiedlichen disziplinären (!) Ansätze der Begriffsbestimmung von "Transdisziplinarität" zueinander: Im Hinblick auf interdisziplinäre Forschungsprogramme, die sich mit Umweltproblemen beschäftigen, lässt sich festhalten, dass Umweltforschung (a) immer problem- und integrationsorientiert betrieben werden muss und (b) aufgrund der Problemorientierung oft Anwenderinnen und Anwender mit einbezieht.

Fehlt es demgegenüber an einer genügenden Problem- und Integrationsorientierung der interdisziplinären Forschung - weil z.B. die Vertreterinnen und Vertreter einzelner Disziplinen sich auf die Bearbeitung "ihrer" Teilprobleme zurückziehen (Krott, 1994)[32] oder weil Anwenderinnen und Anwender nicht beteiligt werden (obwohl dies im konkreten Falle notwendig wäre) - bleibt der Beitrag zur Lösung eines Umweltproblems hinter den Erwartungen und Möglichkeiten zurück.

---

32 Die einzelnen Perspektiven aus den beteiligten Disziplinen bzw. aus der Praxis bleiben diesfalls unverbunden nebeneinander stehen. Oft wird für diese Form der Interdisziplinarität, die bei Mittelstrass quasi am unteren Ende der Skala steht, der Begriff "Multidisziplinarität" verwendet.

Für den Bereich der Lehre wiederum stehen zwei Problemkomplexe im Vordergrund:

- Wie ist bei einer interdisziplinären Forschung die geforderte Einheit von Forschung und Lehre zu gewährleisten und zu gestalten, wenn gleichzeitig disziplinäre Strukturen die akademische Lehre prägen und die Sozialisation der Auszubildenden bestimmen[33]?
- Wie können angehende Forscherinnen und Forscher auf den neuen Modus der Wissensproduktion in ihrer Ausbildung möglichst gut vorbereitet werden?

Die im Umweltbereich unabdingbare - und oft misslingende - interdisziplinäre Zusammenarbeit bedarf also unterstützender Massnahmen in Forschung und Lehre: Wünschbar wäre etwa die Bereitstellung einer speziellen Methodologie für interdisziplinäre Projekte. Sinnvoll schiene auch, wenn künftige Wissenschaftlerinnen und Wissenschaftler die für interdisziplinäres Arbeiten notwendigen Grundlagen in ihrer disziplinären Ausbildung erwerben würden. Insbesondere letzteres ist nicht möglich ohne "eine ausdrückliche Reflexion des disziplinär und historisch Besonderen an der speziellen wissenschaftlichen Zugriffsweise, die man sich im Studium der gewählten Disziplin aneignet" (Schneider, 1988: 15). Eine interdisziplinäre integrative Wissenschaftsforschung kann Beiträge leisten zur Unterstützung der interdisziplinären Zusammenarbeit in Forschung und Lehre.[34]

Zu den Beiträgen

Am Ende dieser Einführung soll nun kurz auf die weiteren Beiträge in diesem Buch eingegangen werden[35]: Worin besteht ihr Beitrag zu "Ökologie" und "Interdisziplinarität" und ihrer Beziehung? Mit welchen Ausschnitten dieser breiten Thematik beschäftigen sie sich, und welches sind die Bezüge der Texte untereinander?

33 S. bspw. Stichweh, 1994. Die Universität ist in der Regel nach Fachbereichen strukturiert, und die Ausbildung ist an die tradierten Disziplinen gebunden. Diese Strukturen sind stabil, sie lassen nur geringe Veränderungen zu, und auch solche höchstens langsam. Vgl. hierzu ausführlich Di Giulio und Defila, 1995.

34 Hier zeigt sich auch, dass sich die Beiträge der verschiedenen Disziplinen zu einer integrativen Wissenschaftsforschung ergänzen (bspw. im Zusammenhang der Konzipierung eines interdisziplinären Umwelt-Forschungsprogramms). Über das bereits angeführte hinaus ist festzuhalten, dass die Stärken der Wissenschaftsphilosophie insbesondere in der theoretischen Durchdringung der Schwierigkeiten inter- bzw. transdisziplinärer Forschung und Lehre sowie in der Konzeption grundlegender Lösungsansätze liegen, während diejenigen der Wissenschaftssoziologie sich bei der empirischen Analyse der Schwierigkeiten sowie bei der Bereitstellung eines konkreten Instrumentariums zur Unterstützung von Konsensbildungs-, Integrations- und Diffusionsprozessen in entsprechenden Projekten zeigen.

35 Die Zusammenfassung der einzelnen Beiträge findet sich den Beiträgen je vorangestellt.

Während sich die Beiträge Di Giulio[36], Schneider und Fues mit der wissenschaftlichen Fundierung der Ökologie auseinandersetzen, gehen die Beiträge Altner und Mocek Fragen im Zusammenhang mit der Schnittstelle Gesellschaft und Wissenschaft nach. Die weiteren Beiträge beschäftigen sich direkt oder indirekt mit unterstützenden Massnahmen für die interdisziplinäre Zusammenarbeit im Hinblick auf (Umwelt-)Forschung und -Lehre: In den Beiträgen Balsiger, Krott, Parthey und Amann/Knorr-Cetina liegt der Schwerpunkt auf der Forschung, die Beiträge Defila/Di Giulio, Becker und Drilling nehmen die Lehre in den Blick:

Ökologie und Interdisziplinarität

Die Beiträge von Di Giulio, Schneider und Fues beschäftigen sich mit grundlegenden wissenschaftstheoretischen und -historischen Fragen im Zusammenhang mit Interdisziplinarität und Ökologie.

Zentral ist hier der Begriff des "Reduktionismus": Die einzelnen wissenschaftlichen Disziplinen zeichnen sich durch einen je eigenen historisch gewachsenen Reduktionismus aus (Di Giulio; Fues), der auch erkenntnistheoretisch sichtbar gemacht werden kann (Schneider; Fues).

Im Zusammenhang mit der Anforderung an die Wissenschaft, komplexe (gesellschaftliche) Probleme zu bearbeiten, werden "Reduktionismus" und "Gesamtheitlichkeit" einander oftmals als Gegensätze gegenübergestellt. Gefragt wird danach, wie der Reduktionismus der einzelnen Disziplinen überwunden werden kann im Hinblick auf eine gesamtheitliche Ökologie (Di Giulio; Fues). Schneider und Di Giulio gehen in ihren Beiträgen beide davon aus, dass dieser disziplinäre Reduktionismus nur in der punktuellen und partiellen Zusammenarbeit überwunden werden kann und dass die Einsicht in den jeweiligen disziplinären Reduktionismus Voraussetzung zur inter- bzw. transdisziplinären Zusammenarbeit ist (s. auch Defila/Di Giulio; Drilling). "Reduktionismus" und "Gesamtheitlichkeit" müssen in diesem Sinne also keine Gegensätze darstellen.

[36] Die Verweise in diesem Teil beziehen sich ausschliesslich auf Beiträge in diesem Buch.

Forschung und Interdisziplinarität

Im Zusammmenhang mit inter- bzw. transdisziplinärer (Umwelt-)Forschung sind Fragen der Wissensproduktion, der Methoden, der Forschungsorganisation (vor allem bei Forschungsprogrammen) sowie Forschungsevaluation von zentraler Bedeutung. Damit beschäftigen sich empirisch und analytisch die Beiträge Balsiger, Krott, Parthey und Amann/Knorr-Cetina.

Die Frage der Methode stellt in mehrfacher Hinsicht ein besonderes Problem integrationsorientierter interdisziplinärer Forschung dar: Soll verhindert werden, dass die Ergebnisse in den jeweiligen Disziplinen gewonnen und am Schluss nur additiv aneinandergereiht werden, muss eine Einigung über die zu wählenden Methoden der Erkenntnisgewinnung erfolgen. Eine besondere Schwierigkeit ist dabei, dass bis anhin keine interdisziplinären Methoden zur Verfügung stehen. Der Beitrag Balsiger zeigt auf, wie eine solche Methode entwickelt werden müsste und welchen Anforderungen sie zu genügen hätte.

Ein zweites methodisches Problem ist das der Forschungsorganisation. Interdisziplinäre Forschung erfordert in der Regel die Zusammenarbeit von Forschenden aus verschiedenen Disziplinen. Die Schwierigkeit ist dabei, dass nicht auf disziplinäre Selbstverständlichkeiten in bezug auf Struktur und Organisation rekurriert werden kann, sondern dafür eine eigene Form entwickelt werden muss. Krott zeigt auf, wie die Kooperation in einem solchen Fall strukturiert und organisiert werden könnte und wie die Aufgaben einer Programmleitung auszusehen hätten, um erfolgreiche integrierte Forschung zu gewährleisten.

Hier zeigt sich ein weiteres methodisches Problem, das der Erfolgskontrolle interdisziplinärer Forschung. Es stellt sich die Frage, ob und wie der Grad an tatsächlicher interdisziplinärer Zusammenarbeit gemessen werden kann, d.h. die Frage nach den Evaluationskriterien, die nicht nur für die Forschungspolitik grundlegend ist, sondern auch Grundlage sein kann für die Entwicklung interdisziplinärer Methoden. Der Beitrag von Parthey zeigt eine Möglichkeit auf, wie der Grad an Interdisziplinarität gemessen und damit, nach welchen Kriterien interdisziplinäre Forschung beurteilt werden kann. Amann/Knorr-Cetina schliesslich beschäftigen sich mit der Entstehung wissenschaftlichen Wissens. Diese Frage ist von grundlegender Bedeutung, wenn untersucht werden soll, ob und in welcher Weise inter- bzw. transdisziplinäre Forschung einen neuen Modus der Wissensproduktion darstellt und wie ein solcher unterstützt und optimiert werden kann. Nur wenn die Bedingungen der Entstehung neuen Wissens (Amann/Knorr-Cetina) und die Erfolgskriterien (Parthey) geklärt sind, können letztlich auch die Fragen der Methode der Erkenntnisgewinnung (Balsiger) und der Forschungsorganisation (Krott) weiter geklärt werden.

Lehre und Interdisziplinarität

Gilt es, den disziplinären Reduktionismus zu überwinden im Hinblick auf eine inter- bzw. transdisziplinäre Zusammmenarbeit sowie eigene Methoden und Formen der Zusammenarbeit zu entwickeln und auszuwählen, so stellt sich als weitere wesentliche Frage die nach der Vermittlung der dafür nötigen Kompetenzen. Damit beschäftigen sich empirisch und theoretisch die Beiträge Defila/Di Giulio, Becker und Drilling.

Hier sind zwei Fragen zentral: Was ist zu vermitteln, und wie ist zu vermitteln? Angesichts der Kompartimentalisierung der Wissenschaft ist zu fragen, über welche Kompetenzen die beteiligten Forschenden verfügen müssen, um den disziplinären Reduktionismus in der inter- bzw. transdisziplinären Zusammenarbeit überwinden zu können. Ausgehend von den Schwierigkeiten der interdisziplinären Zusammenarbeit zeigt der Beitrag Defila/Di Giulio die dafür notwendigen Kompetenzen auf sowie einen Weg, wie diese in der disziplinären Ausbildung vermittelt werden können. Ziel, Inhalt und Form einer Ausbildung, die auf inter- bzw. transdisziplinäres Arbeiten vorbereiten soll, kann nicht diskutiert werden, ohne die Ausbildner selbst zu thematisieren, die eine solche Ausbildung gestalten und durchführen sollen. Mit dieser Frage, fokussiert auf die Umweltbildung, beschäftigt sich - am Beispiel der Hochschulausbildung von Lehrerinnen und Lehrern - der Beitrag von Becker, der auch Vorschläge für eine solche Ausbildung enthält. Ein spezielles Problem stellt sich bei Studiengängen, die selbst interdisziplinär aufgebaut sind: Voraussetzung zur inter- bzw. transdisziplinären Zusammenarbeit ist die Einsicht in den jeweiligen disziplinären Reduktionismus. Diese Einsicht kann aber nur im Zusammenhang mit der disziplinären Ausbildung vermittelt werden; fehlt sie, führt dies im Falle interdisziplinärer Studiengänge zu spezifischen Problemen. Im Beitrag Drilling werden, am Beispiel eines interdisziplinär- ökologischen Studienganges, diese Probleme dargelegt und auch Möglichkeiten zu ihrer Überwindung aufgezeigt.

Gesellschaft und Wissenschaft

Ein weiteres wesentliches Element insbesondere transdisziplinärer Forschung im Umweltbereich ist die Schnittstelle von Wissenschaft und Praxis. Damit beschäftigen sich die Beiträge Altner und Mocek.

Die Interaktion von Wissenschaft und Gesellschaft beinhaltet eine breite Palette verschiedener Aspekte: Diese reichen von Fragen im Zusammenhang mit der Steuerbarkeit von Wissenschaft bis hin zur wissenschaftstheoretischen Frage, wie gesellschaftliche Probleme in wissenschaftliche Fragestellungen übersetzt werden können. Eine Frage, die exemplarisch in den Beiträgen von Altner und Mocek behandelt wird, steht im Zusammenhang mit Werten und Wertewandel: Der Beitrag Altner beschäftigt sich damit, wie ethisch begründete Werte und Normen im Zusammenhang mit aussermenschlicher Natur Eingang finden können in die gesellschaftliche Diskussion. Ebenso setzt er sich damit auseinander, wie ausserwissenschaftliche Werte und Normen innerhalb der Wissenschaft aufgegriffen werden können. Will die Wissenschaft einen Beitrag zur Lösung gesellschaftlicher Probleme leisten, so reicht es nicht aus, wissenschaftliche Erkenntnisse zu gewinnen; es ist zu gewährleisten, dass diese auch aufgegriffen und umgesetzt werden (können). Es gilt also, eine Diffusion über den Kreis der direkt an Projekten Beteiligten hinaus zu gewährleisten. Dies wiederum ist im Falle technologischer Forschung eher möglich als im Falle ethischer und theoretischer Forschung. Mit dieser Frage setzt sich der Beitrag Mocek, am Beispiel gesellschafts- und politiktheoretischer Erkenntnisse, auseinander.

Die Beiträge dieses Buches geben exemplarisch Einblick in die Wissenschaftsforschung und in die Fragen, die sich einer integrativen Wissenschaftsforschung im Zusammenhang mit Umweltforschung und -lehre und im Hinblick auf die Begründung einer gesamtheitlichen Ökologie stellen. Im Rahmen dieses Buches können nicht Antworten gegeben werden auf alle diese Fragen. Die Beiträge erlauben jedoch, Einblick in die verschiedenen Methoden und Ansätze der Wissenschaftsforschung zu nehmen. Sie zeigen, mit welchen Methoden die anstehenden Fragen bearbeitet werden können und welche Fragen im Hinblick auf die Optimierung inter- und transdisziplinärer Umweltforschung und -lehre anzugehen sind.

Literatur

Amann, K. and Knorr-Cetina, K. (1991) Qualitative Wissenschaftssoziologie *In*: Handbuch qualitative Sozialforschung. Grundlagen, Konzepte, Methoden und Anwendungen, Flick, U., Kardorff, E. von, Keupp, H., Rosenstiel, L. von and Wolff, S. (Hrsg.), Psychologie Verlags Union, München.

Arber, W. (Hrsg.) (1993) Inter- und Transdisziplinarität: Warum? - Wie? Inter- et Transdisciplinarité: pourquoi? - comment? Haupt, Bern, Stuttgart, Wien.

Balsiger, Ph. W. (1991) Begriffsbestimmungen "Ökologie" und "Interdisziplinarität". Bericht zuhanden der Kommission Ökologie/Umweltwissenschaften der Schweizerischen Hochschulkonferenz (SHK). Bern; *Typoskript.*

Balsiger, Ph. W. (1995) Oft unterschätzt: Die Planungsphase. Empfehlungen für die Planung interdisziplinärer Forschungsvorhaben. *UNI PRESS. Pressestelle der Universität Bern (Hrsg.), 85*: 31-32.

Balsiger, Ph. W., Defila, R. and Di Giulio, A. (1995) Wissenschaftsforschung im Bereich der Umweltwissenschaften - weshalb und wozu? *Panorama, Informationsbulletin des Schwerpunktprogrammes (SPP) "Umwelt", 5*: 40-44.

Becher, T. (1989) Academic Tribes and Territories: Intellectual Enquiry and the Cultures of Disciplines. Milton Keynes.

Bie, P. de (1973) Problemorientierte Forschung. Hauptströmungen der sozialwissenschaftlichen Forschung *In*: Problemorientierte Forschung. Hauptströmungen der sozialwissenschaftlichen Forschung, UNESCO (Hrsg.), Verlag Ullstein, Frankfurt a. M., Berlin, Wien.

Blaschke, D. and Lukatis, I. (1976) Probleme interdisziplinärer Forschung. Franz Steiner Verlag, Wiesbaden.

Botschaft (1994) Botschaft über die Förderung der Wissenschaft in den Jahren 1996-1999 (Kredite über die Hochschul- und Forschungsförderung) vom 28. November 1994, 94.102. Bern.

Cramer, J., Eyerman, R. and Jamison, A. (1987) The knowledge interests of the environmental movement and its potential for influencing the development of science. *The Social Direction of the Public Sciences. Sociology of the Sciences Yearbook, 11*: 89-115.

Daele, W. van den, Krohn, W. and Weingart, P. (Hrsg.) (1979) Geplante Forschung. Vergleichende Studien über den Einfluss politischer Programme auf die Wissenschaftsentwicklung. Suhrkamp, Frankfurt a. M.

Defila, R. and Di Giulio, A. (1996) Interdisziplinäre Forschungsprozesse: Erwartungen und Realisierungsmöglichkeiten in einem interdisziplinären Forschungsprogramm - das Schwerpunktzentrum "Umweltverantwortliches Handeln" in seinem Umfeld *In*: Umweltproblem Mensch. Humanwissenschaftliche Zugänge zu umweltverantwortlichem Handeln, Kaufmann-Hayoz, R. and Di Giulio, A. (Hrsg.), Haupt, Bern, Stuttgart, Wien; *im Druck.*

Di Giulio, A. (1993) Ökologie - Komplexität - Interdisziplinarität. Wissenschaftshistorische und -theoretische Argumente für einen interdisziplinären Ansatz in der Ökologie. Diplomarbeit an der Phil.-hist. Fakultät, Universität Bern, Bern; *Typoskript.*

Di Giulio, A. and Defila, R. (1995) Ein übergreifendes Orientierungsangebot für alle Fächer? Die Studien in Allgemeiner Ökologie an der Universität Bern. *Das Hochschulwesen. Forum für Hochschulforschung, -praxis und -politik, 4*: 240-246.

Felt, U., Nowotny, H. and Taschwer, K. (1995) Wissenschaftsforschung. Eine Einführung. Campus Verlag, Frankfurt a. M., New York.

Gibbons, M., Limoges, C., Nowotny, H., Schwartzman, S., Scott, P. and Trow, M. (1994) The New Production of Knowledge. The Dynamics of Science and Research in Contemporary Societies. Sage, Thousand Oaks, New Delhi, London.

Gräfrath, B., Huber, R. and Uhlemann, B. (1991) Einheit, Interdisziplinarität, Komplementarität. Orientierungsprobleme der Wissenschaft heute. W. de Gruyter, Berlin, New York.

Häberli, R. (1994) Zukunftssicherung durch Kräftekonzentration. Aufbau und Gefährdung orientierter Forschung. *Neue Zürcher Zeitung, 21.12.94*: 15.

Häberli, R. (1995) Transdisziplinarität im SPP Umwelt – Grundsätzliches. *Panorama, Informationsbulletin des Schwerpunktprogrammes (SPP) "Umwelt", 5*: 6-13.

Heintz, B. and Kiener, U. (1995) Wissenschaftsforschung in der Schweiz. Eine Bestandesaufnahme. Reihe Forschungspolitik. FOP 21. Schweizerischer Wissenschaftsrat (Hrsg.), Bern.

Hirsch, G. (1995) Beziehungen zwischen Umweltforschung und disziplinärer Forschung. *GAIA, 5/6*: 302-314.

Hoyningen-Huene, P. (1995) Die theoretische Wissenschaftsphilosophie *In*: Wissenschaftsforschung. Probleme und Perspektiven. Klausurtagung 1994 des Schweizerischen Wissenschaftsrates. FOP 20. Schweizerischer Wissenschaftsrat (Hrsg.), Bern.

Hübenthal, U. (1991) Interdisziplinäres Denken: Versuch einer Bestandesaufnahme und Systematisierung. Steiner, Stuttgart.

Huber, L. (1990) Fachkulturen. Über die Mühen der Verständigung zwischen den Disziplinen *In*: Humboldt, High-Tech und High-Culture. Was heisst "Hochschulkultur" heute? Dokumentation einer Tagung der Evangelischen Akademie Loccum vom 11. bis 13. Mai 1990. Loccumer Protokolle 14, Ermert, K., Huber, L. and Eckart, L. (Hrsg.), Evangelische Akademie Loccum, Rehburg-Loccum.

Janich, P. (Hrsg.) (1992) Entwicklungen der methodischen Philosophie. Suhrkamp, Frankfurt a. M.

Jantsch, E. (1972) Towards Interdisciplinarity and Transdisciplinarity in Education and Innovation *In*: Interdisciplinarity. Problems of Teaching and Research in Universities, Centre for educational research and innovation (CERI) (Hrsg.), OECD Publications, Paris.

Klein Thompson, J. (1990) Interdisciplinarity. History, Theory & Practice. Wayne State University Press, Detroit.

Kocka, J. (Hrsg.) (1987) Interdisziplinarität. Praxis - Herausforderung - Ideologie. Suhrkamp, Frankfurt a. M.

Kötter, R. and Thiel, C. (1988) Wissenschaft als Forschungsprozess. Interdisziplinäres Institut für Wissenschaftstheorie und Wissenschaftsgeschichte (IIWW); *Typoskript*.

Krohn, W. and Küppers, G. (1989) Die Selbstorganisation der Wissenschaft. Suhrkamp, Frankfurt a. M.

Krott, M. (1994) Management vernetzter Umweltforschung. Wissenschaftspolitisches Lehrstück Waldsterben. Böhlau Verlag, Wien, Köln, Graz.

Küppers, G., Lundgreen, P. and Weingart, P. (1978) Umweltforschung - die gesteuerte Wissenschaft? Eine empirische Studie zum Verhältnis von Wissenschaftsentwicklung und Wissenschaftspolitik. Suhrkamp, Frankfurt a. M.

Küppers, G., Lundgreen, P. and Weingart, P. (1979) Umweltprogramm und Umweltforschung. Zum Versuch der politischen Integration eines Forschungsfeldes *In*: Geplante Forschung. Vergleichende Studien über den Einfluss politischer Programme auf die Wissenschaftsentwicklung, Daele, W. van den, Krohn, W. and Weingart, P. (Hrsg.), Suhrkamp, Frankfurt a. M.

Liesenfeld, C. (1993) Inter- und Transdisziplinarität: Heuristik und Begründung. *Journal for General Philosophy of Science, 24*: 257-274.

Lorenzen, P. (1974) Interdisziplinäre Forschung und infradisziplinäres Wissen *In:* Konstruktive Wissenschaftstheorie, Lorenzen, P. (Hrsg.), Suhrkamp, Frankfurt a. M.

Mainzer, K. (1993) Erkenntnis- und wissenschaftstheoretische Grundlagen der Inter- und Transdisziplinarität *In*: Inter- und Transdisziplinarität: Warum? - Wie? Inter- et Transdisciplinarité: pourquoi? - comment? Arber, W. (Hrsg.), Haupt, Bern, Stuttgart, Wien.

Meadows, A. J. (1976) Diffusion of Information Across the Sciences. *Interdisciplinary Sciences Reviews, 3*: 259-267.

Meadows, D., Meadows, D., Zahn, E. and Milling, P. (1972) Die Grenzen des Wachstums. Bericht des Club of Rome zur Lage der Menschheit. Deutsche Verlags-Anstalt, Stuttgart.

Mittelstrass, J. (1982) Wissenschaft als Lebensform. Zur gesellschaftlichen Relevanz und zum bürgerlichen Begriff der Wissenschaft *In*: Wissenschaft als Lebensform, Mittelstrass, J. (Hrsg.), Suhrkamp, Frankfurt a. M.

Mittelstrass, J. (1988) Die Philosophie der Wissenschaftstheorie. Über das Verhältnis von Wissenschaftstheorie, Wissenschaftsforschung und Wissenschaftsethik. *Zeitschrift für allgemeine Wissenschaftstheorie, 19(1)*: 308-327.

Mittelstrass, J. (1989a) Der Flug der Eule. 15 Thesen über Bildung, Wissenschaft und Universität *In*: Der Flug der Eule. Von der Vernunft der Wissenschaft und der Aufgabe der Philosophie, Mittelstrass, J. (Hrsg.), Suhrkamp, Frankfurt a. M.

Mittelstrass, J. (1989b) Wohin geht die Wissenschaft? Über Disziplinarität, Transdisziplinarität und das Wissen in einer Leibnitz-Welt *In*: Der Flug der Eule. Von der Vernunft der Wissenschaft und der Aufgabe der Philosophie, Mittelstrass, J. (Hrsg.), Suhrkamp, Frankfurt a. M.

Mittelstrass, J. (1995) Transdisziplinarität. *Panorama, Informationsbulletin des Schwerpunktprogramms (SPP) "Umwelt", 5*: 45-53.

Mocek, R. (1989) Wissenschaft und Produktionsverhältnisse *In*: Beiträge zur Wissenschaftsgeschichtsschreibung in der DDR, Rektorat der Wilhelm-Pieck-Universität Rostock (Hrsg.), Wilhelm-Pieck-Universität Rostock, Sektion Geschichte, Rostock.

Ossowska, M. and Ossowski, S. (1936) The Science of Science. *Organon, 1*: 1-12.

Peckhaus, V. (1988) Historiographie wissenschaftlicher Disziplinen als Kombination von Problem- und Sozialgeschichtsschreibung: Formale Logik im Deutschland des ausgehenden 19. Jahrhunderts *In*: Die geschichtliche Perspektive in den Disziplinen der Wissenschaftsforschung. Kolloquium an der TU Berlin, Oktober 1988, Poser, H. and Burrichter, C. (Hrsg.), Technische Universität Berlin, Berlin.

Programmleitung SPPU (Hrsg.) (1993) Skizzen als Spiegel von Umwelt-Forschungsinteressen. *Panorama, Informationsbulletin des Schwerpunktprogramms (SPP) "Umwelt", 2*: 21-30.

Protokoll des Ständerats vom 04.06.91. Wissenschaftliche Forschung 1992-1995. Förderung. *Amtliches Bulletin der Bundesversammlung. Ständerat*: 362-378.

Rossini, F. A. and Porter, A. L. (1978) The Management of Interdisciplinary, Policy-related Research *In*: Management handbook for public administrators. Van Nostrand Reinhold Company, New York.

Roux, M. (1995) Merkmale einer praxisbegleitenden Umweltforschung erkunden. *Panorama, Informationsbulletin des Schwerpunktprogramms (SPP) "Umwelt", 5*: 33-39.

Schneider, H. J. (1988) Interdisziplinarität: Floskel oder Notwendigkeit? *UNIVERSITAS. Marksteine. Sonderedition zur 500. Ausgabe*: 12-15.

Schweizerischer Nationalfonds (1996) Ausführungsplan zum Schwerpunktprogramm (SPP) Umwelt. Beitragsperiode 1996-1999. April 1995. Bern.

Snow, C. P. (1959/87) Die zwei Kulturen *In*: Die zwei Kulturen. Literarische und naturwissenschaftliche Intelligenz. C. P. Snows These in der Diskussion, Kreuzer, H. (Hrsg.), Deutscher Taschenbuch Verlag, München.

Spiegel-Rösing, I. S. (1973) Wissenschaftsentwicklung und Wissenschaftssteuerung. Einführung und Material zur Wissenschaftsforschung. Athenäum, Frankfurt a. M.

Stichweh, R. (1994) Die Einheit von Lehre und Forschung *In*: Wissenschaft, Universität, Professionen, Stichweh, R. (Hrsg.), Suhrkamp, Frankfurt a. M.

Stichweh, R. (1994) Differenzierung der Wissenschaft *In*: Wissenschaft, Universität, Professionen, Stichweh, R. (Hrsg.), Suhrkamp, Frankfurt a. M.

Streeten, P. (1976) The Meaning and Purpose of Interdisciplinary Studies. As Applied to Development Economics. *Interdisciplinary Science Reviews, 2*: 144-148.

Thiel, C. (1992) Neuere Überlegungen zur Geschichtsschreibung einzelwissenschaftlicher Disziplinen *In*: Entwicklungen der methodischen Philosophie, Janich, P. (Hrsg.), Suhrkamp, Frankfurt a. M.

Trepl, L. (1987) Geschichte der Ökologie. Vom 17. Jahrhundert bis zur Gegenwart. Zehn Vorlesungen. Athenäum, Frankfurt a. M.

Virilio, P. (1992) Rasender Stillstand. Essay. Carl Hanser Verlag, München, Wien; *französische Originalausgabe 1990*.

Webster, A. (1991) Science, Technology and Society. Macmillan, London, Basingstoke.

Weingart, P. (1984). Anything goes - rien ne va plus. Der Bankrott der Wissenschaftstheorie. *Kursbuch, Dezember*: 61-75.

Weingart, P. (1995) Prospektion und strategische Planung. Konzepte einer neuen gesellschaftsorientierten Wissenschaftspolitik. *Wirtschaft & Wissenschaft, 3*: 44-51.

Weizsäcker, E. U. von, Lovins, A. B. and Hunter Lovins, L. (1995) Faktor vier. Doppelter Wohlstand - halbierter Naturverbrauch. Der neue Bericht an den Club of Rome. Droemer Knaur, München.

Whitley, R. (1984) The Intellectual and Social Organization of the Sciences. Oxford.

Wissenschaftsrat, Deutscher (1994) Empfehlungen zu einer Prospektion für die Forschung. Deutscher Wissenschaftsrat, Köln.

Wissenschaftsrat, Schweizerischer (Hrsg.) (1995) Wissenschaftsforschung. Probleme und Perspektiven. Klausurtagung 1994 des Schweizerischen Wissenschaftsrates. FOP 20. Schweizerischer Wissenschaftsrat, Bern.

Yearley, S. (1988) Science, Technology and Social Change. Unwin Hyman, London.

Ökologie und Interdisziplinarität

Ökologie und Interdisziplinarität – eine Beziehung mit Zukunft?
Wissenschaftsforschung zur Verbesserung der fachübergreifenden Zusammenarbeit
Ph. W. Balsiger/R. Defila/A. Di Giulio (Hrsg.)

Ökologie – eine Naturwissenschaft? Argumente für eine interdisziplinäre Ausrichtung der Ökologie

Antonietta Di Giulio

Ziel des vorliegenden Beitrages[1] ist, aufzuzeigen, inwiefern und weshalb Ökologie als Wissenschaft alle Disziplinen berücksichtigen und in diesem Sinne interdisziplinär ausgerichtet werden muss. Verschiedene Umschreibungen und Definitionen der Wissenschaft "Ökologie" wurden miteinander verglichen, und es wurde versucht, ihre Unterschiede und Gemeinsamkeiten herauszuarbeiten. Als grundsätzlichster Unterschied in den Auffassungen wurden zwei Positionen ausgemacht: Eine, die eine naturwissenschaftliche, und eine, die eine interdisziplinäre Ausrichtung der Ökologie vertritt. Als Gemeinsamkeiten wurden der einhellige Bezug auf Umweltprobleme und auf den Begriff der "Komplexität" festgestellt. Ausgehend von diesen Gemeinsamkeiten wird für eine interdisziplinäre Ausrichtung der Ökologie argumentiert.

---

1 Der Beitrag fasst eine 1993 an der Universität Bern eingereichte Diplomarbeit zusammen (Di Giulio, 1993).

Einleitung

Die zunehmende Veränderung der Ökosysteme wird als Bedrohung wahrgenommen und wurde als "ökologische Krise" zu einem Hauptproblem insbesondere der industrialisierten Gesellschaften. Dem frühzeitigen Erkennen und angemessenen Beschreiben der Probleme sowie der Entwicklung von Strategien zur Vermeidung weiterer Schädigungen der Ökosysteme wird in weiten Kreisen von (Wissenschafts-)Politik und Forschung hohe Priorität eingeräumt (vgl. bspw. Botschaft, 1991; Bundesministerium für Bildung und Wissenschaft, 1990: 82; Schweizerischer Nationalfonds, 1992).

Dementsprechend wird seit einigen Jahren versucht, Ökologie an den Hochschulen zu fördern. Dabei zeichnen sich jedoch zahlreiche Schwierigkeiten ab, wozu auch die Problematik der "Definitions- und Abgrenzungsfragen der Ökologie" (Messerli, 1991: 25) gehört. Diese gründet hauptsächlich darin, dass sich Ökologie als Wissenschaft nach wie vor erst in der Konsolidierung befindet und umstritten ist (s. bspw. Jax, 1988: 149). Die Diskussion zeichnet sich durch eine grosse Heterogenität der Auffassungen über Ökologie aus (vgl. auch Balsiger, 1991), die letztlich ihre Institutionalisierung an den Hochschulen behindert.

Die Entwicklung der Ökologie seit ihrer Einführung durch den Darwinisten Haeckel 1866 zeigt, dass die heutige Heterogenität der Auffassungen nicht neu ist. Vielmehr ist das Verständnis von Ökologie bereits seit den Anfängen umstritten; keine Umschreibung der Wissenschaft scheint jemals über längere Zeit allgemein anerkannt gewesen zu sein (vgl. bspw. Sachs, 1991/92; Schramm, 1984; Trepl, 1987). Trepl ortet die Entstehung der Ökologie im Traditionszusammenhang der Naturgeschichte (vgl. auch bspw. Ross Kiester, 1982) und betont ihre ambivalente Stellung zwischen Natur- und Kulturwissenschaften, insbesondere in methodischer Hinsicht.

Haeckel (1866, Bd. 1: 238 und Bd. 2: 236, Anm. 1) definiert als Teildisziplin der "Physiologie der Beziehung (Relation)" die "Oecologie" als naturwissenschaftliche Disziplin. Deren Institutionalisierung erfolgt zwischen 1900 und 1920. Themen sind die Klassifikation von Gesellschaften, deren Verhältnis zu ihrer Umwelt und die Sukzession. Fragen sind etwa: "Welcher Art ist der Zusammenhang zwischen Lebensbedingungen und Form? Ist die Zusammensetzung der Pflanzendecke mehr von aktuellen Klimaverhältnissen oder von historischen Ereignissen bestimmt? Soll man bei der Klassifikation der Gesellschaften von ihrer Physiognomie, von den Standortbedingungen oder von der Artenzusammensetzung ausgehen?" (Trepl, 1987: 140). In den 20er/30er Jahren wird ein Holismus-Anspruch für die Ökologie formuliert (bspw. Clements, 1936; Phillips, 1934/35), zugleich findet eine "anthropologische Wende" (vgl. bspw. Nennen, 1991: 74ff.) statt mit der Forderung nach dem Einbezug des Menschen und seines Handelns sowie nach einer anwendungsorientierten Ökologie (bswp. Forbes, 1922). In den 40er Jahren setzt die Entwicklung der Ökologie zu einer theoretischen und exakten Naturwissenschaft nach dem Vorbild der Physik ein (erstmals gefordert von Haskell, 1940) - die "new ecology". Seit den 60er Jahren wird Ökologie vor allem im Zusammenhang der Umweltproblematik und des Druckes der Ökologiebewegung zunehmend kritisch diskutiert. Damit stellten sich vermehrt Anforderungen praktisch-technischer Art, die tendenziell die new ecology förderten, zugleich wurden von der Ökologie Bewertungen, Strategien und Normen erwartet, die tendenziell ihren historisch-hermeneutischen Ansatz forderten. Dies führte dazu, dass heute der Status der Ökologie als Wissenschaft, ihr Gegenstand und ihre Methode nach wie vor bzw. einmal mehr problematisch und kontrovers sind (vgl. Trepl, 1987: 199ff.).

Es stellt sich die Frage, was die gegenwärtigen Auffassungen über Ökologie unterscheidet, was sie verbindet und welche Auffassungen den an die Ökologie gestellten Ansprüchen gerecht werden können. Zur Bearbeitung dieser Frage wurde ein analytischer Ansatz gewählt. Insgesamt wurden 16 Definitionen und Umschreibungen von "Ökologie" ("Ökologie-Definitionen") aus Forschung sowie Forschungs- und Hochschulpolitik untersucht.[2]

"Ökologie-Definitionen"[3]: Unterschiede und Gemeinsamkeiten

Unterschiede

Bei der Herausarbeitung der grössten Divergenzen in den Ökologie-Definitionen wurde davon ausgegangen, dass sich eine Wissenschaft konstituiert und von anderen unterscheidet durch den Gegenstandsbereich und die Zugehörigkeit zu einer Fachkultur (Disziplinengruppe), die ihre Methoden prägt (letzteres wird als "Ausrichtung" bezeichnet).

---

2 Bargatzky, 1992; Böhlen, 1987; di Castri, 1981 und 1990; Glaeser, 1992; Hösle, 1991; Ingensiep und Jax, 1988; Körner, 1990; Messerli, 1991; Odum, 1983; Reyer, 1990; Sachsse, 1984; Trepl, 1987 und 1988; Wagner, 1991; Schweizerische Hochschulkonferenz, Arbeitsgruppe Ökologie/Umweltwissenschaften, 1989 (OEKO); Bundesministerium für Bildung und Wissenschaft, 1990 (BMBW); Regenzkommission Mensch-Gesellschaft-Umwelt (Universität Basel), 1987 (MGU) und Bierter, 1989.
Die Auswahl stellt einen sehr kleinen Ausschnitt aus den bestehenden Ökologie-Definitionen dar: Berücksichtigt wurden nur Texte von 1981-1992 aus dem dt. Sprachraum (eine Ausnahme bildet Odum, aufgrund seines Grundlagencharakters für die Ökologie in der Biologie), die sich mit dem Begriff "Ökologie" beschäftigen und sich auf Forschung beziehen. Begriffe wie "Syn-", "Autökologie", "Allgemeine Ökologie" und "Humanökologie" wurden nicht untersucht, ebenso "Umweltwissenschaft(en)", ein Begriff, der z.T. synonym und z.T. in Abgrenzung zu "Ökologie" verwendet wird. Auch musste darauf verzichtet werden, weitere Begriffe im Zusammenhang mit "Ökologie" - wie "Natur" oder "Umwelt" - zu untersuchen.

3 Im folgenden werden nur die Resultate der vergleichenden Analyse dargestellt. Eine Darlegung aller 16 Beispiele ist aus Platzgründen nicht möglich (s. dazu Di Giulio, 1993).

Gegenstandsbereich

Alle Ökologie-Definitionen setzen Ökologie in einen Zusammenhang mit der Umweltproblematik. "Umweltprobleme" werden übereinstimmend verstanden als lokale, regionale und globale Veränderungen der natürlichen Umwelt des Menschen, die als Probleme gewertet werden, zu deren Erforschung und Lösung die Ökologie beitragen soll. Diese negativ bewerteten Veränderungen werden anthropogenen Einflüssen zugeschrieben. Was die Auffassungen zu unterscheiden scheint, ist, wie der Beitrag zur Problemlösung genau auszusehen hat, d.h. ob letztere Teil der Aufgabe der Ökologie ist oder nicht; auf diesen Punkt wird hier nicht näher eingegangen.[4]

Darüber hinaus erfolgen Angaben zu Fragestellungen, Themen oder Gegenständen der Ökologie oftmals nur in Stichworten. Diese stellen eine breite Palette von Gegenständen dar, mit denen sich die Ökologie gemäss den verschiedenen Auffassungen zu befassen hat: z.B. Landschaft/Natur (Bargatzky), Naturbegriff (Bargatzky, Glaeser, Hösle, Sachsse), Ökosysteme (Glaeser, Hösle, Körner, Odum, Trepl), die gesamten Wechselbeziehungen in und zwischen Ökosystemen (di Castri, Reyer), Wechselwirkungen in Gemeinschaften (Reyer), die Beziehung zwischen Mensch (Kultur, Gesellschaft) und Umwelt (Natur) (Glaeser, Hösle, Ingensiep/Jax, MGU/Bierter, Sachsse, Trepl), die anthropogenen Wirkungsfaktoren auf die Umwelt (BMBW), die Frage nach dem rechten Umgang mit der Natur (Glaeser, Sachsse), die ökologischen Zusammenhänge (Bierter), die Biosphäre (Odum), Umweltveränderungen (Böhlen), die Lehre von den Zusammenhängen (Sachsse), die globalen Zusammenhänge von Ökologie-Wirtschaft-Politik-Technik (Hösle) oder auch vernetzte Systeme (Böhlen).

Eine klare Kategorisierung der Auffassungen ergibt sich, ohne die Angaben über Gebühr zu interpretieren, nicht. Dies scheitert auch daran, dass oft Begriffe vorkommen, deren Verwendung nicht minder heterogen ist als die von "Ökologie" selbst (wie "Natur", "Umwelt", "Kultur"). Zudem bleibt die Bezeichnung des Gegenstandsbereiches in vielen Fällen äusserst unklar (so "die Lehre von den Zusammenhängen"). Die Systematisierung der Ökologie-Definitionen über den Gegenstandsbereich der Ökologie ist nur in Teilen möglich - der Fächer an genannten Gegenständen lässt keine deutlichen Positionen erkennen.

---

4 Der Unterschied besteht darin, ob Ökologie einzig Grundlagen für die Problemlösung bereitstellen oder ob sie auch an der Umsetzung beteiligt und in diesem Sinne transdisziplinär sein soll.

Ausrichtung

Die Aussagen zur Ausrichtung der Ökologie ergeben ein ganz anderes Bild:

Naturwissenschaft	OEKO, Bargatzky, Bierter, Glaeser, Körner, Messerli, Odum, Reyer, Trepl, Wagner	10
interdisziplinäre Wissenschaft[5]	Böhlen, di Castri, Hösle, Ingensiep/Jax, BMBW, MGU[6], Sachsse	7 (s. Fn. 6)

Wird Ökologie als Naturwissenschaft bezeichnet, so wird sie teilweise als disziplinenübergreifende Wissenschaft innerhalb der Naturwissenschaften (Messerli, OEKO), teilweise als (Teil-)Disziplin der Biologie (Trepl, Wagner) und teilweise als beides zugleich aufgefasst (Körner, Odum). Die Frage, ob Ökologie innerhalb der Naturwissenschaften disziplinär oder disziplinenübergreifend ist, wird von den übrigen nicht angeschnitten. Dies lässt vermuten, dass es sich dabei für die untersuchten Ökologie-Definitionen um eine eher marginale Frage handelt, die keinen wesentlichen Diskussionspunkt darstellt.

Auffallend ist, dass die Frage nach der Ausrichtung der Ökologie nie offen gelassen wird: Es wird jeweils explizit darauf hingewiesen, ob sie als Naturwissenschaft oder als interdisziplinäre Wissenschaft verstanden wird (oder werden soll: s. Fn. 6). Anhand des Kriteriums der Ausrichtung der Ökologie lässt sich also eine Systematisierung vornehmen. Diese ergibt zwei Kategorien, denen sich die Auffassungen zuordnen lassen:

- Ökologie als Wissenschaft mit naturwissenschaftlicher Ausrichtung
- Ökologie als Wissenschaft mit interdisziplinärer Ausrichtung

Die Klarheit, mit der diese Zuordnung in den Umschreibungen selbst vorgenommen wird, zeigt, dass die grössten Divergenzen nicht in der Frage nach dem Gegenstandsbereich der Ökologie, sondern in der Frage nach ihrer Ausrichtung liegen.

5 Interdisziplinarität findet sich selbstverständlich auch innerhalb der Naturwissenschaften. Im vorliegenden Beitrag wird sie jedoch explizit verstanden als prinzipiell alle Disziplinen(gruppen) umfassend; Interdisziplinarität in diesem Sinne überwindet die Trennung zwischen Geistes- und Sozialwissenschaften einerseits und Naturwissenschaften andererseits.

6 Die Ausführungen von Bierter und MGU gehören in denselben Kontext, in die Ausarbeitung eines Konzeptes für den Aufbau von Forschung und Lehre im Bereich "Mensch-Gesellschaft-Umwelt" an der Universität Basel. Bierter wurde beauftragt, die Anträge der MGU zu konkretisieren. Die scheinbar widersprüchlichen Aussagen betreffend der Ausrichtung der Ökologie lassen sich dadurch erklären, dass Bierter sich dahingehend äussert, die (naturwissenschaftliche) Ökologie sei zur Untersuchung der anstehenden Fragen und Probleme ungeeignet, und eine interdisziplinäre Vorgehensweise fordert (ebenso: Glaeser).

Gemeinsamkeiten

Anschliessend wurde versucht, herauszuarbeiten, was die Ökologie-Definitionen trotz ihrer Heterogenität verbindet.

Auf eine solche Gemeinsamkeit wurde bereits hingewiesen: Alle stellen "Ökologie" in einen Zusammenhang mit Umweltproblemen.

Als zweite Gemeinsamkeit erwies sich "Komplexität": Mit drei Ausnahmen (OEKO, Glaeser und Ingensiep/Jax) weisen alle auf die "Komplexität" des Gegenstandsbereiches der Ökologie oder auf die "Ganzheitlichkeit"[7] ihres Ansatzes hin.

Komplexität	Bierter, Böhlen, di Castri, Hösle, BMBW, Körner, Messerli, Odum, Reyer, Trepl, Wagner	11
Ganzheitlichkeit	Bargatzky, di Castri, Hösle, Körner, Odum, MGU/Bierter, Reyer, Sachsse, Trepl	9

In den sieben Umschreibungen, die beide Begriffe enthalten[8], stellt sich deren Verhältnis folgendermassen dar: Obwohl in keiner dieser Ausführungen eine explizite Beziehung zwischen "Komplexität" und "Ganzheitlichkeit" ausgewiesen wird, zeigte es sich, dass in allen ein Zusammenhang besteht, indem die "Komplexität" des Gegenstandsbereiches die "Ganzheitlichkeit" des Ansatzes bedingt. Damit aber kommt der "Komplexität" eine grössere Bedeutung zu als der "Ganzheitlichkeit", da diese sich aus der "Komplexität" des Gegenstandsbereiches ergibt. Für eine grosse Mehrheit der Umschreibungen (elf) stellt somit "Komplexität" eine zweite Gemeinsamkeit dar.

Anzufügen ist, dass in den Ausführungen, die eine Charakterisierung von Umweltproblemen überhaupt enthalten, diese über einen Bezug zu "Komplexität" erfolgt (Bierter, Böhlen, di Castri, Hösle, BMBW, Körner, Messerli und Trepl). "Komplexität" scheint damit auch als ein wesentliches Charakteristikum von Umweltproblemen verstanden zu werden.[9]

Ungeachtet der Heterogenität der Auffassungen über "Ökologie" und der divergierenden Positionen bezüglich ihrer Ausrichtung gibt es also Elemente, auf die sich alle oder die meisten

7 Nicht immer wird "Ganzheitlichkeit" verwendet (sondern auch "holistisch" oder "gesamtheitlich"). Hier werden die Begriffe nicht weiter unterschieden, da deren Unterschiede für die Untersuchung keine Rolle spielten. Zum Thema "Ganzheitlichkeit" s. bspw. Thomas, 1992.

8 Inkl. MGU (s. Fn. 6).

9 Zur "Komplexität" von Umweltproblemen s. bspw. auch Elster, 1989; Hein, 1992; Heinrich und Hergt, 1991.

beziehen, und davon wiederum scheint "Komplexität" das den Gegenstandsbereich der Ökologie und die Umweltprobleme charakterisierende zu sein. Eine weitere Diskussion der Ökologie-Definitionen anhand der "Komplexität" ist somit gerechtfertigt.[10]

Komplexität und Ökologie

Anhand der "Komplexität" sollen die für die Ökologie vorgeschlagenen Ausrichtungen - die naturwissenschaftliche und die interdisziplinäre - diskutiert werden. Zunächst gilt es jedoch, den Begriff "Komplexität" zu klären.

Komplexität

"Komplexität" wird in keiner der Ökologie-Definitionen erläutert.[11] Daher wurde für die Klärung des Begriffes andere Literatur beigezogen, namentlich aus Logik und Physik (s. bspw. Kornwachs und von Lucadou, 1975; Moles, 1960; Nicolis und Prigogine, 1987) sowie aus der Systemtheorie (vgl. bspw. Bednarz, 1984; Luhmann, 1988; Malik, 1989; Rosen, 1992; Vester, 1983; Weinrich, 1972) - beides Bereiche, in denen "Komplexität" intensiv diskutiert wird. Es wurde herausgearbeitet, was "Komplexität" bedeutet und wie der Begriff verwendet wird. "Komplexität" hat sich dabei als Begriff erwiesen, dessen Bedeutung und Verwendung in allen Theorien ähnlich scheint:

"Komplexität" wird zur Charakterisierung eines Gefüges (auch: einer Ganzheit) verwendet. Ein solches Gefüge hat eine bestimmte Struktur, es besteht aus interagierenden (auch: in Wechselwirkung stehenden) Elementen. Dieses Gefüge weist gewisse Eigenschaften auf: nichtlineare Dynamik, Vielfalt an Verhaltensmöglichkeiten, schlechte Prognostizierbarkeit und Interaktion zur Umwelt. Diese Eigenschaften wiederum werden als semantische Merkmale dem Begriff "Komplexität" zugewiesen, d.h. sie machen seine Bedeutung aus. Einem Gefüge werden durch den Begriff "Komplexität" Eigenschaften zugesprochen, die wiederum abhängig sind

---

10 Vorausgesetzt wird, dass "Komplexität" nicht als Schlagwort verwendet wird, sondern als theoretischer Begriff. Zur Bedeutung der "Komplexität" in der wissenschaftstheoretischen Diskussion s. auch Luhmann, 1992: insbes. 277f., 371, 386 und 714.

11 Auffällig ist, dass "Komplexität" auch andernorts oft als theoretischer Term verwendet, aber weder erläutert noch definiert, sondern vorausgesetzt wird (s. etwa Yildirim, 1970; Martens, 1986; Bronowski, 1970; Vollmer, 1991; Thiel, 1990; Dyke, 1988 oder Kanitscheider, 1993).

von seiner Struktur. "Komplexität" ergibt sich also aus einer bestimmten Struktur eines Gefüges und bezeichnet Eigenschaften, die diesem aufgrund seiner Struktur zukommen.

"Komplexität" gibt somit primär Auskunft über die Struktur eines Gefüges und sekundär über Eigenschaften, die einem solchen zukommen, und erlaubt damit die nähere Bestimmung eines Gefüges.

Komplexität in der Ökologie

Diese Bedeutung von "Komplexität" wurde auf die Ökologie-Definitionen angewendet: In der Mehrzahl verwenden diese "Komplexität" zur Charakterisierung von Umweltproblemen sowie des Gegenstandsbereiches der Ökologie. Gegenstandsbereich und Umweltprobleme müssten - entsprechend der dargestellten Bedeutung von "Komplexität" - als ein Gefüge (bzw. eine Ganzheit) verstanden werden, das aus interagierenden Elementen besteht. Dies trifft auf die untersuchten Umschreibungen zu:

- Der *Gegenstandsbereich der Ökologie* wird als ein solches Gefüge verstanden, wenn auf folgende Begriffe rekurriert wird: "System", "Wechselwirkung", "Beziehung", "Zusammenhang". Diese Begriffe setzen die Interaktion von Elementen voraus, die wiederum eine Ganzheit bilden. Dies ist dreizehnmal explizit (OEKO, Böhlen, di Castri, Glaeser, Hösle, Ingensiep/Jax, BMBW, Körner, Odum, MGU/Bierter, Reyer, Sachsse sowie Trepl) und einmal implizit der Fall (Wagner). Damit ist der Gegenstandsbereich in fast allen Umschreibungen ein Gefüge, das aus interagierenden Elementen besteht. Ausnahmen bilden allein Messerli, der keinen Gegenstandsbereich angibt, und Bargatzky, der "Natur/Landschaft" als Gegenstandsbereich benennt, aber an der untersuchten Stelle diese Begriffe nicht erläutert.
- Auch *Umweltprobleme* werden als ein solches Gefüge verstanden, wenn in der Darlegung Bezug genommen wird auf solche Begriffe (Glaeser, BMBW, Bierter, Hösle, Ingensiep/Jax, Sachsse, Trepl). In den restlichen Ausführungen fehlen nähere Angaben zur Struktur von Umweltproblemen. Für diese kann somit die Aussage, dass sie als Gefüge aus interagierenden Elementen verstanden werden, nicht gleichermassen abgestützt werden wie hinsichtlich des Gegenstandsbereiches der Ökologie. Da aber in allen Fällen, die überhaupt Angaben zur Struktur von Umweltproblemen enthalten, diese als ein solches Gefüge verstanden werden, scheint eine solche Aussage mit gewissen Vorbehalten dennoch gerechtfertigt (vgl. dazu auch bspw. Loss, 1988).

Die mit "Komplexität" bezeichneten *Eigenschaften* eines Gefüges finden sich in den Umschreibungen nicht als Eigenschaften des Gegenstandsbereiches der Ökologie und der Umweltprobleme ausgewiesen. Trotz dieses fehlenden Nachweises scheint es gerechtfertigt, auch für die Ökologie von diesen Eigenschaften auszugehen: Die mit "Komplexität" charakterisierten Gefüge der Ökologie (Gegenstandsbereich und Umweltprobleme) bestehen aus interagierenden Elementen. Die mit "Komplexität" ausgewiesenen Eigenschaften eines Gefüges wiederum ergeben sich aus eben dieser Struktur, womit diese Eigenschaften auch den komplexen Gefüge der Ökologie zukommen.

Die Bedeutung von "Komplexität" ist nicht abhängig von einer bestimmten Theorie, das jeweilige *Referenzobjekt* des Gefüges jedoch schon: Komplexität bestimmt lediglich die Struktur eines Gefüges und bezeichnet Eigenschaften, die dieses auszeichnen, jedoch nicht, um welches konkrete Gefüge es sich handelt und aus welchen Elementen es besteht. Es stellt sich deshalb die Frage, auf welche Referenzobjekte die Gefüge in den Ökologie-Definitionen verweisen und aus welchen Elementen sie bestehen.

Konsens über ein Gefüge, auf das sich alle (oder eine Mehrheit der) Umschreibungen beziehen, besteht nicht; dies aber erstaunt, angesichts der Untersuchungsergebnisse zum Gegenstandsbereich der Ökologie, nicht. Auffällig ist, dass oft "Erde" ("Welt", "Biosphäre") als Referenzobjekt in irgendeiner Form genannt wird (Bierter, di Castri, Glaeser, Hösle, BMBW, Messerli, Odum, Sachsse). Im übrigen sind die Gefüge, auf die verwiesen wird, sehr unterschiedlich (z.B. "Ökosystem", "Ökologie-Wirtschaft-Politik-Technik", "vernetzte Systeme" oder "Gemeinschaften"). Die als Gefüge der Ökologie angegebenen Referenzobjekte sind so vielfältig und zum Teil so wenig konkret fassbar wie die angegebenen Gegenstandsbereiche.

Sucht man jedoch nach den *interagierenden Elementen*, aus denen die jeweiligen Gefüge bestehen, stellt sich die Situation anders dar:

In zehn Umschreibungen wird - unabhängig vom jeweiligen Referenzobjekt - explizit darauf hingewiesen, dass der Gegenstandsbereich der Ökologie sowohl natürliche wie auch menschliche[12] Elemente umfasst (OEKO, Böhlen, di Castri, Glaeser, Hösle, Ingensiep/Jax, BMBW, MGU/Bierter, Sachsse und Trepl). Implizit geschieht dies auch in vier weiteren Fällen: Wird auf Gefüge verwiesen, die die "Gesamtheit des Umfeldes eines Organismus" (Körner) umfassen oder alle für das "Vorkommen eines Organismus verantwortlichen Faktoren" (Reyer), so gehören nebst natürlichen Elementen auch menschliche dazu: Sofern "Gesamtheit" oder "alle" in einem strengen Sinn verstanden wird, gehört der Mensch zur Umwelt eines Organismus und stellt einen für sein Vorkommen und seine Entwicklung relevanten Faktor dar. Auch im Gefüge

---

12 "Natürlich" bezieht sich auf die aussermenschliche Natur und umfasst bspw. biologische und physikalische Aspekte. "Menschlich" wird hier in einem umfassenden Sinne verwendet, d.h. neben den physischen sind auch die psychischen und kulturellen Aspekte des Menschen mitgemeint.

"Erde" spielen menschliche und natürliche Elemente eine massgebliche Rolle (Messerli, Odum). Nur für zwei Fälle (Bargatzky, Wagner) kann nichts darüber ausgesagt werden, aus welchen Elementen die Gefüge bestehen. Bezüglich Umweltproblemen wiederum herrscht Konsens, dass sie natürliche und menschliche Elemente umfassen (s. oben; vgl. dazu bspw. auch Hard, 1982; Heiland, 1992 oder Hein, 1992).

Damit aber bestehen die komplexen Gefüge der Ökologie in fast allen Fällen - unabhängig von den konkreten Referenzobjekten - aus interagierenden natürlichen und menschlichen Elementen,[13] wozu aufgrund des Bezugs zu Umweltproblemen zudem das Bilden und Begründen von Werturteilen als wesentlicher Teil gehört.

Ökologie - naturwissenschaftliche oder interdisziplinäre Ausrichtung

Es gilt nun, zu überlegen, welcher Ansatz der spezifischen Komplexität der Ökologie angemessen Rechnung tragen kann. Dies muss ein Ansatz sein, der erlaubt, menschliche und natürliche Elemente in ihrer Interaktion zu erfassen. Nur so können die komplexen Gefüge der Ökologie adäquat beschrieben und bearbeitet werden. Vor diesem Hintergrund sollen die beiden für die Ökologie postulierten Ausrichtungen gewürdigt werden.

Theorieabhängige und theorieübergreifende Gegenstände

Jede Disziplin und Disziplinengruppe beschäftigt sich jeweils nur mit Ausschnitten der (Lebens)Welt und mit Teilaspekten von Phänomenen. Es sind diejenigen Ausschnitte und Teilaspekte, die mit den Theorien[14] einer Disziplin(engruppe) erfasst werden können und sollen. Betrachtet werden jeweils nur die Ausschnitte der (Lebens)Welt und nur die Eigenschaften von Phänomenen, die für die jeweilige Theorie relevant sind: Ausschnitte der (Lebens)Welt und Phänomene werden zum Gegenstand einer Theorie durch ihre theoriebezogene Beschreibung als Summe ihrer theorierelevanten Eigenschaften. Jede Theorie hat so ihre eigenen Gegenstände, auch wenn sich verschiedene Theorien auf denselben Ausschnitt der (Lebens)Welt oder

---

13 Von dieser Zusammensetzung der komplexen Gefüge der Ökologie gehen auch Weitere aus (z.B. Kanitscheider, 1993; Sachs, 1991/92; Schönherr, 1987).

14 Hier wird von einem Theorieprimat ausgegangen, d.h. die verwendete Methode bestimmt sich durch die Theorie, obwohl für die Zugehörigkeit zu einer Fachkultur oft die Methoden einer Wissenschaft entscheidend sind.

dasselbe Phänomen beziehen - die Gegenstände der Disziplinen(gruppen) sind theorieabhängig.[15]

Dies gilt auch für komplexe Gefüge: Werden das Gefüge als Ganzes und seine Elemente innerhalb einer Theorie beschrieben, sind sie theorieabhängige Gegenstände. In der Regel wird davon ausgegangen, dass es eines ganzheitlichen Ansatzes bedarf, um komplexe Gefüge adäquat zu erfassen. Sind jedoch das Gefüge und seine Elemente theorieabhängige Gegenstände, so gilt dies auch für den postulierten ganzheitlichen Ansatz, der als theorieimmanent zu bezeichnen ist (wie bspw. bei Nicolis und Prigogine, 1987; Primas, in Vorbereitung; 1991 und 1992; Vester, 1983).

Ein Ausschnitt der (Lebens)Welt oder ein Phänomen werden zu theorieübergreifenden Gegenständen, wenn für ihre Beschreibung und Bearbeitung Eigenschaften zu erfassen sind, die für Theorien verschiedener Disziplinen(gruppen) relevant sind. Solche sind theorieübergreifend, ein interdisziplinärer Ansatz ist nötig. Dasselbe gilt wiederum für komplexe Gefüge: Theorieübergreifend zu beschreibende komplexe Gefüge bedürfen eines theorieübergreifenden, interdisziplinären Ansatzes.

Die Gegenstände der Ökologie: theorieabhängig oder theorieübergreifend?

Bezogen auf die komplexen Gefüge der Ökologie bedeutet dies nun folgendes:

- Die Ökologie ist *naturwissenschaftlich* auszurichten: Die komplexen Gefüge der Ökologie sind Gegenstände der Naturwissenschaft (theorieabhängige Gegenstände)[16], d.h. zu ihrer

15 Es wäre im einzelnen zu zeigen, inwiefern es gerechtfertigt ist, Theorien (und Methoden) in Disziplinengruppen wie z.B. "Naturwissenschaft" zusammenzufassen. Eine solche Arbeit müsste auch Auskunft geben über die den Theorien zugrunde liegenden Erkenntnisabsichten und über die für sie relevanten Eigenschaften und Ausschnitte der (Lebens)Welt. Möglicherweise könnte so auch vermieden werden, dass Ansprüche an Theorien formuliert werden, die diese gar nicht einlösen können. Exemplarisch wurde die Entwicklung der Naturwissenschaft betrachtet. Untersucht wurde, mit welcher Intention sich die Disziplinengruppe entwickelt hat, die heute als "Naturwissenschaft" bezeichnet wird sowie welche Ausschnitte der (Lebens)Welt und welche Eigenschaften sich für sie als relevant erwiesen haben. Besonderes Gewicht kam dabei der Neuzeit (16.-18. Jahrhundert) zu, als eigentlicher Entstehungszeit der modernen abendländischen Naturwissenschaft (vgl. bspw. Lorenzen, 1960; Sandvoss, 1989; Schaller, 1955). Berücksichtigt wurde auch der Traditionszusammenhang, aus dem diese erwachsen ist (vgl. bspw. Coplestone, 1976; Crombie, 1977; Mittelstrass, 1970). Aufgrund der Bedeutung, die Newton für die Weiterentwicklung der Naturwissenschaft zukommt, und seiner Aktualität noch in der heutigen Naturwissenschaft (vgl. bspw. Drieschner, 1991; Kanitscheider, 1993; Lorenzen, 1960), endete die historische Untersuchung mit ihm, obwohl damit wesentliche Entwicklungen vor allem des 20. Jahrhunderts unberücksichtigt bleiben mussten (für detailliertere Literaturangaben s. Di Giulio, 1993).

16 Die Naturwissenschaft entwickelt sich in der Neuzeit zu einer selbständigen Wissenschaft, die sich von anderen Wissenschaften abgrenzt durch ihre Methoden, die für sie relevanten Eigenschaften sowie ihren Gegenstandsbereich. Sie gliedert sich in der Folgezeit zunehmend in Einzeldisziplinen mit unterschiedlichen Gegenständen, Theorien und Methoden. Jedoch beruhen ihre Ansprüche, Zielsetzungen, Methoden und Theorien sowie ihre Wissenschaftlichkeitskriterien prinzipiell auf denselben Grundlagen. Dies aber erlaubt, von einer

angemessenen Beschreibung und Bearbeitung sind nur die für Theorien der Naturwissenschaft relevanten Eigenschaften zu erfassen. Ein naturwissenschaftlicher Ansatz ist gerechtfertigt.

- Die Ökologie ist *interdisziplinär* auszurichten: Für eine angemessene Beschreibung und Bearbeitung der komplexen Gefüge der Ökologie sind Eigenschaften zu erfassen, die für Theorien verschiedener Disziplinengruppen relevant sind, d.h. sie sind theorieübergreifende Gegenstände. Ein interdisziplinärer Ansatz ist gerechtfertigt.

Die komplexen Gefüge der Ökologie bestehen aus interagierenden natürlichen und menschlichen Elementen. Zudem gehört zur Ökologie das Bilden und Begründen von Werturteilen:

Natürliche Elemente beziehen sich auf aussermenschliche Natur und können als Ausschnitte der (Lebens)Welt und als Phänomene gelten, für deren angemessene Bearbeitung Eigenschaften zu erfassen sind, die für Theorien der Naturwissenschaft relevant sind. Sie sind Gegenstände der Naturwissenschaft.[17]

Bereits das *Bilden und Begründen von Werturteilen* im Zusammenhang mit Umweltproblemen bedingt jedoch das Erfassen von Eigenschaften, die für Theorien der Naturwissenschaft nicht relevant sind:

In der Neuzeit entwickelt sich eine Naturwissenschaft[18], die auf irdischen Erscheinungen und sinnlicher Wahrnehmung beruht - im Gegenzug zu der auf göttlicher Offenbarung, Autoritäten und Religion beruhenden des Mittelalters. Auch als Selbstschutz vor der Kirche findet eine Distanzierung statt von religiösen und politischen Fragen und ein bewusster Verzicht darauf, Normen und Werturteile zu formulieren und zu begründen. Gefordert wird eine wertfreie Naturwissenschaft, die sich als deskriptive Wissenschaft versteht, die normative Fragestellungen aus ihrem Gegenstandsbereich ausgrenzt.

Menschliche Elemente beziehen sich auf den Menschen insbesondere in der Interaktion mit der aussermenschlichen Natur und beinhalten neben physischen wesentlich Aspekte, die sich

---

Disziplinengruppe "Naturwissenschaft" auszugehen und eine gewisse Ähnlichkeit dieser Disziplinen anzunehmen: "theorieabhängig" wird deshalb hier bezogen auf die naturwissenschaftliche und "theorieübergreifend" bezogen auf die interdisziplinäre Ausrichtung (s. Fn. 5) verwendet. Auf die Rechtfertigung, von einer "Einheit der Naturwissenschaften" in wissenschaftstheoretischer Hinsicht auszugehen, kann hier nicht weiter eingegangen werden. Es sei jedoch verwiesen auf die Arbeiten von Gräfrath et al., die für die Naturwissenschaften eine nicht nur methodische, sondern auch inhaltliche Einheit aufzeigen (1991: 91ff., insbes. 106; vgl. auch Mohr, 1991).

17 Auf die These, dass für die angemessene Beschreibung und Bearbeitung der natürlichen Elemente der Gefüge der Ökologie neben den für Theorien der Naturwissenschaft relevanten quantitativen auch qualitative Eigenschaften zu erfassen seien, wird hier nicht näher eingegangen (vgl. z.B. Altner, 1982; Landmann, 1957; Nennen, 1991: insbes. 82ff.; Sachs, 1991/92; Schönherr, 1987; Steele, 1982).

18 Die Bezeichnung "Naturwissenschaft" wird erst im 18. Jahrhundert verwendet (erstmals Scheuchzer, 1703 und 1711) als Synonym für "Physik". Auf das Verhältnis der Begriffe "Physik", "Naturphilosophie" und "Naturwissenschaft" wird hier nicht näher eingegangen.

auf das Verhalten des Menschen im weitesten Sinn beziehen, neben Quantitäten wesentlich Qualitäten umfassend. Die Interaktion natürlicher und menschlicher Elemente wiederum ist geprägt durch das Verhalten des Menschen und beinhaltet quantitative wie auch qualitative Aspekte. Damit aber macht auch die adäquate Bearbeitung der menschlichen Elemente sowie der Interaktionen zwischen Mensch und Natur das Erfassen von Eigenschaften notwendig, die für Theorien der Naturwissenschaft nicht relevant sind:

Ziel der *Naturwissenschaft seit der Neuzeit* ist, gesicherte Erkenntnisse über irdische Erscheinungen zu erlangen. Als gesichert gilt, was empirisch erhoben ist und intersubjektiv überprüft werden kann. Aus der Beobachtung (direkte Sinneswahrnehmung) im Mittelalter wird das Experiment, das erlaubt, mittels Instrumenten die ungenaue Sinneswahrnehmung zu präzisieren und zu erweitern. Die Kontrolle der Bedingungen der Beobachtung führt zu einer zunehmenden Gewissheit der Erkenntnisse. Die im Experiment mögliche Isolierung von Phänomenen aus ihrem natürlichen Zusammenhang erlaubt, einzelne Erscheinungen und Kausalitäten vertiefter zu untersuchen, und führt zu einer analytischen Naturwissenschaft, die systematisch und gezielt forscht. Die Orientierung an der Sinneswahrnehmung und der Wunsch nach sicherer Erkenntnis haben die Untersuchung des Menschen als erkennendes Subjekt und dessen Bedeutung im Erkenntnisprozess zur Folge. Dies wiederum bewirkt die Differenzierung zwischen subjektiver Wahrnehmung, die als unsicher und nicht empirisch verifizierbar gilt, und der Wahrnehmung von Eigenschaften, die den Objekten zukommen und die objektiv, sicher und empirisch verifizierbar ist. Die Beschränkung auf objektive Eigenschaften soll eine subjektunabhängige Untersuchung und Beschreibung der Erscheinungen gewährleisten. Aus dem Wunsch nach methodischer Absicherung ergibt sich die Bedeutung mathematischer Methoden. Diese gelten als sicher, weil deren Ergebnisse nach festgelegten Kriterien unabhängig von Subjekt, Glaube und Weltanschauung überprüfbar sind. Diese Methoden aber können nur angewendet werden, wenn die untersuchten Erscheinungen vergleichbar sind. Die Festlegung objektiver Eigenschaften als quantifizierbare Grössen wird als Gewähr für gesicherte Erkenntnisse verstanden, die durch (experimentelle) Messung und Rechnung verifiziert werden können. Qualitäten, die als subjektiv gelten, sind für die Naturwissenschaft keine relevanten Eigenschaften mehr, es werden nurmehr Quantitäten berücksichtigt, die allen Erscheinungen zukommen. Erscheinungen erkennen wird so zunehmend als deren mathematische Formulierung verstanden.

Naturwissenschaft - wie sie sich in der Neuzeit entwickelt hat - soll, als gesellschaftliche Institution, die Bedingungen des menschlichen Lebens und der beruflichen Praxis erleichtern. Das Nutzungsinteresse des Menschen an der ihn umgebenden (Lebens)Welt steht so verstärkt im Vordergrund, was unter anderem zur Folge hat, dass der Mensch als Herrscher über die Natur verstanden wird. Dies sowie die Unterscheidung zwischen dem Menschen als erkennendes Subjekt und der ihn umgebenden natürlichen (Lebens)Welt als zu erkennendes Objekt bewirkt eine Trennung von Mensch und Natur. Diese werden als vom Wesen her verschieden begriffen und müssen deshalb auch auf unterschiedliche Weise untersucht werden. Die Ausgrenzung des Menschen aus dem Gegenstandsbereich der Naturwissenschaft, die bereits in der Abgrenzung gegenüber Religion und Politik angelegt ist, rechtfertigt sich auch durch das Verhältnis zwischen Mensch und Natur und ihr unterschiedliches Wesen.

Mit den Theorien der Naturwissenschaft können also nur Ausschnitte der komplexen Gefüge der Ökologie und davon wiederum nur Teilaspekte, die quantitativ-physischen, erfasst werden. Ein naturwissenschaftlicher Ansatz für die Ökologie ist deshalb nicht gerechtfertigt, er kann den Anspruch, die Gegenstände der Ökologie und Umweltprobleme angemessen zu erfassen, nicht einlösen. Damit aber kann er für die komplexen Gefüge der Ökologie auch keinen ganzheitlichen Ansatz zur Verfügung stellen.

Eine angemessene Beschreibung und Bearbeitung der komplexen Gefüge der Ökologie bedingt das Erfassen von Ausschnitten und Eigenschaften, die für Theorien verschiedener Disziplinengruppen relevant sind: Neben Ausschnitten und Eigenschaften, die für Theorien der Naturwissenschaft relevant sind, sind auch solche zu erfassen, die für Theorien der Geistes- und Sozialwissenschaft relevant sind. *Komplexe Gefüge der Ökologie sind somit theorieübergreifende Gegenstände.* Sie umfassen jeweils mehr, als in den Theorien einzelner Disziplinengruppen erfasst werden kann, und bedürfen für ihre adäquate Bearbeitung eines Ansatzes, der eine theorieübergreifende Beschreibung und Bearbeitung zur Verfügung stellen kann, d.h. eines interdisziplinären Ansatzes.

Folgerungen

Zur Beschreibung und Bearbeitung komplexer Gefüge der Ökologie müssen interagierende natürliche und menschliche Elemente erfasst, Normen und Werturteile gebildet und begründet sowie quantitative und qualitative Eigenschaften erfasst und beurteilt werden. Aufgrund der der Naturwissenschaft zugrunde liegenden Erkenntnisabsicht, der für ihre Theorien relevanten Eigenschaften und der durch sie bearbeiteten Ausschnitte der (Lebens)Welt ist ein naturwissenschaftlicher Ansatz dazu nicht in der Lage: Es liegt nicht in der Absicht naturwissenschaftlicher Theorien, Qualitäten zu erfassen und zu beurteilen und Werturteile und Normen zu bilden und zu begründen. Auch sind der Mensch sowie die Interaktion zwischen Mensch und Natur nur beschränkt Gegenstand der Naturwissenschaft. Der Anspruch, mit einem naturwissenschaftlichen Ansatz komplexe Gefüge der Ökologie angemessen zu erfassen, ist nicht nur nicht einlösbar, sondern auch verfehlt, weil er den zugrundeliegenden Absichten der Naturwissenschaft und damit ihren Möglichkeiten nicht Rechnung trägt.

Komplexe Gefüge der Ökologie sind theorieübergreifend und ihre angemessene Beschreibung und Bearbeitung bedarf eines interdisziplinären Ansatzes. In diesem Sinne sind die Disziplinen(gruppen) komplementär zu verstehen, und es wäre die Frage anzugehen, welchen Beitrag sie zur Bearbeitung komplexer Gefüge der Ökologie jeweils leisten können. Nur so - im Bewusstsein ihrer Grenzen und Möglichkeiten - können begründete Ansprüche an Theorien (und Methoden) formuliert werden und können diese in ergänzendem Sinne angewendet werden auf die Gegenstände der Ökologie und auf die zu lösenden Umweltprobleme.

Literatur

Altner, G. (1982) Ökologisch orientierte Wissenschaft - was ist das? *In*: Ökologisch orientierte Wissenschaft. Theoretische Entwürfe und praktische Erfahrungen im Bemühen um eine Wissenschaft in ökologischer Verantwortung. Loccumer Protokolle 30, Striegnitz, M. (Hrsg.), Evangelische Akademie Loccum, Rehburg-Loccum.

Balsiger, Ph. W. (1991) Begriffsbestimmungen "Ökologie" und "Interdisziplinarität". Bericht zuhanden der Kommission Ökologie/Umweltwissenschaften der Schweizerischen Hochschulkonferenz (SHK). Bern; *Typoskript*.

Bargatzky, T. (1992) "Naturvölker" und Umweltschutz - ein modernes Missverständnis. *UNIVERSITAS, 9*: 876-886.

Bednarz, J. Jr. (1984) Complexity and Intersubjectivity: Towards the Theory of Niklas Luhmann. *Human Studies, 7*: 55-69.

Bierter, W. (1989) Mensch-Gesellschaft-Umwelt. Vorschläge zur Realisierung fächerübergreifender Forschung und Lehre an der Universität Basel. Syntropie, Liestal.

Böhlen, B. (1987) Von der ökologischen Erkenntnis zum umweltpolitischen Handeln - die Verantwortung der Universität. *Akzente, 1, Annex I*, Akademische Kommission der Universität Bern (Hrsg.): 2-11.

Botschaft (1991) Botschaft über die Förderung der wissenschaftlichen Forschung in den Jahren 1992-1995 und eine konzertierte Aktion Mikroelektronik Schweiz vom 9. Januar 1991, 90.084. Bern.

Bronowski, J. (1970) New Concepts in the Evolution of Complexity. Stratified Stability and Unbounded Plans. *Synthese, 21*: 228-246.

Bundesministerium für Bildung und Wissenschaft (Hrsg.) (1990) Schutz der Erdatmosphäre - eine Herausforderung an die Bildung. Zur Umsetzung der Empfehlungen der Bundestags-Enquête-Kommission "Vorsorge zum Schutz der Erdatmosphäre" in das Bildungssystem. Ergebnisbericht. Stand 22.07.90. Economica Verlag, Bonn.

Clements, F. E. (1936) Nature and Structure of the Climax. *Journal of Ecology, 24*: 252-284.

Copleston, F. C. (1976) Geschichte der Philosophie im Mittelalter. C. H. Beck, München.

Crombie, A. C. (1977) Von Augustinus bis Galilei. Die Emanzipation der Naturwissenschaft. Deutscher Taschenbuch Verlag, München.

Di Giulio, A. (1993) Ökologie - Komplexität - Interdisziplinarität. Wissenschaftshistorische und -theoretische Argumente für einen interdisziplinären Ansatz in der Ökologie. Diplomarbeit an der Phil.-hist. Fakultät, Universität Bern, Bern; *Typoskript*.

di Castri, F. (1981) Ökologie, die Wissenschaft von Menschen und Umwelt. *UNESCO-Kurier, 4*: 1-4.

di Castri, F. (1990) Environnement: les paradoxes d'une crise. *La recherche, 223*: 882-884.

Drieschner, M. (1991) Einführung in die Naturphilosophie. Wissenschaftliche Buchgesellschaft, Darmstadt.

Dyke, Ch. (1988) The Evolutionary Dynamics of Complex Systems. A Study in Biosocial Complexity. New York, Oxford.

Elster, H.-J. (Hrsg.) (1989) Humanökologie als Aufgabe für Natur- und Geisteswissenschaften. Schweizerbartsche Verlagsbuchhandlung, Stuttgart.

Forbes, St. A. (1922) The Humanizing of Ecology. *Ecology, III/2*: 89-92.

Glaeser, B. (1992) Natur in der Krise? Ein kulturelles Missverständnis. *GAIA, 4*: 195-203.

Gräfrath, B., Huber, R. and Uhlemann, B. (1991) Einheit, Interdisziplinarität, Komplementarität. Orientierungsprobleme der Wissenschaft heute. W. de Gruyter, Berlin, New York.

Haeckel, E. (1866) Generelle Morphologie der Organismen. Allgemeine Grundzüge der organischen Formen-Wissenschaft, mechanisch begründet durch die von Charles Darwin reformirte Descendenz-Theorie. 2 Bde., Reimer, Berlin.

Hard, G. (1982) Ökologie/Landschaftsökologie/Geoökologie *In*: Metzler Handbuch für den Geographieunterricht. Ein Leitfaden für Praxis und Ausbildung, Jander, L., Schramke, W. and Wenzel, H.-J. (Hrsg.), J. B. Metzler, Stuttgart

Haskell, E. F. (1940) Mathematical Systematization of "Environment," "Organism" and "Habitat". *Ecology, 21/1*: 1-15.

Heiland, St. (1992) Naturverständnis. Dimensionen des menschlichen Naturbezugs. Wissenschaftliche Buchgesellschaft, Darmstadt.

Hein, W. (1992) "In einem Gartenteppich wächst eine Lilie...". Umweltbedrohung und Unterentwicklung - das neue Kernproblem globaler Sicherheit? *UNIVERSITAS, 10*: 989-999.

Heinrich, D. and Hergt, M. (1991) dtv-Atlas zur Ökologie. Deutscher Taschenbuch Verlag, München.

Hösle, V. (1991) Philosophie der ökologischen Krise. Moskauer Vorträge. C. H. Beck, München.

Ingensiep, H. W. (1988) Umwelt erkennen, wahrnehmen und gestalten - eine Einführung *In*: Mensch, Umwelt und Philosophie, Ingensiep, H. W. and Jax, K. (Hrsg.), Wissenschaftsladen, Bonn.

Ingensiep, H. W. and Jax, K. (1988) Vorwort der Herausgeber *In*: Mensch, Umwelt und Philosophie, Ingensiep, H. W. and Jax, K. (Hrsg.), Wissenschaftsladen, Bonn.

Jax, K. (1988) Ökologie zwischen Wissenschaft und Weltanschauung. Gedanken zur Einführung *In*: Mensch, Umwelt und Philosophie, Ingensiep, H. W. and Jax, K. (Hrsg.), Wissenschaftsladen, Bonn.

Kanitscheider, B. (1993) Von der mechanistischen Welt zum kreativen Universum. Zu einem neuen philosophischen Verständnis der Natur. Wissenschaftliche Buchgesellschaft, Darmstadt.

Körner, Ch. (1990) Die Kunst der kleinen Frage. Botanisches Forschen in der Umweltkrise. *uninova Mitteilungen aus der Universität Basel, 56*: 11-13.

Kornwachs, K. and Lucadou, W. von (1975) Beitrag zum Begriff der Komplexität. *Grundlagenstudien aus Kybernetik und Geisteswissenschaft, 16*: 51-60.

Landmann, M. (1957) Das naturwissenschaftliche Vorbild in den Geisteswissenschaften und seine Überwindung. Rückblick auf eine Auseinandersetzung. *Philosophia Naturalis, 4*: 344-373.

Lorenzen, P. (1960) Die Entstehung der exakten Wissenschaften. Springer, Berlin, Göttingen, Heidelberg.

Loss, V. A. (1988) Globale Probleme und die moderne Wissenschaft. Zu den Ergebnissen des VIII. Internationalen Kongresses für Logik, Methodologie und Philosophie der Wissenschaft. *Deutsche Zeitschrift für Philosophie, 36*: 1108-1115.

Luhmann, N. (1988) Ökologische Kommunikation. Kann die moderne Gesellschaft sich auf ökologische Gefährdungen einstellen? Westdeutscher Verlag, Opladen.

Luhmann, N. (1992) Die Wissenschaft der Gesellschaft. Suhrkamp, Frankfurt a. M.

Malik, F. (1989) Strategie des Managements komplexer Systeme. Ein Beitrag zur Management-Kybernetik evolutionärer Systeme. Haupt, Bern, Stuttgart.

Martens, B. (1986) Reproduzierbarkeit von Ergebnissen vs. heuristischer Gehalt wissenschaftlicher Konzepte. Ein Fallbeispiel aus der Ökologie und allgemeinen Systemtheorie. *Zeitschrift für Allgemeine Wissenschaftstheorie, 17*: 256-264.

Messerli, B. (1991) Ökologie - Umweltwissenschaften. Wo stehen die schweizerischen Hochschulen heute? *Wissenschaftspolitik, 1*: 19-27.

Mittelstrass, J. (1970) Neuzeit und Aufklärung. Studien zur Entstehung der neuzeitlichen Wissenschaft und Philosophie. W. de Gruyter, Berlin, New York.

Mohr, H. (1991) Biologie und Philosophie - Biologie und Ökonomik: Möglichkeiten und Grenzen interdisziplinärer Forschungsprogramme *In*: Einheit der Wissenschaften. Internationales Kolloquium der Akademie der Wissenschaften zu Berlin, Bonn, 25.-27. Juni 1990. W. de Gruyter, Berlin, New York.

Moles, A. A. (1960) Über konstruktionelle und instrumentelle Komplexität. *Grundlagenstudien aus Kybernetik und Geisteswissenschaft, 1*: 33-36.

Nennen, H.-U. (1991) Ökologie im Diskurs. Westdeutscher Verlag, Opladen.

Nicolis, G. and Prigogine, I. (1987) Die Erforschung des Komplexen. Auf dem Weg zu einem neuen Verständnis der Naturwissenschaften. Piper, München.

Odum, E. (1983) Grundlagen der Ökologie. 2 Bde. Georg Thieme, Stuttgart, New York.
Phillips, J. (1934/35) Succession, Development, the Climax, and the Complex Organism: An Analysis of Concepts. Parts I-III. *Journal of Ecology*: 210-246, 488-508, 554-571.
Primas, H. (1991) Vor-Urteile in den Naturwissenschaften *In*: Wissenschaftstheorie und Wissenschaften, Bouillon, H. and Andersson, G. (Hrsg.), Duncker und Humbolt, Berlin.
Primas, H. (1992) Umdenken in den Naturwissenschaften. *GAIA, 1*: 5-15.
Primas, H. Komplementarität in den exakten Naturwissenschaften. Vortrag an einem Symposium auf Schloss Lenzburg vom 16.-20. September 1990; *Publikation in Vorbereitung.*
Regenzkommission Mensch-Gesellschaft-Umwelt (1987) Bericht der Regenzkommission MGU über den Ausbau von Lehre und Forschung im Bereich Mensch-Gesellschaft-Umwelt an der Universität Basel. Basel.
Reyer, H.-U. (1990) Ökologie - was ist das eigentlich? *unizürich, Informationsblatt der Universität Zürich, 2*: 6-9.
Rosen, R. (1992) Die Philosophie des "Handwerklichen". Ein Beitrag zur Frage der Beschreibung und Handhabung komplexer Systeme *In*: Wissenschaftstheorien in der Medizin, Deppert, W., Kliemt, H., Lohff, B. and Schaefer, J. (Hrsg.), W. de Gruyter, Berlin, New York.
Ross Kiester, A. (1982) Natural Kinds, Natural History and Ecology *In:* Conceptual Issues in Ecology, Saarinen, E. (Hrsg.), D. Reidel, Dordrecht.
Sachs, W. (1991/92) Natur als System. Vorläufiges zur Kritik der Ökologie. *Scheidewege, 21*: 83-97.
Sachsse, H. (1984) Ökologische Philosophie. Natur - Technik - Gesellschaft. Wissenschaftliche Buchgesellschaft, Darmstadt.
Sandvoss, E. R. (1989) Geschichte der Philosophie. 2 Bde., Deutscher Taschenbuch Verlag, München.
Schaller, K. (1955) Zur Grundlegung der Einzelwissenschaften bei Comenius und Fichte. Eine Studie zum Problem des Studium Generale. Dissertation, Köln.
Scheuchzer, J. J. (1703) Physica oder Natur-Wissenschaft. Zürich.
Scheuchzer, J. J. (1711) Kern der Natur-Wissenschafft. Zürich.
Schönherr, H.-M. A. (1987) Ökologie als Hermeneutik. Ein wissenschaftstheoretischer Versuch. *Philosophia Naturalis, 24*: 311-332.
Schramm, E. (Hrsg.) (1984) Ökologie-Lesebuch. Ausgewählte Texte zur Entwicklung ökologischen Denkens. Von Beginn der Neuzeit bis zum Club of Rome (1971). Fischer Taschenbuch Verlag, Frankfurt a. M.
Schweizerische Hochschulkonferenz, Arbeitsgruppe Ökologie/Umweltwissenschaften (1989) Gegenwart und Zukunft. Schlussbericht erstattet zuhanden der Plenarversammlung der Schweizerischen Hochschulkonferenz vom 16. März 1989. Bern.
Schweizerischer Nationalfonds (1992) Ausführungsplan zum Schwerpunktprogramm Umwelttechnologie und Umweltforschung. März 1992. Bern.
Steele, G. L. (1982) Comments on Hofstadter. *Synthese, 53*: 219-226.
Thiel, R. (1990) Komplexitätsbewältigung - Dialektikbewältigung, theoretisch und praktisch. *Deutsche Zeitschrift für Philosophie, 5*: 436-442.
Thomas, C. (Hrsg.) (1992) "Auf der Suche nach dem Ganzheitlichen Augenblick". Der Aspekt Ganzheit in den Wissenschaften. Verlag der Fachvereine, Zürich.
Trepl, L. (1987) Geschichte der Ökologie. Vom 17. Jahrhundert bis zur Gegenwart. Zehn Vorlesungen. Athenäum, Frankfurt a. M.
Trepl, L. (1988) Leitwissenschaft Ökologie? *In*: Mensch, Umwelt und Philosophie, Ingensiep, H. W. and Jax, K. (Hrsg.), Wissenschaftsladen, Bonn.
Vester, F. (1983) Unsere Welt - ein vernetztes System. Deutscher Taschenbuch Verlag, München.
Vollmer, G. (1991) Ordnung ins Chaos? Zur Weltbildfunktion wissenschaftlicher Erkenntnis. *UNIVERSITAS, 8*: 761-773.
Wagner, Ch. (1991) Stichwort Ökologie. Knaur, München.
Weinrich, H. (1972) System, Diskurs und die Diktatur des Sitzfleisches. *Merkur, 26*: 801-812.
Yildirim, C. (1970) Towards an Understanding of Science. *Zeitschrift für Allgemeine Wissenschaftstheorie, 1*: 104-118.

Ökologie und Interdisziplinarität – eine Beziehung mit Zukunft?
Wissenschaftsforschung zur Verbesserung der fachübergreifenden Zusammenarbeit
Ph. W. Balsiger/R. Defila/A. Di Giulio (Hrsg.)

Über das Verhältnis zwischen Natur- und Geisteswissenschaften – Wissenschaftstheoretische Überlegungen im Hinblick auf die Fähigkeit zur Interdisziplinarität

Hans Julius Schneider

Es geht mir um die Möglichkeiten zur Ausbildung der Fähigkeit, die von spezifischen Disziplinen erzeugten Wahrheiten in ihrer Relativität zu erkennen und zu anderen relativen Wahrheiten in Beziehung zu setzen. Der erste Teil des vorliegenden Beitrags enthält grundsätzliche Bemerkungen darüber, wie die Aktivitäten eines Wissenschaftlers zu verstehen sind. Ist sein Erkenntnisvermögen wie ein Spiegel, der eine Welt ausserhalb seiner selbst möglichst getreu abbildet, oder spielen die Handlungen, die er aktiv unternehmen muss, eine so wichtige Rolle, dass das Resultat mit der Analogie des Spiegelbildes nicht richtig getroffen ist? Der zweite Teil will zeigen, dass die handelnde Beherrschung, die "Manipulation" in einem wertneutralen Sinn, das Zentrum der naturwissenschaftlichen Methode bildet, d.h. dasjenige, was es uns gestattet, überhaupt von "Naturgesetzen" zu sprechen. Diese Sicht relativiert die Vorstellung vom "Spiegel der Natur" zugunsten der These, dass die Wissenschaft ein System von Handlungen ist. Der dritte Teil skizziert eine Sicht auf die Geisteswissenschaften, nach

der diese weder vom "Gespenst in der Maschine" handeln, d.h. von dem naturwissenschaftlich nicht greifbaren Maschinisten des Körpers, noch auch von bloss körperlichen Verhaltensweisen der Maschinerie im Sinne einer behavioristischen Psychologie.

Wissenschaft als Handlung oder als Spiegel der Natur?

Die Ökologie wird im Alltag oft als reine Naturwissenschaft wahrgenommen, als Zweig der Biologie. Da das Interesse an ihr aber letztlich auf eine Verbesserung der Beziehungen zwischen dem Menschen und der Natur hinausläuft, wobei der Mensch auch als ein soziales, politisches, geistiges Wesen in den Blick kommt (das für sich z.B. Handlungsmotivationen und juristische Regelungen schaffen kann), muss sie natur- und geisteswissenschaftliche Zugänge zueinander in Beziehung setzen können. Beide haben ja ihre Berechtigung: Wenn man dem Ökologen sagt, der Mensch sei ein Gegenstand der Naturwissenschaften und sei (z.B. wenn er falle) den Naturgesetzen genauso unterworfen wie ein Stein, könnte er antworten "ja, das stimmt zwar, aber...". Und wenn man ihm umgekehrt sagt, der Mensch habe einen freien Willen und könne, wie z.B. die friedliche Revolution in der DDR gezeigt habe, stets das Unvorhergesehene tun, er unterliege also nicht überall den Gesetzen, um deren Aufdeckung es den Naturwissenschaften gehe, könnte er noch einmal sagen "ja, aber...". Wie verhalten sich diese beiden Antworten zueinander? Und wie lässt sich in der akademischen Ausbildung die Fähigkeit der Studenten (und späteren Kollegen) verbessern, zu erkennen, dass sie in der Wahl von Zugangsweisen und Methoden, wie das Beispiel zeigt, einen Spielraum haben, eine Handlungsfreiheit, von der sie einen kundigen und beherzten Gebrauch machen sollten, wenn sie interdisziplinär arbeiten wollen oder müssen?

Die naive Erkenntnistheorie stellt sich den Menschen wie einen Frosch im Teich vor: Unbeweglich sitzt er mit dem Körper unter Wasser, nur die Augen ragen heraus und spiegeln auf der Netzhaut, was um ihn herum vorgeht. Die Erkenntnisse bilden sich in ihm ab, ohne dass er aktiv werden muss. Ähnlich sitzt nach dieser Vorstellung der Mensch auf der Erde und schaut hinaus in den Himmel. Er sieht die Gestirne, die jenseits seiner Reichweite ihre Bahn ziehen und versucht, Regelmässigkeiten darin zu erkennen. Erst nachdem ihm solche aufgefallen sind, kann er ans Handeln gehen, z.B. in der Nacht sein Schiff an der Stellung der Sterne ausrichten. Die optische Wahrnehmung und das Studium der Gestirne werden so als paradigmatische Fälle von Erkenntnis überhaupt betrachtet. Wäre dieses Bild korrekt, dürfte es keinen grossen Unterschied zwischen Natur- und Geisteswissenschaften geben: Beide würden von beobachteten Regelmässigkeiten handeln, einmal im Reich der Natur, einmal im Reich des Geistes.

Es ist aber auffällig, dass erstens diese Art der Erkenntnisgewinnung in der Ontogenese des Menschen keineswegs primär ist: Kinder greifen zu, betasten etwas, stecken es in den Mund, etc. Die distanzierte, kontemplative Beobachtung scheint eine relativ späte Möglichkeit zu sein, die auf vorherigen Fähigkeiten aufbaut. Zweitens spielt selbst in das Studium der Gestirne das menschliche Handeln hinein, schon dadurch, dass wir die Unterscheidungen, mit denen wir beim Erkennen arbeiten, nicht vorfinden, sondern selber treffen müssen.

Auch das Sprechen ist nämlich ein Handeln, nicht nur eine Veräusserlichung eines inneren Prozesses oder Gegenstandes, etwa eines Netzhauteindrucks, der fertig und bei allen Menschen gleich vorliegen würde. Das zeigt schon der Fall der Sternbilder: Was wir als zur selben Konfiguration gehörig ansehen, bietet sich bis zu einem gewissen Grad an, zu einem gewichtigen Teil müssen wir diese Frage aber frei entscheiden. Dass häufig ganz verschiedene Unterscheidungsweisen nebeneinanderstehen können, von denen nicht die einen naturgegeben und die anderen blosse Phantasieprodukte sind, zeigt ein Blick in die Wissenschaftsgeschichte: Dort ist sogar von Stoffen oder Körperteilen die Rede, von denen wir heute nicht einmal mehr glauben, dass sie existieren.

Im Bereich der Naturwissenschaften wird die produktiv-herstellende Seite am deutlichsten sichtbar bei den Messgeräten: Ohne die Erfindung und den erfolgreichen Bau von Uhren gibt es keine Zeitmessung; ohne die Normierung eines Standards wie des Urmeters in Paris gibt es keine intersubjektive Längenmessung. Diese Beispiele liessen sich beliebig vermehren; sie laufen alle darauf hinaus, dass es ohne die Festlegung eines Standards und die technische Realisierung eines Messverfahrens keine naturwissenschaftlichen Fakten gibt. Und selbst Begriffssysteme lassen sich in diesem Sinne als Standards auffassen, und hier gilt etwas Entsprechendes auch in den Geisteswissenschaften: Ohne eine Entscheidung darüber, wo man die Grenze zwischen einer "Kirche" und einer "Sekte" ziehen möchte, lässt sich keine empirische Aussage über das Anwachsen oder Abflauen des Zustroms zu den Sekten machen. Auch hier kommt die empirische Untersuchung nach der (nicht-empirischen) begrifflichen Festlegung.

Bei den Geisteswissenschaften ist die Lage zusätzlich dadurch kompliziert, dass die untersuchten "Gegenstände" (also die Menschen) selbst eine Meinung dazu haben, wie die Unterscheidungen in dem zur Untersuchung anstehenden Gebiet sinnvollerweise zu treffen sind. Metaphorisch gesprochen: Dem Molekül ist es "gleichgültig", wie der Chemiker die Gesichtspunkte festlegt, nach denen er versucht, die Elemente in ein System zu bringen. Hier bestimmt die Wissenschaftlergemeinschaft allein, welche Unterscheidungen sinnvoll sind. Dies ist in den Geisteswissenschaften häufig nicht der Fall: Einem Methodisten oder Adventisten ist es nicht gleichgültig, wie die Sozialwissenschaftler den Begriff "Sekte" bestimmen; den Männern ist es nicht gleichgültig, welche Handlungen als "frauenfeindlich" zählen, etc.

Aus diesen Überlegungen ergibt sich, dass wissenschaftliche Wahrheiten (in den Geistes- *und* in den Naturwissenschaften) in einem gewissen Grad erzeugt werden (*factum* = das Gemachte). Es kommt jetzt sehr darauf an, die Wendung "in einem gewissen Grad" genau zu verstehen und im konkreten Fall richtig anzuwenden. Die wissenschaftstheoretische Überlegung über die Rolle, die der aktive Eingriff spielt, das häufig keineswegs alternativenlose Handeln zur Erlangung wissenschaftlicher Erkenntnis, bedeutet nämlich nicht, dass es keinen Unterschied gibt zwischen seriöser wissenschaftlicher Tatsachenbefragung einerseits und Schlamperei, Fälschung oder Erdichtung andererseits. Vielmehr verhält es sich so: In einem ersten Schritt muss eine Einigung über diejenigen Handlungen erfolgen, die zu wissenschaftlichen Tatsachen hinführen sollen. Wenn diese erreicht ist und die entsprechenden Handlungen ordentlich ausgeführt wurden, kann dann in einem zweiten Schritt (im naturwissenschaftlichen Fall) "die Natur" sprechen. Und die damit erfolgende Antwort können wir nun in der Tat nicht nachträglich einfach ungeschehen machen; hier endet das Erzeugen einer wissenschaftlichen Tatsache und es geht darum, die Antwort hinzunehmen. Zwar kann sich später herausstellen, dass ein Beobachtungsfehler vorlag (dann muss die Beobachtung hinreichend oft wiederholt werden). Es können auch neue Erwägungen angestellt werden, die eine Änderung in den vorbereitenden Handlungen geraten erscheinen lassen, etwa wenn die Frage auftaucht, ob ein bestimmtes Verfahren überhaupt das misst, was man zu messen beabsichtigt hatte. Die "Stimme der Natur" selbst, die *nach* der Inszenierung der Frage erfolgende Antwort, wird dadurch nicht verändert, sie steht nicht in unserem Belieben, auch wenn wir sie später anders interpretieren und vielleicht als störungsbedingt und daher irrelevant für die gestellte Frage betrachten (vgl. Fleck, 1980).

Und genau darin, in der Unbeeinflussbarkeit der Antwort nach den Aktivitäten, die wir aufbieten müssen, um unsere Frage zu stellen, liegt die "Objektivität" der Naturwissenschaften. Sie sind zwar *subjektbezogen,* insofern sie nur als Handlungssysteme von Subjekten verstanden werden können, sie sind deshalb aber nicht subjektiv. Die Wissenschaften sind zwar nicht objektiv in dem Sinne, dass sie nur widerspiegeln, was die Natur von sich aus ist, sie sind aber sehr wohl objektiv in dem Sinne, dass wir *nach* unseren Anstrengungen, die "Fakten selbst" sprechen zu lassen, auf die Antwort keinen Einfluss mehr nehmen, wenn es sich nicht um Fälschung und Betrug handelt.

Zu einer genaueren Betrachtung der naturwissenschaftlichen Verfahrensweise können wir nun mit der schon angesprochenen abgrenzenden Beobachtung überleiten, dass die Geisteswissenschaften in einem doppelten, nicht nur einem einfachen Sinne subjektbezogen sind. Sie sind "subjektbezogen" auch in der Richtung auf ihren "Gegenstand". Die Angemessenheit der Handlungsschritte, die das Feststellen von Tatsachen ermöglichen, muss auch mit den untersuchten Menschen abgesprochen werden, nicht nur mit den Wissenschaftler-Kollegen. Diese zweite Art der Absprache entfällt bei den Naturwissenschaften. Dies etwas genauer zu betrachten, wird ein wichtiges Charakteristikum der Naturwissenschaften deutlicher hervortreten lassen.

Kausalität als paradigmatisch für die Naturwissenschaften

Ich möchte hier auf Überlegungen zurückgreifen, die Georg Henrik von Wright (1984) in seinem Buch "Erklären und Verstehen" zum Begriff der Kausalität angestellt hat (vgl. Schneider, 1978). Leitend war sein Interesse, ein seit Hume bestehendes Problem zu klären, nämlich die Frage, was einen wiederholt festgestellten Zusammenhang zwischen Ereignissen eigentlich zu einer kausalen Verbindung macht. Es soll vorgekommen sein, dass in einem Städtchen in Süddeutschland, über das ungewöhnlich viele Störche geflogen waren, dann überdurchschnittlich viele Kinder geboren wurden. Trotzdem wollen wir nicht sagen, die Störche seien die Ursache für den Kindersegen; warum nicht?

Aus der erkenntnistheoretischen Froschperspektive der blossen Beobachtung ist diese Frage schwer zu beantworten; man müsste versuchen, mit Häufigkeiten zu argumentieren, aber auch dann hätte man noch Probleme an einer anderen Stelle. Wir sagen z.B., wenn man die Länge eines Pendels reduziere und damit seine Frequenz erhöhe, dann sei die Verkürzung der Länge die Ursache für die erhöhte Frequenz. Da beides mit Regelmässigkeit *zusammen* auftritt, stellt sich die Frage: Warum sagen wir nicht, dass umgekehrt die Erhöhung der Frequenz die Ursache sei für die Verkürzung der Länge?

Dieses Beispiel legt bereits die Lösung nahe, die von Wright vorschlägt: Wir müssen die Froschperspektive verlassen und den Umstand unseres tätigen Eingreifens für die Bestimmung von Ursache und Wirkung in Rechnung stellen. Tun wir diesen Schritt, dann lässt sich sagen: Wir *nennen* denjenigen Zustand die Ursache eines anderen Zustandes, den wir selbst handelnd herbeiführen, und bei dessen Herbeiführung wir mit Regelmässigkeit die Erfahrung machen, dass ein anderer Zustand (die "Wirkung") eintritt, von dem wir sicher sind, dass er ohne unseren Eingriff ("von selbst") nicht eingetreten wäre. Der Begriff des Naturgesetzes wird damit an unsere Handlungsfähigkeit gebunden. Naturgesetze aufzudecken *heisst* nach diesem Verständnis, Eingriffsmöglichkeiten dieser Art systematisch aufzusuchen und auszuprobieren. Die Reichweite des erfolgreichen Experimentierens bestimmt demnach das Feld der Naturwissenschaft; was so nicht erreichbar ist, ist naturwissenschaftlich nicht fassbar, und das bedeutet nicht, es existiert nicht, sondern: Es liegt ausserhalb dessen, was man mit der naturwissenschaftlichen Brille sehen kann. Dieser handlungsbezogene, "pragmatische" Begriff der Kausalität ist "subjektbezogen": Der Mensch als derjenige, der Experimente erdenkt und aufbaut, ist in diesem Begriff als aktives Wesen mitgedacht, nicht nur (wie bei Hume) als Träger eines Assoziationsmechanismus. Wissenschaft wird in ihrem Handlungscharakter sichtbar, sie ist daran beteiligt, Wahrheit zu erzeugen, sie protokolliert sie nicht nur.

Zwei Punkte verdienen hier eine Hervorhebung: Wenn man sagen kann, der Bereich naturwissenschaftlichen Vorgehens sei definiert durch das Experimentieren im oben skizzierten Sinne, also durch das Anstossen von Prozessen, die zu Folgezuständen führen, die stets dieselben sind ("gleiche Ursachen haben gleiche Wirkungen"), dann folgt daraus, dass die Untersuchung von Veränderungen im menschlichen Bereich nur in dem Masse "naturwissenschaftlich" sein kann, in dem eine Kontrolle, eine "Manipulation" dieser Prozesse gelingt. Wenn wir aus prinzipiellen Gründen in bestimmten Zusammenhängen manipulativ nicht erfolgreich sind, fehlt uns die Legitimation, von "Naturgesetzen" und von "Kausalität" zu sprechen. In dem Masse also, in dem ein Gegenstand der Forschung (z.B. ein Mensch) eine "eigene Meinung" hat, die ihn befähigt, sich unserer Manipulation zu entziehen, in dem Masse (oder unter diesem Aspekt betrachtet) ist er kein naturwissenschaftlicher Gegenstand.

Und zweitens: Die Frage, ob "der Mensch" und sein Verhältnis zur Natur ein Gegenstand der Naturwissenschaft oder der Geisteswissenschaft ist, entscheidet sich offenbar nicht einfach "am Gegenstand". Man kann es einem Gegenstand nicht an einem Merkmal ansehen, ob er in den einen oder in den anderen Bereich "gehört", auch wenn es darüber schon Alltagserfahrungen gibt. Schon diese Ausdrucksweise ist verkehrt: "An sich" gehört kein Gegenstand hier- oder dorthin. Vielmehr können *wir* mit den verschiedenen Wissenschaften als verschiedenen Handlungsweisen einen vorwissenschaftlichen Gegenstand auf die eine oder die andere Weise betrachten, untersuchen. Und gerade am Menschen (und an der Ökologie) sieht man, dass es sinnvoll sein kann, denselben Gegenstand mit verschiedenen Methoden oder Brillen zu betrachten.

Den Menschen naturwissenschaftlich zu betrachten heisst, von allem absehen, was Äusserung seiner Freiheit ist, was unvorhergesehen ist, was nicht kausal beherrschbar ist. Wenn sich jemand diese Betrachtungsweise zu eigen macht und die genannten Momente damit aus methodischen Gründen ausblendet, dann bedeutet dies nicht unbedingt, dass er die Existenz dieser Seiten leugnen würde. Aus der Sicht dieser Betrachtungsweise zu sprechen heisst nur, eine bestimmte Brille aufzuhaben, die bestimmte Wahrnehmungen und ihre systematische Berücksichtigung ausschliesst.

Nun ist allerdings für die Förderung der Fähigkeit zur Interdisziplinarität zu verlangen, dass der Wissenschaftler sich nicht so an seine Brille gewöhnt, dass er vergisst, dass er sie trägt. Auch der Student muss so an seine neue Sehweise gewöhnt werden, dass er sich des erweiternden *und* des einschränkenden Charakters seiner Brille bewusst bleibt. Sonst gerät er in Gefahr, eine in Teilgebieten höchst sinnvolle Sehweise dogmatisch zu verabsolutieren und auf diesem Weg zu ideologischen Thesen zu kommen, zu "Glaubenssätzen" im schlechten Sinne. Eine solche These könnte lauten: Alles, was es überhaupt gibt, muss sich naturwissenschaftlich erfassen lassen; und alles, was sich einer solchen Erfassung widersetzt, tut dies nur vorläufig. Die hier vorgeführten Überlegungen sollten bereits deutlich gemacht haben, dass solche Aussagen unbegründet und dogmatisch sind. Zwar kann man bei vielen Gegenständen ausprobieren, wie weit man mit der naturwissenschaftlichen Methode kommt. Dies gilt sogar für Kunstwerke, wenn man z.B. die Vorstufen oder die Echtheit eines Gemäldes mit Hilfe von Röntgenstrahlen untersucht. Abwegig wäre aber offenbar die Erwartung, es würden sich eines Tages alle interessanten Aussagen, die sich über ein Gemälde machen lassen, auf dem naturwissenschaftlichen Weg feststellen und in der Sprache dieser Wissenschaften formulieren lassen.

Wird der Mensch also zum Gegenstand der Wissenschaft, dann gibt es zweifellos an seinem Körper und vielleicht auch in Teilbereichen seines äusserlichen, gesamthaften Verhaltens Gebiete, die experimentell-manipulativ und also naturwissenschaftlich zugänglich sind. Sauerstoffverbrauch und Kniereflex mögen einschlägige Beispiele sein. Aber es steht auch ausser Zweifel, dass es andere Gebiete gibt, die so nicht zugänglich sind. Man spricht hier traditionell von der geistigen Seite des Menschen und ordnet dieser die "Geisteswissenschaften" zu. Was ergibt sich aus der hier erörterten Perspektive nun für die Wissenschaften vom Geist?

Der Geist als Gegenstand der Wissenschaft

Wir hatten gesehen, dass es nicht an sich bestehende Merkmale von Gegenständen sind, die bestimmen, ob etwas zum Thema der Geistes- oder der Naturwissenschaften wird, vielmehr ist es die naturwissenschaftliche oder geisteswissenschaftliche Brille, die ein oft vorwissenschaftlich schon bekanntes Phänomen zum Gegenstand der einen oder anderen Wissenschaft macht. Wenn wir dies auf den Menschen anwenden, insofern er Gegenstand der Geisteswissenschaften ist, werden wir nicht erwarten, dass diese Wissenschaften eine besondere, schwer fassbare Gegebenheit *im* Menschen untersuchen. Positiv heisst das, dass auch die Geisteswissenschaften den Menschen zum Gegenstand haben, allerdings unter einem anderen Aspekt als die einschlägigen Naturwissenschaften. So ergibt sich, dass die primär gegebenen "Gegenstände" die uns vorwissenschaftlich längst vertrauten "Menschen wie du und ich" sind. Und sekundär dazu gibt es dann mehrere Weisen, den Menschen wissenschaftlich zum Gegenstand zu machen. Die eine Weise bedient sich der Methode des kontrollierten Experiments und ist auf der Suche nach kausalen, beherrschbaren Ursache-Wirkungszusammenhängen. Dies ist das naturwissenschaftliche Vorgehen. Es ist legitim und nützlich so weit es reicht; wir haben aber gesehen, dass es ein ideologischer Irrweg wäre, es zu verabsolutieren. Wie lässt sich nun das Vorgehen der Geisteswissenschaften in Kürze charakterisieren?

Wir hatten schon gesehen, dass es die Geisteswissenschaften mit den Handlungen im engeren Sinn zu tun haben, d.h. mit dem freien Handeln im Gegensatz zum bloss "mechanischen", kausal manipulierbaren Verhalten. Und wir hatten ferner gesehen, dass der Geisteswissenschaftler im Vergleich mit dem Naturwissenschaftler ein zusätzliches Adäquatheitsproblem hat: Die Beschreibungen, die er von seinem Untersuchungsgegenstand gibt, können möglicherweise von den Handelnden als unangemessen kritisiert werden. Das bedeutet nicht zwangsläufig, dass er diese Kritik akzeptieren und unverändert berücksichtigen muss. Er muss aber in der Lage sein, darauf zu antworten und gegebenenfalls die Nichtberücksichtigung zu rechtfertigen.

Es ist das Ziel des Geisteswissenschaftlers, die Handlungen, die er sich zum Thema gemacht hat, verständlich zu machen. So kann z.B. ein Psychologe als Sachverständiger vor Gericht die Aufgabe haben, die Handlung eines Angeklagten verständlich zu machen. Er muss sie dafür so beschreiben können, dass seine Beschreibung für den Angeklagten zustimmungsfähig ist und vom Gericht sowohl angesichts der Beweislage als zutreffend wie auch als verständlich akzeptiert werden kann. In anderen Geisteswissenschaften verhält es sich grundsätzlich ähnlich: Die Darstellung, die ein Zeithistoriker vom Ende der DDR gibt, muss den bekannten Fakten gerecht werden, sie darf möglichst keine Rätsel übrig lassen und muss sich zu einer überzeugenden Erzählung runden, die vorgebrachten Einwänden standhält.

Nun stellt sich aber die Frage, ob das Erzählen von Geschichten als das Ziel einer Wissenschaft angesehen werden kann. Ist das, was die so genannten "Geisteswissenschaften" tun, nicht dem Handeln in den Naturwissenschaften so unähnlich, dass man hier besser gar nicht von "Wissenschaften" spricht? Die aus der Perspektive der Naturwissenschaft vielleicht auffälligste Besonderheit der Geisteswissenschaften ist die Abwesenheit von Experimenten und daher die Abwesenheit von Kausalerklärungen im naturwissenschaftlichen Sinn. Wer ein Buch über das Ende der DDR verfasst, kann mit seiner Darstellung gar nicht sinnvoll die These verbinden, dass in Zukunft überall dort, wo die gleichen historischen Ausgangsbedingungen vorliegen, auch die gleiche Art des Endes eintreten wird. Weder ist er zu seinen Aussagen auf experimentellem Wege gekommen, noch ist es sinnvoll, hier ein nachträgliches Experiment ins Auge zu fassen. Denn erstens liegt die Herstellung der Ausgangsbedingungen nicht in unserer Macht, und zweitens haben wir gute Gründe, hier von vornherein nicht mit manipulierbaren Prozessen zu rechnen, sondern mit Handlungen, die wir im strengen Sinn nicht vorhersagen können, auch wenn wir manche von ihnen mit Recht für wahrscheinlicher halten als andere.

Handlungserklärungen sind keine Kausalerklärungen; sie erzählen von den Motiven eines Menschen, von der Weise, wie er seine Stellung in der Welt sieht, wie er sich verbunden oder getrennt fühlt, was er für Meinungen bezüglich seiner Handlungsmöglichkeiten hat, etc. Solche Motive und Erfahrungen sind keine Ursachen. Es geht nicht um Kausalprozesse, sondern eben um Handlungen, Erfahrungen, Erlebnisse etc. In den Geisteswissenschaften werden also in der Tat Geschichten erzählt, und Sigmund Freud hatte ganz recht mit seiner Beobachtung, dass seine Beschreibungen von Krankheitsverläufen wie Novellen zu lesen sind. Dieser Tatsache sollte man auch in der akademischen Ausbildung mutig ins Gesicht sehen, statt sie hinter einer Ausdrucksweise zu verstecken, die möglichst naturwissenschaftlich klingt, ohne es doch von ihrer Basis her zu sein.

Auch die Psychologie greift manchmal zu abstrakten Modellen von so genannten "kognitiven Prozessen", wo es angemessener wäre, von der Reichheit menschlichen Handelns zu sprechen. Man gewinnt auf diese Weise eine Übersichtlichkeit, was zu begrüssen ist, man ist aber in Gefahr, den Gegenstand, um dessen Untersuchung es geht, einseitig zurechtzustellen, möglicherweise zu verfälschen. So hat Jerome Bruner (1990) daran erinnert, dass die Väter der "kognitiven Wende" in der Psychologie einst angetreten waren, gegen den Behaviorismus das Geistig-Seelische am menschlichen Handeln wieder in den Bereich der Wissenschaft zurückzubringen. Er zeigt dann, dass sie, ohne dies ausdrücklich zu wollen und sich dessen bewusst zu sein, ein sehr spezifisches, nämlich ein am Computer orientiertes Verständnis des menschlichen Geistes zugrundegelegt und ihre Forschungen damit auf das beschränkt hatten, was sich dieser Sicht fügt. Ohne es zu diesem Zeitpunkt zu bemerken, hatten sie sich eine bestimmte, einschränkende Brille aufgesetzt. Damit soll nicht in Frage gestellt werden, dass es sinnvoll sein kann, begrenzte Modelle eines komplexen Sachverhalts zu entwerfen. Vielmehr kommt es darauf an, sich der Einschränkungen, die die Wahl eines bestimmten Vorgehens bringt, bewusst zu sein, um jederzeit die Angemessenheit der Methode kritisch erörtern zu können. Dieses Bewusstsein zu bilden und aufrecht zu erhalten ist dann am leichtesten, wenn der infrage stehende Zugang erstmalig erworben wird. Also ist es wiederum die Ausbildungssituation, in der besonders auf den interdisziplinären Aspekt der Wahlmöglichkeiten zwischen verschiedenen Zugängen zu achten ist.

Tun die Geisteswissenschaften also nichts anderes als Geschichten zu erzählen, und wenn ja, wie steht es um die Möglichkeit, sich über Geschichten zu verständigen? Kann es hier nicht so viele Versionen wie Geschichtenerzähler geben, so dass mit nicht endenden Diskussionen zu rechnen ist? Mir erscheint es am besten, diesem Angriff mit einem Eingeständnis zu begegnen, allerdings auch hier mit einem "Ja, aber...". Meine Antwort lautet also: In der Tat, die Aufgabe der Geisteswissenschaften besteht darin, plausible Geschichten zu erzählen, und es gibt keinen Grund, irgendeine dieser Geschichten jemals für endgültig abgeschlossen zu halten, für die unkorrigierbare Darstellung der einen und einzigen Wahrheit. Aber reicht dieses Bekenntnis zu einer Verurteilung aus, die im Namen des Interesses an "Objektivität" ausgesprochen werden kann? Wie sieht in diesem Fall das "Aber" aus?

Der Geisteswissenschaftler kann erstens für sich ins Feld führen, dass auch die Naturwissenschaften keine direkte Widerspiegelung einer für sich existierenden Wahrheit bieten. Wahrheit bekommt man nicht geschenkt, man muss sie erarbeiten. Und sie trägt die Fingerabdrücke dieser Arbeit in den Geistes- *und* den Naturwissenschaften an sich. Auch in den Naturwissenschaften haben wir es mit sich ablösenden "Versionen" (Goodman, 1993) zu tun; dies macht die Wissenschafts*geschichte* zu einem wichtigen Ausbildungsfach.

Der Geisteswissenschaftler kann sich zweitens mit dem Hinweis verteidigen, dass auch dort, wo man sich etwas mit dem Mittel des Erzählens einer Geschichte verständlich macht, diese meistens den Charakter eines Musters trägt oder aus Einzelepisoden zusammengesetzt ist, die einen solchen Charakter haben. Wenn Freud in der "Traumdeutung" sagt, da falle ihm die Geschichte vom König Ödipus ein, dann benutzt er eine bekannte Geschichte, ein Muster, um einen neuen Fall verständlich zu machen. Ebenso arbeitet die Rechtswissenschaft mit Präzedenzfällen. Und wenn wir selbst für uns privat uns etwas verständlich machen wollen, sagen wir, wir würden versuchen, uns "einen Reim auf etwas zu machen". Man kann auch eine so triviale soziale Tätigkeit wie das Erzählen von Klatsch als den Versuch der Beteiligten sehen, sich auf einen Vorfall ihrer Umgebung "einen Reim zu machen". Und daran kann man erkennen, dass das Ziel darin besteht, eine geteilte, gemeinsame Version zustandezubringen. Das Beunruhigende an einer fremden Handlungsweise soll in eine von jedem erzählbare Geschichte eingeordnet werden, damit es seinen beunruhigenden Charakter verliert.

Daraus ergibt sich schon, dass der Geisteswissenschaftler drittens darauf verweisen kann, dass das Resultat der polemisch an den Pranger gestellten "endlosen Diskussion" eine *intersubjektive* Einigung sein soll. Zwar sind die verschiedenen Versionen der Betroffenen zu berücksichtigen. Die Geschichte der deutschen Vereinigung darf weder von "Wessis" allein, noch allein von "Ossis" erzählt werden; beide sollen ihre Versionen vortragen, das Ziel ist aber eine gemeinsame Version. Dass in eine so erarbeitete Geschichte die Subjektivität der betroffenen Menschen stärker eingeht als in die Darstellung eines naturwissenschaftlichen Sachverhalts, braucht nicht gegen die Geisteswissenschaften ausgelegt zu werden. Wo das Erkenntnisziel darin besteht, menschliches Handeln zu verstehen, dort muss mehr "Persönliches" eingehen als dort, wo das Ziel im charakteristischen Fall in der erfolgreichen Manipulation, Steuerung, Beeinflussung eines Vorgangs oder eines nicht vom Willen gesteuerten Verhaltens geht. Hierin eine bedauerliche Beschränktheit zu sehen, ist ein Missverständnis. Das Fehlen von Vorhersagbarkeit, von gesetzmässigen Zusammenhängen in den Geisteswissenschaften ist nicht ein Mangel ihrer Qualität, der durch die Erfindung neuer Methoden wettgemacht werden könnte oder sollte. Diese Eigenheit sollte daher in der Ausbildung nicht hinter einer "wissenschaftlichen" Terminologie versteckt werden.

Abschliessend können wir also festhalten: Wissenschaftliche Wahrheit wird handelnd erzeugt, aufbauend auf den Erfahrungen in der vorwissenschaftlichen Welt. In der Geschichte der Wissenschaften sind verschiedene, prinzipiell gleichberechtigte "Weisen der Welterzeugung" entwickelt worden. Der interdisziplinär arbeitende Wissenschaftler, der es definitionsgemäss mit mehreren "Brillen" zu tun hat, muss sich erstens der Perspektivität seiner eigenen Sichtweise bewusst sein, und er muss zweitens, zumindest was die ersten Schritte angeht, die Brillen nach Bedarf austauschen können. Das verlangt von ihm, dass er den Weg, der zur jeweiligen besonderen Perspektive führt, bildlich gesprochen, auch "rückwärts" gehen kann, um sich aus der wieder gewonnenen Alltagssicht heraus eine andere Spezialperspektive anzueignen. Auf dem Weg über die vorwissenschaftliche Perspektive kann er die verschiedenen Wissenschaften verbinden, und so können entsprechend befähigte Spezialisten für verschiedene Sehweisen sich gegenseitig fördern. Daher gehören Wissenschaftstheorie und Wissenschaftsgeschichte zu den Studienfächern, die interdisziplinäres Arbeiten ermöglichen. Ihre Beherrschung nimmt dem Wissenschaftler die ansonsten verständliche Angst davor, ohne seine gewohnte Brille plötzlich blind und hilflos dazustehen.

Literatur

Bruner, J. (1990) Acts of Meaning. Harvard University Press, Cambridge Mass.

Fleck, L. (1980) Entstehung und Entwicklung einer wissenschaftlichen Tatsache. Einführung in die Lehre vom Denkstil und Denkkollektiv. Suhrkamp, Frankfurt a. M.; *Erstveröffentlichung 1935.*

Goodman, N. (1993) Weisen der Welterzeugung. Suhrkamp, Frankfurt a. M.; *2. Auflage; Amerikanische Originalausgabe 1978.*

Schneider, H. J. (1978) Die Asymmetrie der Kausalrelation. Überlegungen zur interventionistischen Theorie G. H. von Wrights *In*: Vernünftiges Denken. Studien zur praktischen Philosophie und Wissenschaftstheorie. Wilhelm Kamlah zum Gedächtnis, Mittelstrass, J. and Riedel, M. (Hrsg.), W. de Gruyter, Berlin.

Wright, G. H. von (1984) Erklären und Verstehen. Athenäum, Königstein; *Englische Originalausgabe 1971.*

Ökologie und Interdisziplinarität – eine Beziehung mit Zukunft?
Wissenschaftsforschung zur Verbesserung der fachübergreifenden Zusammenarbeit
Ph. W. Balsiger/R. Defila/A. Di Giulio (Hrsg.)

Wie Interdisziplinarität als Wissenschaft notwendig wird

Wolfram Malte Fues

Die Wissenschaft der Neuzeit geht von einem Ideal der Einheit des Wissens mit sich selbst und seinem Gegenstande aus, dem jede disziplinäre Unterteilung in Wissenskategorien und Gegenstandsklassen fernliegt. Das ideologische und methodische Konzept moderner Naturwissenschaft (Bacon) schafft diese ideale Einheit nicht ab, interpretiert sie aber in eine Weise um, die ihre exakte Ausdifferenzierung in einer wissenschaftlich begründbaren Hierarchie von Disziplinen fordert. Der Erfolg dieser Konzeption, der aus dem wissenschaftlichen Wissen über die Natur ein Mittel zur Zerstörung der Natur zu machen droht, führt zunächst dazu, die Vermittlung gegen die Abstraktion, die Einheit gegen die Verschiedenheit wieder stärker zu betonen und jede einzelne Disziplin wieder mehr auf den Gesamtverbund der Wissenschaften hin zu orientieren. Da dessen Ausdehnung und Komplexität jedoch heute die Grenzen der Möglichkeiten jeder einzelnen Disziplin zu interdisziplinärer Kooperation überschritten haben, wird Interdisziplinarität als eine Wissenschaft von der Organisation der Wissenschaften notwendig, die in der Lage ist, die ursprüngliche Einheit der Wissenschaft jenseits aller Disziplinierung wiederzubeleben, ohne den disziplinären Reichtum dafür zu opfern.

Einleitung

Auf der kleinen norwegischen Insel Gjaesingen, berichtet die "Basler Zeitung" am 28. April 1995, leben zwölf Menschen, achtundfünfzig Schafe und eine Million Ratten. Jetzt, wo der Frühling kommt, vermehren sie sich weiter, gehen in breiter Front auf die frischen grünen Triebe los und nehmen den Schafen das Gras weg, kaum dass sie es wachsen sehen. Zoologische Untersuchungen haben nun ergeben, dass sie gegen Carbidgas allergisch sind; man wird es in ihre Löcher blasen, sie verschwinden und kehren nicht mehr zurück. Hofft man. Ratten können gut schwimmen, und wenn sie sich auf eine der benachbarten 3000 Inseln und Inselchen retten, beginnt alles von vorn. Zoologie und Physiologie werden dann ein Mittel finden müssen, das ihnen den Aufenthalt auf den Inseln endgültig verleidet. Ratten fressen aber nicht nur Grünzeug, sondern auch Fische, und wenn sich eine Million auf die Meerestierbestände vor der norwegischen Küste stürzt, wird das dort ohnehin labile Ökosystem aus dem Gleichgewicht geraten, und Meeresbiologie und Biodiversitäts-Forschung werden zu tun bekommen. Vielleicht reagieren die Ratten auf deren Massnahmen damit, dass sie sich nun amphibisch verhalten, abwechselnd in den Küstengewässern und an Land leben. Vielleicht entwickeln sie daraus sogar eine höhere soziale Organisation, belegen die Häuser der Inselbewohner mit Beschlag und drohen sie zu vertreiben, so dass schliesslich breit angelegte ethologische Untersuchungen, militärwissenschaftliche Strategien und sozialwissenschaftliche Krisenintervention auf psychologischer, kommunikativer und administrativer Ebene notwendig werden. *Rattus norvegicus* könnte, wie er sich anlässt, den Wissenschaften, die sich mit ihm beschäftigen, immer um eine Disziplin voraus sein.

Die ursprüngliche Einsicht der Wissenschaft

Die Selbstverständlichkeit, mit der Wissenschaft sich als disziplinär versteht, ist wissenschaftsgeschichtlich kaum mehr als 150 Jahre alt. Von Descartes' "Regulae ad directionem ingenii" bis zu Hegels "Enzyklopädie der philosophischen Wissenschaften" von 1830 wäre man über die Frage, ob Wissenschaft in getrennten Disziplinen möglich sei, weit erstaunter gewesen als über die umgekehrte und hätte sie verneint. Moderne Wissenschaft übernimmt in der Vernunft der Aufklärung aus der Antike die grundlegende Idee von der Einheit des Wissens und bewahrt sie in allen ihren Diversifikationen und Systematisierungen. Wissenschaftliches Wissen ist mannigfaltig, aber bruchlos. Es findet über alle Spezialisierungen wieder zu einer Einigkeit mit sich, die aus seinem Er-Findungsprozess hervorgeht und ihn darstellt, sonst verkümmert es zur blossen Kunst formalisierter Anwendung. Als Galileo Galilei 1632 "Macht und Grenzen des Verstandes" erörtert, gibt er ihm ein göttliches Vorbild, indem er erklärt, "dass zwar die Wahrheit, deren Erkenntnis durch die mathematischen Beweise vermittelt wird, dieselbe ist, welche die göttliche Weisheit erkennt, (...) dass [jedoch] die Art und Weise, wie Gott (...) erkennt, (...) hoch erhaben über unsere Weise ist. Wir gehen mittels schrittweiser Erörterung weiter von Schluss zu Schluss, während er durch blosse Anschauung begreift". Er erfasst das Wesen des Untersuchten zeitlos in der "unendlichen Fülle seiner Eigenschaften. In Wirklichkeit sind diese denn auch schon in den Definitionen aller Dinge virtuell enthalten und bilden schliesslich (...) vielleicht doch in ihrem Wesen und im göttlichen Geist eine Einheit. Diese selbst ist dem menschlichen Intellekt nicht völlig fremd, wohl aber ihm durch tiefen dichten Nebelschleier verdunkelt; er wird einigermassen heller und durchsichtiger, wenn wir gewisse Folgerungen beherrschen, welche (...) dermassen zu unserem geistigen Eigentum geworden sind, dass wir rasch von der einen zur anderen übergehen können" (Galilei, 1980: 157 u.f.). Wissenschaftliches Wissen orientiert sich an einem Ideal, in dem Verstand und Anschauung, Erörterung und Einsicht, Axiomatisierung und Intuition sich zu einer Einigkeit verschwistern, in der Vermittlung und Unmittelbarkeit einander so reflektieren und bestätigen, dass gefolgerte Notwendigkeit und offenbare Evidenz sich wechselseitig erzeugen und berufen. Die Einfachheit dieser Einheit existiert nur im Ideal, die wissenschaftliche Realität muss sich mit Annäherungen begnügen, deren Berechtigung ebenso in der Natur der Sache wie in der Sache der Natur liegt. Die Wirklichkeit, nimmt das wissenschaftliche Wissen an, ist von ebenso einfacher Einheit wie sein Wissensideal. Die Bestimmungen der Natur, des Menschen und des Geistes fügen sich, so komplex und vieldimensional sie auch sein mögen, letzten Endes so bruchlos an- und ineinander und werden auseinander so unverzüglich erkennbar wie die Eigenschaften eines Dreiecks aus seiner blossen Ansicht. Die Verfahren der Geometrie und der Mathematik demonstrieren diese Unverzüglichkeit, während sie sie Zug um Zug rekonstruieren.

Wenn die allgemeine Methode wissenschaftlichen Wissens in der doppelten und gegenläufigen Bewegung zum Besonderen und zum Allgemeinen, zum Resultat und seinem Prinzip zugleich besteht, dann bietet sie dem Subjekt dieses Wissens die Chance, sich seiner selbst wie seiner Welt in einem einfachen Doppelzug zu vergewissern, auf sich und seinen Gegenstand in gleichem Mass und gleicher Stärke, wenn auch nicht zur gleichen Zeit bezogen zu sein. Für die Aufklärung verdient Wissenschaft ihren Namen denn auch nur dann, wenn sie diese Bedingung erfüllt: "Eine jede Wissenschaft in ihrem engen Bezirke eingeschränkt, kann weder die Seele bessern, noch den Menschen vollkommener machen. Nur die Fertigkeit sich bey einem jeden Vorfalle schnell bis zu allgemeinen Grundwahrheiten zu erheben, nur diese bildet den grossen Geist, den wahren Helden in der Tugend, und den Erfinder in Wissenschaften und Künsten" (Lessing, 1759 in 1979: 23).

Die Disziplin der Disziplinen

Wissenschaft, wie Lessing sie skizziert und versteht, dient der Beherrschung ihres Gegenstandes, um darin zur Beherrschung dieser Beherrschung umzukehren. Die Beugung des Objekts unter die Strategien und Methoden wissenschaftlicher Erkenntnis hat ihren Zweck nicht in sich selbst, sondern allein in der Reflexion ihrer subjektiven Prinzipien und Bedingungen. Den Grundsatz antiker Aufklärung "Erkenne dich selbst" führt die moderne in seine Negation "Erkenne das andere" und aus ihr in deren Negation "Erkenne dich selbst im anderen" über. Von diesem Diskurs über Anspruch und Berechtigung, Form und Notwendigkeit des wissenschaftlichen Wissens spaltet sich schon gegen Ende des 18. Jahrhunderts ein anderer ab, der das "Erkenne dich selbst" nicht mehr aus dem "Erkenne das andere" entwickelt, sondern mit ihm identifiziert (Condorcet, 1793 in 1976: 193): "Die einzige Grundlage für die Glaubwürdigkeit der Naturwissenschaften ist die Idee, dass die allgemeinen Gesetze, welche die Erscheinungen im Universum bestimmen, ob man sie kennt oder nicht, notwendig und beständig sind; und aus welchem Grunde sollte dies Prinzip für die Entwicklung der intellektuellen und moralischen Fähigkeiten des Menschen weniger Gültigkeit haben?" Die einfache Einheit der Natur und des Wissens von der Natur, die für Galilei noch hinter einem "tiefen dichten Nebelschleier" wie in einer weit entfernten Galaxis liegt, findet Condorcet in jedem Moment dieser Natur und jenes Wissens gegenwärtig, weil ihre Bestimmungen alle Galaxien gleichzeitig und gleichmässig regieren, die eigene wie die fremden, die sichtbaren wie die unsichtbaren. Wissenschaftliches Wissen versteht sich damit als Prozess einer Vergegenwärtigung, die seinen Prozeduren nicht mehr nur virtuell zugrundeliegt, sondern sich in jeder einzelnen vollkommen verwirklicht. Dieses für Natur-, Geistes- und Sozialwissenschaften gemeinsam gültige Wissenschaftsverständnis leitet sich von jenem Konzept her, mit dem Francis Bacon die Theorie der modernen Naturwissenschaft zuerst epistemologisch begründet hat.

Der Gegenstand dieser Wissenschaft ist ein schlicht gegenwärtiges Phänomen von in sich beschlossenem Wesen und konsequent systematischem Verhalten: "In der Natur (...) existiert nichts wahrhaft ausser den einzelnen Körpern mit ihrer besonderen, reinen gesetzmässig hervorgebrachten Wirksamkeit; in den Wissenschaften ist eben dieses Gesetz, seine Erforschung, Auffindung und Erklärung die Grundlage des Wissens wie des Wirkens" (Bacon, 1990, Bd. 2: 281). Wissenschaft geht für Bacon offenbar über die Theorie des Gesetzes, der Form des betrachteten Gegenstandes, hinaus und begreift eine Praxis ein, die mit der Kenntnis der Form zusammenhängt. "Werk und Ziel menschlicher Macht ist es, in einem gegebenen Körper eine neue Eigenschaft oder neue Eigenschaften zu erzeugen und einzufügen. Werk und Ziel der menschlichen Wissenschaft ist es aber, die Form einer gegebenen Eigenschaft, ihr wahres Wesen oder ihre wirkliche Natur oder ihren Entstehungsgrund (...) zu entdecken" (Bacon, 1990, Bd. 2: 279). Wissen ist nicht ohne weiteres Macht. Aber die Fähigkeit, einen naturwissenschaftlichen Gegenstand, einen gegebenen Körper, zu erkennen, und die Fähigkeit, sich seiner zu bemächtigen, sind zwei integrale Momente derselben Operation. Einsicht und Absicht stehen in einer Verbindung, in der die Absicht die Einsicht, die Praxis die Theorie hervorbringt und nicht umgekehrt: "Wenn auch die Wege zur Macht und zur menschlichen Wissenschaft aufs engste miteinander verbunden und fast gleich sind, ist es doch (...) entschieden sicherer, die Wissenschaften von denjenigen Grundlagen her zu beginnen und in Gang zu setzen, welche zum Bereich des tätigen Teiles gehören; dieser selbst bezeichnet und bestimmt wohl dann den betrachtenden Teil" (Bacon, 1990, Bd. 2: 283).

Naturwissenschaft beginnt Bacon zufolge mit der Absicht, "in einem gegebenen Körper eine neue Eigenschaft (...) zu erzeugen und einzuführen". Diese Absicht lässt sich nur mit Hilfe einer Einsicht verwirklichen, die fähig ist, "die Form einer gegebenen Eigenschaft (...) zu entdecken". Die Praxis geht der Theorie voraus und ruft sie hervor, aber erst der Erfolg der Theorie lässt die Praxis an ihr Ziel gelangen. Methodengeleitetes naturwissenschaftliches Wissen führt nämlich so zur Erkenntnis einer Eigenschaft eines gegebenen Körpers, dass die Beschreibung ihrer Form mit ihrer Existenz identisch wird: "Sie fehlt daher überall dort, wo jene Eigenschaft nicht vorhanden ist, und sie lässt sie zugleich mit sich selbst aufhören und ist nur in ihr allein vorhanden" (Bacon, 1990, Bd. 2: 285). Diese Form ist zudem im wissenschaftlichen Sinn nur wahr, wenn "sie die in Frage stehende Eigenschaft aus einer Quelle des Seins herleitet, welche mehreren innewohnt" (Bacon, 1990, Bd. 2: 285). Sie muss folglich von der Art sein, dass sie von sich aus ihre Abkunft von einer Gattung demonstriert, in der mehrere Arten übereinkommen, die dadurch miteinander verwandt und kompatibel werden. Ihre Wahrheit bewährt sich also darin, dass sie eine "andere Eigenschaft" zu entdecken erlaubt, "welche mit einer gegebenen Eigenschaft vertauschbar und dennoch ein Sonderfall der bekannten Eigenschaft ist, also gleichwohl ein treues Abbild der wahren Gattung darstellt" (Bacon, 1990, Bd. 2: 285f.).

Aus der Absicht, "in einem gegebenen Körper eine neue Eigenschaft (...) einzuführen", folgt die Einsicht in die Form einer Eigenschaft, die dann als bekannt und begriffen gilt, wenn ihre Existenzbedingungen, -erstreckungen und -grenzen erschöpfend angegeben sind. Sie löst sich damit von dem gegebenen Körper und kann nun an jedem anderen, von ihm ganz verschiedenen wiedererkannt werden. Ebendarin weist sie auf die Erkenntnis einer ihr übergeordneten Form hin, unter der sie selbst mit ihr verwandten anderen enthalten ist und deren Bestimmungen sie mit ihnen gemeinsam hat. Erst in diesem zweiten Schritt wird die Theorie wahr, weil sie sich nun in der Praxis bewährt, aus der sie entstanden ist. Die Erkenntnis der Form erlaubt es jetzt nämlich, die bekannte Eigenschaft mit einer neuen zu vertauschen, ohne den Gegenstand, durch den sie gegeben ist, zu deformieren und zu zerstören, in den Naturzusammenhang einzugreifen, ohne ihn aufzuheben.

Welche Folgen hat dieses Wissenschaftskonzept für die Subjekt/Objekt-Beziehung, die seit der Aufklärung[1] alle Erfahrungserkenntnis begründet? Betrachten wir zunächst die Objekt- und dann die Subjektseite.

Die Natur erscheint dieser Wissenschaft zunächst als ein Konglomerat von einzelnen Körpern, die in ihrer Vereinzelung aufgefasst und analysiert werden können. Sie erweisen sich dann als Kreuzungs- und Knotenpunkte gesetzmässiger Eigenschaften, die für die Konstitution des jeweiligen Körpers notwendig sind, in ihrer Existenz jedoch nicht von ihm abhängen. Der gegebene Körper wird in seinem Wesen verstanden, verliert aber gerade darin seine für die empirische Erfahrung unüberwindbare Einzelheit und löst sich in einen Funktionszusammenhang von Gesetzen auf. Jedes dieser Gesetze macht seiner Form nach auf ein ihm übergeordnetes Gesetz aufmerksam, in dessen Perspektive wiederum Gruppen verwandter und miteinander kompatibler Gesetze zur Einsicht und zur Erkenntnis gelangen. Je höher ein Gesetz seiner Gattung nach steht, desto allgemeiner ist es und desto mehr miteinander vertauschbare gesetzmässige Eigenschaften umfasst es. Die Totalität der Natur erscheint dem wissenschaftlichen Wissen nunmehr als ein System von Gesetzen, das zwar ebenso eindeutig determiniert ist wie es determiniert, aber in seinem Funktionszusammenhang Variationen und damit das aktive, intentionale Eingreifen des erkennenden Subjekts in die Gestaltung des Naturkörpers erlaubt. Naturwissenschaft, aus dem Willen zur Macht über die Natur ursprünglich hervorgegangen, kehrt zu ihm zurück und macht ihm freie Bahn. Technische Praxis ist keine äussere, zufällige Anwendung naturwissenschaftlichen Wissens, sondern von Anfang an die bestimmende Tendenz seiner Strategien und Methoden und insofern die Bewährung seiner Wahrheit. Das Subjekt bemächtigt sich seines Objektes, indem es in seine Konstruktion manipulierend und variierend eingreift: Herrschaft durch Steuerung (vgl. dazu Leiss, 1972: 45-61).

Der Vor-Satz (im doppelten Sinn), den sich Bacon für sein Werk fasst, lautet: "Hilfsmittel müssen beschafft werden, damit der Geist von seinem Recht auf die Natur der Dinge Gebrauch machen kann" (Bacon, 1990, Motto der Vorrede zur "Instauratio Magna", Bd. 1: 13). Zwischen Mensch und Natur besteht offenbar ein Rechtsstreit. Der Mensch erhebt Anspruch auf die Natur der Dinge und sucht in seiner Naturwissenschaft nach Mitteln und Wegen, die Natur zur Beachtung dieses Anspruches gegenüber den Dingen und ihrer Natur zu bringen. Das Subjekt fasst das Objekt als sein Eigentum auf und trachtet diese Ansicht als sein Recht durchzusetzen und zu sichern (vgl. dazu Krohn, 1994: 78ff.). Welches Recht jedoch gilt in diesem Prozess? "Wer Eigentümer einer Sache ist, kann in den Schranken der Rechtsordnung über sie nach sei-

1 Ich gebrauche "Aufklärung" hier "in dem weiten Sinn, in dem Kant oder Weber sich auf sie bezogen, (...) als Formierungsmoment der modernen Menschheit" (Foucault, 1992: 28).

nem Belieben verfügen. Er hat das Recht, sie von jedem, der sie ihm vorenthält, herauszuverlangen und jede ungerechtfertigte Einwirkung abzuwehren" (Schweizerisches Zivilgesetzbuch, Art. 641). Das Eigentum hat gegenüber seinem Eigentümer kein Widerspruchs- geschweige denn ein Widerstandsrecht. Es steht ganz in dessen Belieben, ob ihm das nun lieb ist oder nicht. Wer die Dinge der Natur, die mögliche Gesamtheit der gegebenen Körper besitzt, hat das Recht, von der Natur jeden einzelnen herauszuverlangen und jede Einwirkung von ihm fernzuhalten, die er nicht selbst vorgenommen oder veranlasst hat. Der private Eigentumsanspruch stellt also dem Subjekt sein Objekt nicht nur rücksichts- und rückhaltlos zur Verfügung, er greift auch in die Welt des Objektes ein, löst sie auf und setzt sie nach seinem Belieben neu zusammen: Herrschaft durch Ausschliessung.[2] Er zerfällt sie in einzelne, gegeneinander isolierte Körper und verlangt deshalb von der Wissenschaft, die ihm den Weg bahnen soll, Strategien und Methoden, die es ermöglichen, Naturkörper oder Gruppen von Naturkörpern sowohl in dieser Isolation festzuhalten als auch nach seinem Gutdünken miteinander zu verbinden. Naturwissenschaft muss dazu den gegebenen Körper nicht nur entgegennehmen, sondern ihn auf seiner Gegebenheit behaften, um ihn über sie hinauszutreiben, ihn zu seiner vollständigen, erschöpfenden Bestimmung disziplinieren. Wie kann sie diese Aufgabe besser erfüllen, als wenn sie sich selbst in Disziplinen organisiert, die für jede Gattung von Naturkörpern die nötige Disziplin entwickelt?[3]

Fassen wir nun die andere Seite des Subjekt/Objekt-Verhältnisses in Bacons Konzept der Naturwissenschaft ins Auge. Wie steht darin das Subjekt zum Objekt? Zunächst ihm rein gegenüber, vollständig von ihm ausgenommen und mit ihm nur in denjenigen Verbindungen, die es selber herstellt. Es fällt als erkennendes und begreifendes nicht unter den allgemeinen Naturzusammenhang, hat aber das Recht und die Macht, überall und jederzeit in ihn einzugreifen und seine Systematik nach seinem Willen und ihren Vorgaben zu modulieren.[4] Zugleich ist dieses Subjekt jedoch ebensosehr ein Exemplar der Gattung Mensch, ein gegebener Körper, dem Naturzusammenhang und seiner wissenschaftlichen Analyse unterliegend wie jeder andere auch. Das moderne Subjekt, das eben in Descartes' "Cogito - Sum" den Grund-Satz seiner unbedingten Selbstbegründung findet, spaltet sich schon in der Frage nach seiner Natur in ein doppeltes Selbst, dessen beide Momente ebenso unvereinbar wie untrennbar aufeinander bezogen sind. Moderne Naturwissenschaft, die Bacons Konzept in seinen Grundzügen bis heute entspricht,

---

2 "Das Ausschliessungsrecht, das in nahezu allen Eigentumsdefinitionen herausgestellt wird, verweist auf die Organisationsfunktion des Eigentums" (Abromeit und Schredelseker, 1973: 73).

3 Zu dem damit angedeuteten Begriff der Disziplin als Konsequenz und Resultat des Macht-Wissens vgl. Foucault, 1977: 39ff. und 251ff. sowie Foucault, 1989: 159ff. und dazu Kögler, 1994: 89ff.

4 Vgl. zu dieser schon bei Bacon vorgenommenen bemerkenswerten Verschränkung von Freiheit und Notwendigkeit insbesondere Immanuel Kant 1956a, 2. Buch, 2. Hauptstück, 9. Abschnitt III: Möglichkeit der Kausalität durch Freiheit, in Vereinigung mit dem allgemeinen Gesetze der Naturnotwendigkeit: B 566ff.

findet sich damit vor eine prinzipielle Alternative gestellt. Folgt sie dem "Erkenne dich selbst" über das "Erkenne das andere" bis zum "Erkenne dich selbst im anderen", muss sie eine Wissenschaft fordern oder sogar entwickeln, die das Subjekt als Ort, Ausgangspunkt und Quelle ihrer Strategien, Methoden und Disziplinen auffasst und untersucht. Da die Form dieser Wissenschaft mit ihrer eigenen nicht übereinstimmen kann, obwohl und während sie ihre Bestimmungen an deren Resultaten orientiert, muss sie konsequent interdisziplinär im Sinne Lessings vorgehen. Identifiziert sie hingegen das "Erkenne das andere" unmittelbar mit dem "Erkenne dich selbst im anderen", muss sie im Gegenteil danach trachten, das Subjekt als Ort, Ausgangspunkt und Quelle ihrer Strategien und Methoden so erschöpfend wie möglich zu deren Gegenstand zu machen, disziplinär und disziplinierend im Sinne Condorcets zu sein.[5]

Transdisziplinarität und Interdisziplinarität

Seit dem Ausgang des 18. Jahrhunderts führen Arbeitsteilung und Leistungssteigerung zu einer Differenzierung aller Bereiche der bürgerlichen Gesellschaft, die sie weitgehend entschränkt und in beinahe verschiedene Welten auseinanderlegt. Diesem Prozess entspricht ab der Mitte des 19. bis zum Anfang des 20. Jahrhunderts die Aufspaltung der Wissenschaft in die sich gegeneinander verselbständigenden Natur-, Geistes- und Sozialwissenschaften. Kommerzialisierung und Industrialisierung sorgen dafür, dass das individuelle Subjekt und die sich ihm zuordnenden Geistes- und Kulturwissenschaften, die Ökonomie und die immer stärker auf sie bezogenen Naturwissenschaften, die Gesellschaft und die sich ihr zugesellenden Sozialwissenschaften immer grössere und weitere Komplexe werden, die kaum ihre eigene Einheit wahren, geschweige denn die prinzipielle Wissenschaftlichkeit ihres Tuns und dessen Einheitsgebot berücksichtigen können. Diese Aufgabe wird seit dem ausgehenden 19. Jahrhundert an die Wissenschaftstheorie als eine besondere Wissenschaft unter anderen Wissenschaften verwiesen; Positivismus und Neukantianismus nehmen sich ihrer als erste an. Dass sie ihr nicht gerecht zu werden vermögen, wird deutlich, sobald man sich an Herkunft und Stellung des Einheitsprinzips in der modernen Wissenschaft erinnert. Es liegt nicht auf der Objektseite des Wissens, das es definieren und regulieren soll, sondern in dessen es begründender Subjekt/Objekt-Relation.

5 Die moderne Naturwissenschaft hat - von wenigen Ausnahmen, wie etwa der Quantentheorie, abgesehen - bis jetzt den zweiten Weg eingeschlagen und scheint nach wie vor von ihm fasziniert zu sein. So betreibt, wenn man ihren Kennern glauben darf, die prädiktive, auf der Molekularbiologie beruhende Medizin "vielleicht am sichtbarsten die Deformation des Menschen vom Subjekt zum Objekt (...) Die Medizin gibt ihre eigentliche humane Grösse auf und gewinnt dabei nichts als den Anstrich einer Naturwissenschaft" (Rupert Mutzel, Mikrobiologe an der Universität Konstanz und Philippe Marlière, Genetiker am Institut Pasteur, 1990: 21).

Seine Kategorien entstammen nicht einem bestimmenden Wissen über einen bestimmbaren Gegenstand, sondern der Selbstbestimmung des Wissens, in der es Wissenschaft in jedem Augenblick als sein Tun weiss und sich auf die geschichtlichen und gesellschaftlichen Formen dieses Tuns aktiv bezieht. Überträgt man dieses Bewusstsein an eine einzelne Disziplin, gerät es auf die Objektseite und wird zu bestimmtem gegenständlichem Wissen, das eben der Selbstbestimmung noch bedarf, die es leisten soll. Infolgedessen nehmen die Wissenschaften von der Wissenschaftstheorie seit ihrer Entstehung für gewöhnlich nicht mehr Kenntnis als von jeder anderen unter den übrigen Disziplinen, während sie selbst Anlehnung bei den Natur-, den Sozial- oder den Geisteswissenschaften sucht, je nachdem ob sie sich auf den methodischen und systematischen, den historischen und politischen oder den erkenntnistheoretischen und -psychologischen Gesichtspunkt einer Architektonik der Wissenschaften spezialisiert.

Mit und seit dem Zweiten Weltkrieg treten (vor allem) die Naturwissenschaften in "die Periode der strategischen Planung und Organisation der Wissens- und Technologieproduktion zum Zwecke allseitiger Verwertung" (Kreibich, 1986: 235) ein. Die materielle Produktion beginnt, in die kommunikative und die symbolische einzudringen und sie zu übernehmen, Kommunikations- und Symbolisierungsleistungen Warenform zu verleihen oder sie so weit wie möglich durch Waren zu ersetzen. "Die Herausbildung des wissenschaftlich-technischen Prinzips Organisation und seine systematische und universale Anwendung auf alle Lebensbereiche" (Kreibich, 1986: 235) steigern die Ansprüche an die von ihnen geförderten und geforderten Wissenschaften. Ihre Disziplinen müssen sich über alle Grenzen hinweg zusammenfinden, damit Güter entstehen können, die konsumptive, kommunikative und symbolische Wünsche zugleich erfüllen. Wissenschaft darf sich infolgedessen nicht länger in ihre je besondere Disziplin einschliessen, sondern muss sich zur *Transdisziplinarität* entschliessen, zum "Hinausschweifen aus der eigenen Fachdisziplin in andere Fachbereiche" (Arber, 1993: 12)[6]. Die von den Erfordernissen der Produktion bestimmte gesellschaftliche Praxis, von der seit Bacon alle (natur)wissenschaftliche Arbeit ausgeht, beruht zwar immer noch auf einem System von Disziplinen und damit auf Klassen von Gegenständen, aber der Verkehr über ihre Grenzen wird freier und durchlässiger. Jede Disziplin kann die Projekte, die sie von ihrem Standpunkt und aus ihrem Blickwinkel entwirft, mit anderen Disziplinen rascher und leichter absprechen und koordinieren. Ein solcher transdisziplinärer Wissenschaftsverbund kommt den Ratten von Gjaesingen besser und dichter auf die Spur als die bisherige Abteilungsorganisation, aber auch er kann sie nur verfolgen, statt ihnen zuvorzukommen.

---

6 Wir unterscheiden Transdisziplinarität und Interdisziplinarität als prinzipiell verschiedene Methoden wissenschaftlicher Koordination und Kooperation deutlich voneinander, während Jürgen Mittelstrass beide in ihrem Vollzug miteinander identifiziert: "Mit Transdisziplinarität meine ich im Sinne wirklicher Interdisziplinarität Forschung, die sich aus ihren disziplinären Grenzen löst, die ihre Probleme disziplinenunabhängig definiert und disziplinenunabhängig löst" (Mittelstrass, 1995: 52).

Die allmähliche Ausdehnung der industriellen Reproduktion auf den gesamten Lebensvollzug der Gattung Mensch fasst deren Stoffwechsel mit der Natur als ein System der Bedürfnisse auf, das sich uneingeschränkt differenzieren und diversifizieren lässt. Das Konzept moderner Ökonomie fusst offenbar auf derselben Grundannahme wie das Konzept moderner Wissenschaft: auf der Voraussetzung einer Natur, die nicht nur jeglichem Erkenntnis- und Verwertungsanspruch überall und jederzeit rückhalt- und rücksichtslos zur Verfügung steht, sondern in dieser Fügsamkeit auch unerschöpfliche Ressourcen besitzt. Zunehmende Umweltprobleme, die sich mit Problemen der sozialen Aussenwelt und der geistigen Innenwelt in gegenseitiger Potenzierung koppeln, machen uns immer bewusster, dass die genannte Voraussetzung nicht gilt und wir es vielmehr mit einer Natur zu tun haben, die sich nicht willkürlich um sich selbst verlängern lässt und deren Vorräte begrenzt sind. Wenn aber das (Über)Leben des Homo (nicht immer) sapiens von einer Natur abhängt, die weder unendlich noch unerschöpflich ist und in der nicht-lineare Systeme vorherrschen, deren Verzweigung auf die kleinste Störung mit unabsehbaren Kettenreaktionen antwortet, dann muss der Grundsatz aller industriellen Reproduktion und der mit ihr verbundenen Wissenschaften inskünftig lauten: Handle so, dass du die Natur sowohl in deiner besonderen Disziplin als auch in der Wissenschaftlichkeit deines Tuns überhaupt jederzeit zugleich als Zweck, niemals bloss als Mittel brauchest (vgl. dazu Kant, 1956b: 66f.). Da Naturwissenschaft nach wie vor und noch nie so nachdrücklich wie heute von den Möglichkeiten technisch eingreifenden Handelns motiviert wird, die sie finden und zur Verwirklichung vorbereiten soll, gilt auch für sie der Grundsatz, "dass Konzepte für die Umsetzung ökologischen Wissens in ökologisches Handeln von menschlichen Handlungssystemen ausgehen müssen, nicht von natürlichen Ökosystemen" (Hirsch, 1993: 144). Naturwissenschaft ist als Handlungssystem, als Macht- und Handlungswissen für den Zustand und die Zukunft der Natur vor der Gattung Mensch verantwortlich, deren Überleben zuerst und zunächst davon abhängt, dass die Naturwissenschaft diese Verantwortung wahrnimmt, statt sie an externe theologische, ethische oder politische Institutionen und Instanzen zu delegieren.

Die Frage nach der Einheit der Wissenschaft hat sich in die Frage nach der Einheit der Natur und der Einheit der Wissenschaften so verdoppelt, dass die Antwort auf die zweite von der Antwort auf die erste abhängt. Betrachtet die Wissenschaft die Natur als einen Gegenstand, den sie durch Steuerung und Ausschliessung, durch Interventions- und Eigentumsrecht beherrscht, kann sie auf die Reflexion von Form und Legitimation ihrer Subjekt/Objekt-Beziehung verzichten, weil sie deren Einheit und Wahrheit durch ihr blosses Tun herstellt und bewahrt. Sieht sie hingegen in der Natur einen Gegenstand, der sich selbst steuert und auf Ausschlüsse mit unkontrollierbaren Rückschlüssen reagiert, fasst sie ihn nicht als Objekt auf, das man beherrschen kann, sondern als Subjekt, mit dem man kommunizieren muss, wird die Reflexion ihrer Einheit und Wahrheit sogar in doppeltem Sinn notwendig. Zum einen müssen ihre Disziplinen in Kontakt und Austausch darüber stehen, ob ihre Formation der Selbstorganisation ihres Gegenstandes entspricht, zum anderen fordert ein derartiges Objekt von seinem Subjekt überhaupt den Bezug auf eine Wissenschaft, die der nunmehr zwangsläufig labilen und sich unvermutet ändernden Subjekt/Objekt-Beziehung auf der Spur ihrer Form bleibt. Soll Wissenschaft das (Über)Leben der Gattung Mensch und des Planeten Erde bewerkstelligen helfen, muss sie sich auf diese doppelte Einheit besinnen und von der *Transdisziplinarität* im Sinne von Arber (1993) zur *Interdisziplinarität* fortschreiten, die "nicht nur die kooperative Verbindung von verschiedenen Fachdisziplinen" meint, sondern "ein bestimmtes Wissenschaftsverständnis, (...) eine besondere Geisteshaltung, die den Teil nur im Ganzen zu sehen versucht und um den tragenden Sinn-Massstab für das Ganze ständig sich bemüht" (Schwarz, 1974: 58 u.f.). Damit kehrt Lessings eingangs zitierte Forderung nach der Fertigkeit, "sich bey einem jeden Vorfalle schnell bis zu allgemeinen Grundwahrheiten zu erheben" (Lessing, 1759 in 1979: 23), in die Reihen der Wissenschaften zurück. Während jedoch die Aufklärung den Erwerb dieser Fertigkeit der methodischen Selbstorganisation der einzelnen Wissenschaftssubjekte in individueller, kommunikativer und sozialer Disziplin anvertraute, gehört sie heute in den Aufgabenbereich der "strategischen Planung und Organisation der Wissens- und Technologieproduktion" (Kreibich, 1986: 235). In einer Zeit, in der Wissenschaft sich vom Produktionsfaktor zur Produktivkraft entwickelt hat, kann Interdisziplinarität nicht länger den guten Absichten und Taten der einzelnen Produzenten überlassen bleiben, sondern muss zum Gegenstand einer wissenschaftstheoretisch geleiteten Organisationswissenschaft werden. "Bei interdisziplinärer Arbeit geht es nicht um eine Konfrontation bereits bestehender Disziplinen (...). Um etwas Interdisziplinäres zu tun, genügt es auch nicht, ein Thema zu wählen und um es herum zwei oder drei Wissenschaften anzusiedeln. Interdisziplinarität besteht darin, ein völlig neues Objekt zu erschaffen, das zu niemandem gehört" (Barthes nach Felt et al., 1995: 170). Um dieses völlig neue Objekt zu schaffen, muss Interdisziplinarität notwendig Wissenschaft werden, weil sich Wissen als wissenschaftliches erst durch die Fertigkeit begründet und ausweist, ein Objekt methodisch zu definieren, das in dieser Gestalt noch nie Gegenstand des Wissens gewesen ist. Dieses Objekt gehört keiner der existierenden Disziplinen an und damit allen, insofern jede kraft der zwischen ihnen waltenden Wissens-Organisation in ihrem Tun auf alle anderen methodisch kritisch bezogen bleibt. Jedes einzelwissenschaftliche Resultat gilt folglich nur in diesem Bezug sowie als seine Befragung und Infragestellung. Erst eine derart wissenschaftliche Interdisziplinarität wird überall dort sein können, wo die Ratten von Gjaesingen anzukommen suchen.

Ausblick

Welche Form muss Interdisziplinarität nun als Wissenschaft in dieser Absicht annehmen? Wir begnügen uns hier mit zwei Leitthesen, die zeigen, in welcher Richtung die Antwort auf diese Frage liegt. "Eine Philosophie, die sich in die Bewegung, die sie begreifen will, selbst hineinziehen lässt, hört auf, eine autonome, nur ihrer eigenen Geschichte verpflichtete Bemühung zu sein. Sie bleibt nicht länger die philosophia perennis, die über die Wissenschaften, vor oder nach ihnen und jedenfalls von ihnen und ihrer Entwicklung unangefochten ihre eigenen Fragen stellt (...) Ihre Fragen entwickeln sich aus und mit den Antworten der Wissenschaften. Und dies bedeutet, dass auch die Philosophie eine Entwicklung nimmt, die nicht unabhängig von wissenschaftlicher Forschung zu verstehen ist" (Schwemmer, 1990: 41f.). Es wird also keine Königsdisziplin über den Disziplinen mehr geben, keine Wissenschaft der Wissenschaften, die Anweisungen erteilt, die im Alltag wissenschaftlicher Praxis ohnehin überhört werden. Aber ebensowenig wird Wissenschaftstheorie sich als besondere Disziplin unter die übrigen schlicht einreihen. Deshalb müssen wir "dringend eine pluralistische Epistemologie schaffen, die ein vollständiges Spektrum entfaltet, das von der Wissenschaftslogik bis hin zur Sprachwissenschaft und zur Wissenschaftssoziologie reicht (...) Ihre Einheit ist der Fluchtpunkt einer Vielzahl von Perspektiven, die alle dieselbe Fähigkeit zur Verallgemeinerung besitzen (...) Was bleibt, ist die Aufgabe, eine von Reduktion und Referenz freie, vergleichende Epistemologie all dieser Sprachen zu schaffen, die ein und denselben Relevanzhorizont bezeichnen" (Serres, 1992: 11). Homogenität und Heterogenität des wissenschaftlichen Diskurses, die einfache Einheit des wissenschaftlichen Wissens und die verschiedenartige Vielheit seiner Wahrheiten schliessen einander nicht aus, sondern ein. In der methodischen Konstruktion dieses Prozesses werden sich, wenn sie gelingt, heutige Gestalt und künftige Gestaltung des wissenschaftlichen Wissens abzeichnen. Daran arbeiten wir.[7]

Eine veränderte Fassung dieses Beitrages erscheint in der ersten Nummer der in Leipzig neu herausgegebenen Zeitschrift "KALEIDOSKOPIEN. Theatralität - Performance - Medialität" unter dem Titel "Die Ratten besetzen das sinkende Schiff. Warum wir eine Wissenschaft des Interdisziplinären brauchen".

7 Dr. des. Jürg Häfliger und der Autor im Rahmen des SPPU-Projektes "Die Bedeutung der Heterogenität des wissenschaftlichen Diskurses für den interdisziplinär-ökologischen Lehr- und Forschungsprozess".

Literatur

Abromeit and Schredelseker (1973) Eigentum *In*: Wörterbuch zur politischen Ökonomie, Eynern, G. von (Hrsg.), Westdeutscher Verlag, Opladen.

Arber, W. (Hrsg.) (1993) Inter- und Transdisziplinarität: Warum? - Wie? Inter- et Transdisciplinarité: pourquoi? - comment? Haupt, Bern, Stuttgart, Wien.

Bacon, F. (1990) Novum Organon [1620]; Krohn, W. (Hrsg.), 2 Bde., Meiner, Hamburg.

Condorcet, Marquis de (1976) Entwurf einer historischen Darstellung der Fortschritte des menschlichen Geistes [1793], Alff, W. (Hrsg.), Suhrkamp, Frankfurt a. M.

Felt, U., Nowotny, H. and Taschwer, K. (1995) Wissenschaftsforschung. Eine Einführung. Campus Verlag, Frankfurt a. M., New York.

Foucault, M. (1977) Überwachen und Strafen. Die Geburt des Gefängnisses. Suhrkamp, Frankfurt a. M.

Foucault, M. (1989) Sexualität und Wahrheit, Bd. 1: Der Wille zum Wissen. Suhrkamp, Frankfurt a. M.; *3. Auflage*.

Foucault, M. (1992) Was ist Kritik? Merve, Berlin.

Galilei, G. (1980) Dialog über die Weltsysteme [1632] *In*: Sidereus Nuncius, Galilei, G.; Blumenberg, H. (Hrsg.), Suhrkamp, Frankfurt a. M.

Hirsch, G. (1993) Wieso ist ökologisches Handeln mehr als eine Anwendung ökologischen Wissens? Überlegungen zur Umsetzung ökologischen Wissens in ökologisches Handeln. *GAIA, 2*: 141-151.

Kant, I. (1956a) Kritik der reinen Vernunft [1781/87]; Werke, Bd. II, Weischedel, W. (Hrsg.), Insel, Frankfurt a. M.

Kant, I. (1956b) Grundlegung zur Metaphysik der Sitten [1785]; Werke, Bd. IV, Weischedel, W. (Hrsg.), Insel, Frankfurt a. M.

Kögler, H. H. (1994) Michel Foucault. Metzler, Stuttgart,Weimar.

Kreibich, R. (1986) Die Wissenschaftsgesellschaft. Suhrkamp, Frankfurt a. M.

Krohn, W. (1994) Die Natur als Labyrinth, die Erkenntnis als Inquisition, das Handeln als Macht: Bacons Philosophie der Naturerkenntnis betrachtet in ihren Metaphern *In*: Naturauffassungen in Philosophie, Wissenschaft, Technik, Bd. II: Renaissance und frühe Neuzeit, Schäfer, L., Ströker, E. (Hrsg.), Alber, Freiburg, München.

Leiss, W. (1972) The Domination of Nature. New York.

Lessing, G. E. (1979) Briefe, die neueste Litteratur betreffend [1759] *In*: Sämtliche Werke, Bd. 8, Lachmann, K. and Muncker, F. (Hrsg.),W. de Gruyter, Berlin; *photomechanischer Nachdruck der Ausgabe Stuttgart 1892.*

Mittelstrass, J. (1995) Transdisziplinarität. *Panorama, Informationsbulletin des Schwerpunktprogrammes (SPP) "Umwelt", 5*: 45-53.

Mutzel, R. and Marlière, Ph. (1990) Mit diesen Daten wären unsere Fichen endlich perfekt (...) Der gentechnologisch erfasste Mensch. *Weltwoche, 13, 29.03.90*: 21.

Schwarz, R. (1974) Interdisziplinarität der Wissenschaft als Problem und Aufgabe heute. *Internationales Jahrbuch interdisziplinärer Forschung, 1*: 1-131.

Schwemmer, O. (1990) Die Philosophie und die Wissenschaften. Zur Kritik einer Abgrenzung. Suhrkamp, Frankfurt a. M.

Serres, M. (1992) Hermes II: Interferenz. Merve, Berlin; *Erstausgabe, Paris 1972.*

Forschung und Interdisziplinarität

Ökologie und Interdisziplinarität – eine Beziehung mit Zukunft?
Wissenschaftsforschung zur Verbesserung der fachübergreifenden Zusammenarbeit
Ph. W. Balsiger/R. Defila/A. Di Giulio (Hrsg.)

Überlegungen und Bemerkungen hinsichtlich einer Methodologie interdisziplinärer Wissenschaftspraxis

Philipp W. Balsiger

"(...), dass die Zwecke interdisziplinärer Forschung (...) nur dann eine begründbare Chance haben erreicht zu werden, wenn die gegenwärtig immer wieder auftretenden Schwierigkeiten, sich interdisziplinär überhaupt zu verständigen, als Gegenstand eines eigenen Projektes methodisch in Angriff genommen werden."

(Paul Lorenzen, 1974)

Die folgenden Überlegungen basieren auf Erfahrungen und Beobachtungen, die der Autor als Projektleiter eines begleitenden Forschungsprojektes zum schweizerischen Beitrag "ICAT-Birmensdorf" des europäischen COST-614-Programmes gemacht hat. Im Text werden Überlegungen angestellt und Faktoren und Kriterien angeführt, die bei der Formulierung einer Methodologie interdisziplinärer Wissenschaftspraxis zu berücksichtigen sind. Als besonders wichtige Voraussetzung erweist sich dabei das Verständnis von Interdisziplinarität. Der Autor

schlägt dafür eine Reduzierung der terminologischen Vielfalt auf zwei Typen von Interdisziplinarität vor: "Interdisziplinarität als Organisationsprinzip" und "Interdisziplinarität als Denkform". Im weiteren wird die Bedeutung der Auffassung von Wissenschaftspraxis hervorgehoben.

Die Veränderung im Verständnis von Wissenschaftspraxis widerspiegelt die veränderte Einschätzung der Möglichkeit einer Methodologie interdisziplinärer Wissenschaftspraxis. In Bereichen der heutigen Wissenschaftspraxis besteht eine Notwendigkeit für eine solche Methodologie. Einzuschränken gilt es aber, dass es sich dabei weniger um einen stringenten Regelkanon als vielmehr um eine Heuristik handeln kann. Der Autor argumentiert, dass unter Berücksichtigung dieser Voraussetzungen Entscheidungsparameter und in nicht-abschliessendem Sinne Verfahrensmöglichkeiten zu beschreiben sind.

Einleitung[1]

Der Begriff "Interdisziplinarität"

Während sich ausgangs des 20. Jahrhunderts das gesellschaftliche Subsystem "Wissenschaften" zwar nach wie vor ausdifferenziert[2], bezeichnen Krohn und Küppers das 20. Jahrhundert insgesamt als dasjenige, in welchem gerade die Entdifferenzierungserscheinungen "unter Aus-

1 Die folgenden Ausführungen unterliegen verschiedenen Einschränkungen: Zuerst ist darauf hinzuweisen, dass bezüglich der verwendeten Literatur eine weitgehende Beschränkung auf die deutschsprachige Literatur erfolgt ist. Diese Einschränkung erfolgt aus der Feststellung zweier unterschiedlicher, sich gegenwärtig nicht beeinflussender Diskurse in der deutschsprachigen Wissenschaftslandschaft einerseits und in der amerikanischen Wissenschaftslandschaft andererseits. Bezüglich der Gründe für diesen fehlenden Austausch können nur Vermutungen geäussert werden. Diese gehen dahin, dass je unterschiedliche organisatorische Voraussetzungen an amerikanischen und deutschsprachigen Universitäten sich auf die Konzeptionen von Interdisziplinarität auswirken.
Im weiteren beschränken sich die nachfolgenden Ausführungen auf Interdisziplinaritäts-Konzeptionen, wie sie sich im universitären Rahmen finden lassen. Die Geltung der Schlussfolgerungen für Interdisziplinaritäts-Konzeptionen, wie sie im industriellen Rahmen vorkommen, ist nicht überprüft.

2 Die Dynamik der Ausdifferenzierung hat mittlerweile ein Ausmass angenommen, dass sich der Deutsche Wissenschaftsrat veranlasst gesehen hat, die Organisation einer systematischen Prospektion für die Forschung vorzuschlagen. Die Begründung zu diesem Schritt liegt - neben dem Erhalt der internationalen Wettbewerbsfähigkeit - auch in der Befürchtung, in dieser Ausdifferenzierungsdynamik die Übersicht zu verlieren (Wissenschaftsrat, 1994).

bildung reflexiver Mechanismen für innovative Schübe sorgen" (Krohn und Küppers, 1989: 27). Eine interdisziplinäre Wissenschaftspraxis kann als eine solche Erscheinung bezeichnet werden, da zweierlei unterstellt werden kann:

1. dass in der Begegnung zwischen Vertretern mindestens zweier Disziplinen die Reflexion auf die je eigene Disziplin und damit das eigene wissenschaftliche Handeln gefördert wird, und
2. in der Neuartigkeit von wissenschaftlichen Problem- und Fragestellungen, deren Beantwortung eben nur durch die Kooperation zwischen Vertretern verschiedener wissenschaftlicher Disziplinen möglich ist, unbestritten ein innovatives Potential vorhanden ist.

Der Forschungsgegenstand der "Interdisziplinaritäts-Forschung" ist hoch strukturiert. Überlegungen in Zusammenhang mit der Frage nach einer möglichen Methodologie interdisziplinärer Wissenschaftspraxis sind wesentlich durch das zugrundeliegende Verständnis des Begriffes "Interdisziplinarität" determiniert.[3] Durch eine Differenzierung im Begriff der "Interdisziplinarität" wie sie Klaus Mainzer oder Oswald Schwemmer vornehmen, scheint eine Reduktion auf zwei Interdisziplinaritäts-Typen legitim. Mainzer verwendet zur Bezeichnung der beiden Typen terminologisch etablierte Bezeichnungen: "Von Interdisziplinarität sprechen wir dann, wenn die Kooperation zwischen ('inter') den Disziplinen auf Einzelprobleme und auf einen bestimmten Zeitraum beschränkt bleibt, ohne dass die beteiligten Disziplinen ihre Methoden und Ziele ändern. Häufig führt aber eine solche Kooperation über ('trans') disziplinäre Methoden und Ziele hinaus zu neuen Erkenntnis- und Wissenschaftsstrukturen. Man spricht dann von Transdisziplinarität. Dahinter steht die alte philosophische Frage nach der Einheit unseres Erkennens und Wissens" (Mainzer, 1993: 18).

Oswald Schwemmer gibt bereits vor Mainzer in seiner Untersuchung über das Verhältnis von Wissenschaft und Philosophie die Richtung an: "Es ist ein neues Denken zu versuchen, das durch die Erkenntnis seiner - philosophischen und fachwissenschaftlichen - Einseitigkeit und Begrenztheit hindurch den Blick auf das Ganze zu richten vermag. (...) ein interdisziplinäres Denken also, das zugleich philosophisch und wissenschaftlich seine Fragen stellt und Antworten sucht. Interdisziplinarität in diesem Sinne bleibt so nicht länger nur ein Organisationsprinzip, sondern wird zu einer Denkform" (Schwemmer, 1990: 45).

---

3 Zu Beginn der 70er Jahre wurden Versuche einer möglichst adäquaten terminologischen Bestimmung und damit verbunden eine Gegenstandsbestimmung interdisziplinärer bzw. disziplinübergreifender Forschung diskutiert. Strukturunterschiede zwischen verschiedenen Formen wissenschaftlicher Kooperationen führten zu einer elaborierten Differenzierung im terminologischen Bereich (vgl. dazu verschiedene Beiträge in CERI, 1972 sowie den Übersichtsartikel Balsiger, 1991).

Wer sich mit der Konstituierung und Formulierung wissenschaftlicher Problembereiche in den Grenzbereichen einzelner Disziplinen befasst, erkennt, dass dem Begriff "Interdisziplinarität" nicht nur ein Ordnungsmoment, sondern ebenso ein funktionales Moment inhärent ist: Sowohl die Art und Weise der (wissenschaftlichen) Fragestellung als auch deren Bearbeitung wie letztlich auch die Interpretation der Ergebnisse unterscheiden sich von disziplinären Ansätzen. Die Begriffserweiterung um diese funktionalen Momente impliziert für die "Interdisziplinarität" die Postulierung des Charakters eines immer wieder neu zu gestaltenden Prozesses. Die daraus folgende perennierende Aufgabe aber erklärt den Bedarf methodologischer Ansätze interdisziplinärer Kooperation. Als Ausgangsbestimmung des Begriffes "Interdisziplinarität" wird deshalb die folgende Bestimmung zugrunde gelegt: Interdisziplinarität ist eine Form wissenschaftlicher Kooperation in bezug auf gemeinsam zu konstituierende Objekte und zu erarbeitende Methoden, welche darauf ausgerichtet ist, durch Zusammenwirken geeigneter Wissenschaftler und Wissenschaftlerinnen unterschiedlicher disziplinärer Herkunft das jeweils angemessenste Problemlösungspotential für gemeinsam bestimmte Zielsetzungen bereitzustellen. Eine Vielzahl unterschiedlicher Faktoren und Kriterien und deren Verhältnis zueinander legt eine solche Zusammenarbeit von Fall zu Fall fest (s. auch Balsiger, 1991).

Interdisziplinäre Wissenschaftspraxis

"Interdisziplinäre Wissenschaftspraxis" (Kaufmann, 1987), wie sie in diesem Text verstanden sein will, ist eine spezifische Form wissenschaftlicher Zusammenarbeit. Sie stellt - wenn auch nicht ausschliesslich, so doch stets auch - ein wissenschaftsinternes Problem dar. Ihre Besonderheit bezieht sie aus dem Umstand, dass sich die in dieser Arbeitsform zusammenfindenden Wissenschaftler und Wissenschaftlerinnen über unterschiedliche fachliche Provenienz und dadurch differierende Formen wissenschaftlicher Sozialisation ausweisen (Frank, 1990).

Der Begriff "Wissenschaftspraxis" umfasst solche Handlungen, die im akademischen Betrieb anfallen, hauptsächlich aber im Bereich der Forschung. Auf die im Bereich der wissenschaftlichen Dienstleistung ausgeübte Praxis interdisziplinären Arbeitens kann der Begriff "Interprofessionalität" angewendet werden. Das Spezielle dieser Praxis wird hier integral in die Überlegungen eingeschlossen. Die aufgeworfene Frage nach den Bedingungen der Möglichkeit einer Methodologie interdisziplinärer Wissenschaftspraxis soll in diesem Text auf das Forschungshandeln fokussiert bleiben. Wohl gibt es gute Gründe, "interdisziplinäres Arbeiten" als Form genuinen Lehrens und Lernens zu bezeichnen, im Bereich der Forschung aber hat sich in den letzten Jahren das Fehlen einer methodologischen Fundierung als problematisch erwiesen (Kocka, 1987: 10).

Methodologie

Der Begriff "Methodologie" wird vorwiegend in metawissenschaftlichen Diskursen, insbesondere aber in der Philosophie verwendet. Er bezeichnet zunächst dasjenige Feld, dessen Gegenstand die Methoden sind. Dabei lassen sich zwei Ausrichtungen feststellen: Zum einen ist Methodologie die Lehre von den wissenschaftlichen Methoden, welche den Wissenschaften als Teil einer allgemeinen Logik der Wissenschaften vorausgeht[4], zum andern eine Theorie von Methoden innerhalb der Wissenschaften. Für die erste Ausrichtung ist Methodologie ein Teil der (allgemeinen) Wissenschaftstheorie mit den Lehren von Begriffsbildung (Definition) und Beweis als wichtigen Elementen. Für die zweite Ausrichtung ist zwischen Forschungs- und Darstellungsmethoden zu unterscheiden. Ferner ist zu unterscheiden zwischen Methoden, die als Bestandteile einer allgemeinen Methodologie auftreten (z.B.: analytische - synthetische, induktive - deduktive, axiomatische - konstruktive/genetische, transzendentale, phänomenologische, hermeneutische, historische Methode) und solchen, die als Bestandteile einer speziellen Methodologie (z.B.: empirische - nicht-empirische Methoden) auftreten. Die moderne Methodologie differenziert auch zwischen mechanistischen und nicht-mechanistischen Methoden.

Enger gefasst, können Gegenstand von Methodologien sowohl das Verfahren der Wissensbildung als auch das Verfahren der Sicherung der Geltung wissenschaftlicher Aussagen sein.

Die in der Methodologie erfolgende Beschäftigung mit wissenschaftlichen Methoden kann unter verschiedenen Aspekten geschehen.[5] Es lässt sich differenzieren zwischen (a) deskriptiver[6], (b) rekonstruierender[7] und (c) wertender[8] Methodologie.

---

4 Zur Bedeutung einer den Wissenschaften vorausgehenden allgemeinen Logik für eine interdisziplinäre Forschung vgl. Lorenzen, 1974: 133-146.

5 "Methode" bezeichnet eine Verfahrensweise zur Erreichung vorgegebener Ziele. Sie stellt ein nach Mittel und Zweck planmässiges Verfahren dar, das zu technischer Fertigkeit bei der Lösung theoretischer und praktischer Aufgaben führt. Unter der Voraussetzung, dass eine erste Erklärung des Begriffes "Methode" sowohl einen alltäglichen, einen wissenschaftlichen als auch einen philosophischen Sprachgebrauch subsumieren soll, ist eine präzisere Formulierung kaum möglich. Üblicherweise ist eine Methode ein Charakteristikum für wissenschaftliche Verfahren und als pars pro toto für Wissenschaft selbst.

6 Eine deskriptive Methodologie stellt fest, welche Methoden in welchen wissenschaftlichen Disziplinen zur Realisierung welcher Ziele eingesetzt werden. Sie gibt eine möglichst genaue (tatsachengetreue) Beschreibung dieser Wissenschaftsziele und Methoden, bemüht sich um informative Klassifikationen der faktisch benützten Methoden und legt dar, welche Methoden in diesen oder jenen Disziplinen aus welchen Gründen Vorrang haben. Die deskriptive Methodologie ist ein empirischer, den Verhaltens- und damit den Sozialwissenschaften zuzurechnender Forschungszweig.

7 Ihre Aufgabe ist die rationale Rekonstruktion, d.h. Vervollständigung und Präzisierung der wissenschaftlichen Methoden und die Verdeutlichung der durch sie zu realisierenden Ziele. Entsprechend besitzt die Logik einen hohen Stellenwert.

8 Dabei erfolgt eine Bewertung der Methoden hinsichtlich ihrer Leistungsfähigkeit, ihrer praktischen Durchführbarkeit und ihrer Kontrollierbarkeit. Beispiel eines methodologischen Wertes ist die Verlässlichkeit (= reliability).

Auch der Versuch einer wissenschaftssystematischen Differenzierung von Geistes- und Naturwissenschaften erfolgt über die Auszeichnung spezieller Methoden (Methoden des Verstehens vs. Methoden der Erklärung).

Modell des Forschungsprozesses

Im Hinblick auf eine mögliche Methodologie interdisziplinärer Wissenschaftspraxis ist, neben der Klärung der terminologischen Grundlagen, die Klärung des Verständnisses des Forschungsprozesses wichtig. Dazu soll ein Modell dienen, an dem diejenigen Schlüsselstellen sichtbar gemacht werden können, welche für eine interdisziplinäre Forschungspraxis wichtig sind. Die Wichtigkeit solcher Stellen für eine interdisziplinäre Forschungspraxis ergibt sich im Vergleich mit einer disziplinären Forschungspraxis. Dabei sind diejenigen Faktoren zu vergleichen, "die als Vorbedingungen oder begleitende Einflüsse auf den Forschungsprozess einwirken, und die Kriterien, von denen sich Wissenschaftler bei der Problemauswahl und bei der Entscheidung für Lösungsstrategien leiten lassen" (Peckhaus, 1988: 205ff.). Die Untersuchung derjenigen Formen von Zusammenarbeit, welche an einer exakt bestimmbaren Stelle im Forschungsprozess gewählt oder verworfen werden, gibt Hinweise für die Ausarbeitung einer spezifischen Methodologie interdisziplinärer Wissenschaftspraxis.

Eine Diskussion berechtigter kritischer Vorbehalte gegenüber solchen Modellen wie auch eine Kommentierung und vertiefende Diskussion des Modells muss an anderer Stelle erfolgen. Das hier zugrundeliegende Modell des Forschungsprozesses ist aus der kritischen Sichtung verschiedener Modelle heraus entwickelt worden (Parthey, 1983; Menne, 1984; Krohn und Küppers, 1989; Thompson Klein, 1990).

Es ist absichtlich allgemein gehalten und versteht den Forschungsprozess als Teil einer umfassenderen Wissenschaftspraxis. Diese ist eine spezifische, primär auf die Erkenntnisproduktion angelegte Form gesellschaftlichen Handelns und insofern eine neben anderen existierende Kulturleistung (Holzkamp, 1968; Felt et al., 1995: 10). Aus diesem Grundverständnis erklärt sich die Postulierung eines mehrgliedrigen Umfeldes, zu dem die Wissenschaftspraxis als solche und damit der hier relevante Forschungsprozess gleichwertig sind.[9]

---

9 An anderer Stelle ist die Bedeutung der wechselwirkenden gegenseitigen Abhängigkeit von Umfeld und Wissenschaftspraxis (vgl. dazu Heintz, 1995: 27; Mittelstrass, 1995) und insbesondere die Bedeutung der Rückwirkung dieses Verhältnisses auf die Wissenschaftspraxis (Krohn und Küppers, 1989: 66) ausführlich beschrieben.

Der Forschungsprozess ist kein zeitlich linearer Ablauf, sondern gekennzeichnet durch eine Vielzahl von Rückgriffen und Rückkoppelungen auf vorhergehende Ereignisse.[10] In einer zweidimensionalen Darstellung ist dieser Forschungsprozess zwischen zwei Achsen aufgespannt zu denken: einer dreiphasigen Zeitachse (Planung, Realisierung, Auswertung) und einer dreistufigen Achse der Rahmenbedingungen (individuelle, funktionelle und strukturelle).

Innerhalb dieses so geschaffenen Feldes sind diejenigen Einheiten angesiedelt, die im Forschungsprozess eine Rolle spielen. Sie treten innerhalb des Forschungsprozesses zu unterschiedlichen Zeitpunkten auf, haben eine unterschiedliche Erscheinungsdauer und sind unterschiedlich relevant. Die Institution, die Disziplinarität, der Wissenschaftler bzw. die Wissenschaftlergruppe und der historische, soziale, politische und ethische Kontext, in dem der Forschungsprozess abläuft, sowie die Verfügbarkeit wissenschaftlicher Informationen können als Konstituenten des Forschungsprozesses bezeichnet werden.

Demgegenüber beschreiben die Problemkonstituierung (gegliedert in die Problemfokussierung, die Hypothesengenerierung und die Operationalisierung), die Lösungsstrategie (in Abhängigkeit von der Methode und den zur Verfügung stehenden wissenschaftlichen Instrumenten) und die Resultate (wobei diese sowohl die produzierten Ergebnisse im Sinne von bspw. numerischen Daten wie deren Interpretation umfassen) die eigentliche Forschungspraxis.

Kann es eine Methodologie interdisziplinärer Wissenschaftspraxis geben?

Diese Frage ist umstritten. Allerdings scheint sie einem Einschätzungswandel zu unterliegen. Tatsache ist, dass bis heute keine solche Methodologie bekannt ist. Konkret realisierte interdisziplinäre Forschung basiert üblicherweise auf bekannten, aus (beteiligten) Wissenschaftsdisziplinen transferierten oder kompilierten Methoden.

Im Rahmen der Ringvorlesung "Interdisziplinäre Arbeit und Wissenschaftstheorie" im Wintersemester 1973/74 in Zürich äusserten sich verschiedene Referenten auf die Frage nach der Möglichkeit einer Methodologie interdisziplinärer Wissenschaftspraxis, teilweise in sehr apodiktischer und absoluter Weise[11]: "Interdisziplinäre Forschung unterscheidet sich nicht durch

10 Auf eine Diskussion der Art des Fortschrittes von Wissenschaft insgesamt wird hier bewusst verzichtet (vgl. dazu Popper, 1982; Lakatos und Musgrave, 1974; Kuhn, 1988; Feyerabend, 1986).

11 Moderater als einige der von ihm geladenen Gäste sieht Helmut Holzhey selbst die Möglichkeiten einer künftigen Entwicklung einer interdisziplinären Methodologie. In seinem programmatischen Nachwort konstatiert er zunächst hinsichtlich der aktuellen Situation unter den versammelten Autoren dahingehende Einigkeit, "dass man interdisziplinäre von disziplinärer wissenschaftlicher Arbeit bloss im Hinblick auf den 'Gegenstand', nicht aber im Hinblick auf ihre Methode abheben kann" (Holzhey, 1974: 109). Persönlich gelangt

die Methoden, sondern durch ihre Problemstellung von der disziplinären Forschung. Zwar gibt es neben den Fachdisziplinen methodologische Disziplinen (z.B. Logik, Mathematik, Statistik, Informatik). Aber spezifisch interdisziplinäre Forschungsmethoden gibt es nicht, sondern es stehen nur die Methoden zur Verfügung, die für die Disziplinen ohnehin verfügbar sind" (Jochimsen, 1974: 13).

Zehn Jahre später findet sich zu dieser Frage schon eine weniger absolute Haltung: "In einer zweiten spezifischen Forderung im Sinne der wissenschaftlichen Beherrschbarkeit der Interdisziplinarität wird von einigen Autoren 'eine Methode verlangt, die sich verschiedener, aber bestimmter Methoden in ihrer Kombination bedient'. (...) 'Es gibt (noch?) keine spezifisch interdisziplinären Methoden'. Die Situation in der Forschung bezüglich der Forderung nach spezifisch interdisziplinären Methoden ist offensichtlich umstritten. Wir finden interessanterweise bei den angeführten Autoren unterschiedliche Meinungen darüber, ob man interdisziplinäre Arbeit von disziplinärer Arbeit entweder nur in Hinblick auf das Problem oder auch (oder nur?) auf ihre Methoden unterscheiden kann"[12] (Parthey, 1983: 23).

Mitte der 90er Jahre des 20. Jahrhunderts stellt sich nun allerdings die von Holzhey und später Parthey noch fragend in Erwägung gezogene Möglichkeit einer Methodologie interdisziplinärer Wissenschaftspraxis sehr konkret.[13] Anlass gibt nicht nur die durch die Forschungsbestrebungen im Bereich der Ökologie wachsende Zahl zu realisierender interdisziplinärer Forschungsprojekte, sondern ebenso die vom Deutschen Wissenschaftsrat eingeforderte Professionalisierung der Wissenschaftsforschung und der damit einhergehende Bedeutungszuwachs (Wissenschaftsrat, 1994). Die Wissenschaftspraxis wie sie heute ausgeübt wird, beantwortet die im Zwischentitel gestellte Frage: Es gibt programmatische Notwendigkeiten, welche die Formulierung einer Methodologie interdisziplinärer Wissenschaftspraxis erfordern.

---

er allerdings zum vorsichtigen Schluss: "Es gibt (noch?) keine spezifisch interdisziplinären Methoden" (Holzhey, 1974: 109).

12 Dieses von Parthey angeführte Zitat stammt aus Plath, 1978: 221.

13 So erfordert beispielsweise der Anspruch des "Erlanger Konzepts" von integrativer Wissenschaftsforschung, den wissenschaftlichen Beitrag auf einer Integrationsleistung zu fundieren, konkrete Auskünfte darüber, wie eine solche Integration erbracht werden kann. Eine vergleichbare Integrationsleistung ist im Schweizerischen Beitrag "ICAT - Birmensdorf" zum europäischen COST 614-Programm erforderlich. Darin soll neben den naturwissenschaftlich feststellbaren Wirkungen einer erhöhten CO_2-Exposition auf ein Modell-Öko-System "Wald" (insbesondere Fichten und Buchen) die Forschungsfrage in sozialwissenschaftlicher Richtung ausgeweitet werden.

Was steht einer Methodologie interdisziplinärer Wissenschaftspraxis entgegen?

Die Beantwortung der Frage, was einer Methodologie interdisziplinärer Wissenschaftspraxis entgegensteht, wird hier auf drei mögliche Quellen prohibitiver Faktoren eingeschränkt: (a) Die Bestimmung und das Verständnis von Interdisziplinarität, (b) die Bestimmung und das Verständnis von Methodologie und (c) die Wissenschaftspraxis selbst.

Triebel spricht in seinem Erfahrungsbericht über die Organisation und Durchführung interdisziplinärer Projekte im Zentrum für interdisziplinäre Forschung (ZiF) an der Universität Bielefeld vom experimentellen Charakter der Interdisziplinarität, da diese "(...) bei aller planenden Umsicht der Veranstalter Unkonventionalität auf Seiten der Organisatoren, noch mehr zuweilen Mut auf Seiten der Geldgeber voraus[setzt]" (Triebel, 1979: 27). Dieser experimentelle Charakter ist in der Bestimmung (vgl. oben) so zum Ausdruck gebracht, als an Stelle positiver Bestimmungen der an der Wissenschaftspraxis beteiligten Elemente deren Veränderbarkeit und Relativität hervorgehoben wird. Der Umstand, jeden interdisziplinären wissenschaftspraktischen Prozess immer wieder neu definieren zu müssen, könnte für die Differenz von interdisziplinärem und disziplinärem Arbeiten kriteriell sein.

Es ist festzuhalten, dass die heutige Situation trotz allem, nach wie vor wohl näher an der von Parthey 1983 beschriebenen ist; es darf deshalb von Bemühungen zur Formulierung einer "Methodologie interdisziplinärer Wissenschaftspraxis" nicht erwartet werden, dass sie zu einer im generalisierten Sinne naturwissenschaftlich exakten Methodologie - nämlich einem unter exakt bestimmten Bedingungen anzuwendenden System reproduktionsfähiger methodischer Regeln (Wangermann, 1983) - führen.[14] Wird ein solcher stringenter Regelkanon erwartet, ist eine befriedigende und praktikable Formulierung wenig wahrscheinlich. Herkömmlichem wissenschaftstheoretischem Verständnis zufolge setzt jede Entwicklung einer Methodologie ein bestimmtes Verständnis von Wissenschaft und somit von deren Praxis voraus. Dabei wird auf die Gleichförmigkeit der Wissenschaftspraxis innerhalb einer bestimmten zeitlichen Einheit abgestellt.[15] Die von Knorr-Cetina gezeichnete Realität wissenschaftlicher Praxis als For-

---

14 Es sind verschiedene Schwierigkeiten festzustellen, die eine solche exakte Methodologie für eine interdisziplinäre Wissenschaftspraxis nahezu verunmöglichen. Im Gegensatz zu einem naturwissenschaftlichen Experiment unter Laborbedingungen können für das "Experiment interdisziplinäre Wissenschaftspraxis" nicht in derselben rigorosen Weise Reduktionen vorgenommen werden. Dies würde dem zu Beginn des vorliegenden Beitrages hervorgehobenen prozessualen und partizipativen Charakter der Interdisziplinarität nicht mehr gerecht werden.

15 Es handelt sich dabei in den meisten Fällen um ein implizites Verständnis: Die zeitliche Einheit wird nicht ausdrücklich bezeichnet, sondern indirekt vorausgesetzt. Dies insofern, als das Fehlen eines formulierten Absolutheitsanspruches die Möglichkeit der Veränderung impliziert. Der Terminus "Gleichförmigkeit" rekurriert auf eine klar umrissene Praxis, welche unter anderem Wertfreiheit der Erkenntnisprodukte (Objekte, Zu-

schungshandeln sieht jedoch anders aus: Jede Wissenschaftspraxis ist nicht mehr und nicht weniger reguliert als ausserwissenschaftliches menschliches Handeln (Knorr-Cetina, 1984). Der real vollzogene Wissenschaftsprozess folgt oftmals nicht dem von einer Methode vorgeschriebenen Vorgehen. Erst zum Zeitpunkt der Bereinigung generierten Wissens im Sinne einer methodologischen Modifikation werden methodologische Aspekte bedeutsam. Dies schmälert die Bedeutung von Methodologien nicht, es relativiert sie allenfalls. Für die interdisziplinäre Wissenschaftspraxis, insofern sie "eine Form wissenschaftlicher Kooperation" (vgl. oben; Balsiger, 1991) ist, ist jedoch die tatsächlich ausgeübte Wissenschaftspraxis ebenso konstitutiv wie die anschliessenden Verfahren zur Bereinigung und Passung der produzierten Erkenntnisse.

Welche allgemeinen Anforderungen hat eine Methodologie interdisziplinärer Wissenschaftspraxis zu erfüllen?

Die gewählte Formulierung dieser Frage impliziert, dass es eine solche "Methodologie interdisziplinärer Wissenschaftspraxis" überhaupt geben kann. Ein Blick zurück auf die oben zitierte Textstelle im Zitat von Parthey, wonach zur "wissenschaftlichen Beherrschbarkeit der Interdisziplinarität (...) 'eine Methode verlangt (wird), die sich verschiedener, aber bestimmter Methoden in ihrer Kombination bedient'" (Parthey, 1983: 23), weist zumindest darauf, dass diese Einschätzung geteilt wird. Aus der bisher vorgetragenen Argumentation sollte aber ersichtlich sein, dass die heute faktisch betriebene Wissenschaftspraxis zumindest methodologieäquivalente Formen interdisziplinärer Wissenschaftspraxis einklagt. Die Klärung, ob der in der zitierten Textstelle unterbreitete konkrete Vorschlag einer Kombinierung bestimmter Methoden adäquat und letztendlich hinreichend ist, kann nicht hier erfolgen. Die Beantwortung der gestellten Frage im Zwischentitel allerdings ist nicht abschliessend möglich. Sie steht in Abhängigkeit von dem Anspruch, der mit einer "Methodologie interdisziplinärer Wissenschaftspraxis" verknüpft wird. Dabei ist der von Knorr-Cetina für die heutige Wissenschaftspraxis nachgewiesene Umstand vorauszusetzen, dass eine wissenschaftliche Methode "(...) nicht als Paradigma einer alle Grenzen transzendierenden Universalität (erscheint)" (Knorr-Cetina, 1984: 91), ein Umstand, dem in der Bestimmung von Interdisziplinarität, wie sie diesem Text zugrundeliegt (vgl. oben), Rechnung getragen wird.

---

stände, Prozesse), Unabhängigkeit der Erkenntnisinteressen der wissenschaftlich Tätigen (Objektivität) oder die Messbarkeit (mathematische und/oder sprachliche Deskription) der Erkenntnisobjekte unterstellt.

Das Arsenal notwendiger Voraussetzungen interdisziplinärer Wissenschaftspraxis und dabei möglicherweise auftretender Schwierigkeiten ist hinlänglich bekannt und beschrieben (Lendi, 1974; Thompson Klein und Porter, 1990; Cassell, 1986/77). Es fehlen aber weitergehende Hinweise zur adäquaten Art und Weise interdisziplinärer Projektplanung, -organisation und -realisierung. Anzustreben ist eine "Methodologie", die als ein generalisiertes Problemlösungsverfahren solche Vorgehensweisen beschreibt, welche unter Berücksichtigung kontextueller Gegebenheiten eine interdisziplinäre Wissenschaftspraxis im Hinblick auf eine fachübergreifende Wissensbildung in beschränktem Masse strukturieren können. Solchen Ansprüchen nahe kommen verschiedene Bestimmungen von Heuristik.[16] Damit sollte eine Bedingung für eine beschränkte Reproduzierbarkeit geschaffen sein. Gleichzeitig sind auch Überlegungen anzustellen, ob und allenfalls inwiefern eine interdisziplinäre Wissenschaftspraxis eigenständiger Verfahren zur Sicherung der Geltung wissenschaftlicher Aussagen aus solcher Wissenschaftspraxis bedarf.

Zusammenfassend lässt sich festhalten: Vorausgesetzt

a) Interdisziplinarität wird als eine bestimmte Wissenschaftspraxis aufgefasst im Sinne eines Organisationsprinzips mit experimentellem Charakter,
b) Ökologie zeichnet sich in ihrer wissenschaftlichen Dimension dadurch aus, dass in ihr ein interdisziplinärer Forschungsansatz notwendig ist, weil Vernetzungen und Wechselwirkungen komplexe Gegenstände des Erkenntnisinteresses sind und in methodologischer Hinsicht reduktionistische Ansätze mindestens problematisiert, bestenfalls vermieden werden,
c) der durch einen wachsenden Problemlösungsdruck einer betroffenen Öffentlichkeit erforderliche hohe wissenschaftspraktische Handlungsbedarf lässt sich als orientierte Forschung nur durch bestimmte forschungssteuernde Zielvorgaben realisieren, und
d) jegliche Methodologie wird als kontextabhängig, i.e. ohne Universalitätsanspruch, verstanden,

---

16 Eine hinreichend exakte Bestimmung der hier angestrebten Form einer "Methodologie" mit den entsprechenden terminologischen Abgrenzungen ist nicht nur aus Gründen der Platzknappheit nicht möglich. Die beiden folgenden Hinweise sollen die vorliegende Problemgrösse nur anzeigen. Eine Umschreibung des Problems gibt Georg Polya in seiner 1949 erstmals erschienenen "Schule des Denkens" (1980). Das Buch beleuchtet den "Vorgang des Problemlösens" (155), insbesondere in der Mathematik. Im Vorwort bezeichnet Polya dieses Studium von Lösungsmethoden als Heuristik (Polya, 1949/80: 9). In seinem 1971 veröffentlichten Aufsatz "Methodology or Heuristics, Strategy or Tactics" räumt er allerdings dann bereits in den ersten Zeilen ein, "heuristics is difficult to define" (Polya, 1971: 623).
Mit der Verschärfung, dass er die Heuristik als Lehre bestimmt, im übrigen jedoch in Übereinstimmung mit Polyas Bestimmung, umschreibt Kuno Lorenz das Stichwort "Heuristik" in der Enzyklopädie für Philosophie und Wissenschaftstheorie (Bd. 2). In der Heuristik angewendete Instrumente sind nach Lorenz: Vermutungen, Analogien, Generalisierungen, Arbeitshypothesen, Gedankenexperimente und Modelle.

dann kann folgende Zielsetzung hinsichtlich einer möglichen Methodologie interdisziplinärer Wissenschaftspraxis formuliert werden:

- es sind Entscheidungsparameter mit hohem Allgemeinheitsgrad zu beschreiben, die eine interdisziplinäre Wissenschaftspraxis in beschränktem Masse strukturieren können, und
- es sind in nicht abschliessendem und nicht ausschliesslichem Sinne Verfahrensmöglichkeiten fachübergreifender Wissensbildung zu beschreiben.

Literatur

Balsiger, Ph. W. (1991) Begriffsbestimmungen "Ökologie" und "Interdisziplinarität". Bericht zuhanden der Kommission Ökologie/Umweltwissenschaften der Schweizerischen Hochschulkonferenz (SHK). Bern; *Typoskript.*

Cassell, E. J. (1986/77) How does interdisciplinary work get done? *In*: Interdisciplinary Analysis and Research. Theory and Practice of Problem-Focused Research and Development, Chubin, D. E., Porter, A. L., Rossini, F. A. and Connolly, T. (Hrsg.), Lomond, Mt. Airy, Maryland.

CERI (Centre for educational research and innovation) (Hrsg.) (1972) Interdisciplinarity. Problems of teaching and research in universities. OECD Publications, Paris.

Felt, U., Nowotny, H. and Taschwer, K. (1995) Wissenschaftsforschung. Eine Einführung. Campus Verlag, Frankfurt a. M., New York.

Feyerabend, P. (1986) Wider den Methodenzwang. Suhrkamp, Frankfurt a. M.

Frank, A. (1990) Hochschulsozialisation und akademischer Habitus. Eine Untersuchung am Beispiel der Disziplinen Biologie und Psychologie. Deutscher Studienverlag, Weinheim.

Heintz, B. (1995) Die zwei Wissenschaftssoziologien. Wissenschaftsforschung. Probleme und Perspektiven. Klausurtagung 1994 des Schweizerischen Wissenschaftsrates. Schweizerischer Wissenschaftsrat, Bern.

Holzhey, H. (1974) Interdisziplinarität (Nachwort) *In*: interdisziplinär. Interdisziplinäre Arbeit und Wissenschaftstheorie. Ringvorlesung der Eidgenössischen Technischen Hochschule und der Universität Zürich im Wintersemester 1973/74. Teil 1, Holzhey, H. (Hrsg.), Schwabe, Basel, Stuttgart.

Holzkamp, K. (1968) Wissenschaft als Handlung. Versuch einer neuen Grundlegung der Wissenschaftslehre. W. de Gruyter, Berlin.

Jochimsen, R. (1974) Zur gesellschaftspolitischen Relevanz interdisziplinärer Zusammenarbeit *In*: interdisziplinär. Interdisziplinäre Arbeit und Wissenschaftstheorie. Ringvorlesung der Eidgenössischen Technischen Hochschule und der Universität Zürich im Wintersemester 1973/74. Teil 1, Holzhey, H. (Hrsg.), Schwabe, Basel, Stuttgart.

Kaufmann, F.-X. (1987) Interdisziplinäre Wissenschaftspraxis. Erfahrungen und Kriterien *In*: Interdisziplinarität. Praxis - Herausforderung - Ideologie, Kocka, J. (Hrsg.), Suhrkamp, Frankfurt a. M.

Knorr-Cetina, K. (1984) Die Fabrikation von Erkenntnis. Zur Anthropologie der Naturwissenschaft. Suhrkamp, Frankfurt a. M.

Kocka, J. (Hrsg.) (1987) Interdisziplinarität. Praxis - Herausforderung - Ideologie. Suhrkamp, Frankfurt a. M.

Krohn, W. and Küppers, G. (1989) Die Selbstorganisation der Wissenschaft. Suhrkamp, Frankfurt a. M.

Kuhn, T. S. (1988) Die Struktur wissenschaftlicher Revolutionen. Suhrkamp, Frankfurt a. M.; *2. revidierte und um das Postskriptum von 1969 ergänzte Auflage.*

Lakatos, I. and Musgrave, A. (Hrsg.) (1974) Kritik und Erkenntnisfortschritt. Abhandlungen des Internationalen Kolloquiums über die Philosophie der Wissenschaft, London 1965. Wissenschaftstheorie, Wissenschaft und Philosophie. Vieweg, Braunschweig.

Lendi, M. (1974) Voraussetzungen interdisziplinärer Forschung. *Neue Zürcher Zeitung, 11.02.74*: 18.

Lorenzen, P. (1974) Interdisziplinäre Forschung und infradisziplinäres Wissen *In*: Konstruktive Wissenschaftstheorie, Lorenzen, P. (Hrsg.), Suhrkamp, Frankfurt a. M.

Mainzer, K. (1993) Erkenntnis- und wissenschaftstheoretische Grundlagen der Inter- und Transdisziplinarität *In*: Inter- und Transdisziplinarität: Warum? - Wie? Inter- et Transdisciplinarité: pourquoi? - comment? Arber, W. (Hrsg.), Haupt, Bern, Stuttgart, Wien.

Menne, A. (1984) Einführung in die Methodologie. Elementare allgemeine wissenschaftliche Denkmethoden im Überblick. Wissenschaftliche Buchgesellschaft, Darmstadt.

Mittelstrass, J. (1995) Ist die Wissenschaft demokratisch? *Neue Zürcher Zeitung, 05./06.08.95*: 53/54.

Parthey, H. (1983) Forschungssituation interdisziplinärer Arbeit in Forschungsgruppen *In*: Interdisziplinarität in der Forschung. Analysen und Fallstudien, Parthey, H. and Schreiber, K. (Hrsg.), Akademie-Verlag, Berlin.

Parthey, H. and Schreiber, K. (Hrsg.) (1983) Interdisziplinarität in der Forschung. Analysen und Fallstudien. Wissen und Gesellschaft. Akademie-Verlag, Berlin.

Peckhaus, V. (1988) Historiographie wissenschaftlicher Disziplinen als Kombination von Problem und Sozialgeschichtsschreibung: Formale Logik im Deutschland des ausgehenden 19. Jahrhunderts *In*: Die geschichtliche Perspektive in den Disziplinen der Wissenschaftsforschung. Kolloquium an der TU Berlin, Oktober 1988, Poser, H. and Burrichter, C. (Hrsg.), Technische Universität Berlin, Berlin.

Plath, P. (1978) Interdisziplinarität in den Naturwissenschaften - das Verhältnis der Chemie zu ihren Nachbardisziplinen *In*: Theorie und Labor. Dialektik als Programm der Naturwissenschaft, Plath, P. and Sandkühler, H. J. (Hrsg.), Pahl-Rugenstein, Köln.

Polya, G. (1949/80) How to solve it. Francke Verlag, Bern; dt. Schule des Denkens. Vom Lösen mathematischer Probleme.

Polya, G. (1971) Methodology or Heuristics, Strategy or Tactics? *Archives de philosophie, 34*: 623-629.

Popper, K. R. (1982) Logik der Forschung. J. C. B. Mohr, Tübingen.

Schwemmer, O. (1990) Die Philosophie und die Wissenschaften. Zur Kritik einer Abgrenzung. Suhrkamp, Frankfurt a. M.

Thompson Klein, J. (1990) The Interdisciplinary Process *In*: International Research Management. Studies in Interdisciplinary Methods from Business, Government, and Academia, Birnbaum-More, P. H., Rossini, F. A. and Baldwin, D. R. (Hrsg.), Oxford University Press, New York, Oxford.

Thompson Klein, J. and Porter, A. L. (1990) Preconditions for Interdisciplinary Research *In*: International Research Management. Studies in Interdisciplinary Methods from Business, Government, and Academia, Birnbaum-More, P. H., Rossini, F. A. and Baldwin, D. R. (Hrsg.), Oxford University Press, New York, Oxford.

Triebel, A. (1979) Erfahrungen mit der Interdisziplinarität. Erinnerungen an die Betreuung interdisziplinärer Arbeitsgemeinschaften im ZiF *In*: Jahresbericht 1978. Zentrum für interdisziplinäre Forschung der Universität Bielefeld, Bielefeld.

Wangermann, G. (1983) Objekt und Methode als Korrelat der Interdisziplinarität in der experimentellen Forschung, dargestellt am Beispiel der Elektronenmikroskopie *In*: Interdisziplinarität in der Forschung, Parthey, H. and Schreiber, K. (Hrsg.), Akademie-Verlag, Berlin.

Wissenschaftsrat, Deutscher (1994) Empfehlungen zu einer Prospektion für die Forschung. Deutscher Wissenschaftsrat, Köln.

Ökologie und Interdisziplinarität – eine Beziehung mit Zukunft?
Wissenschaftsforschung zur Verbesserung der fachübergreifenden Zusammenarbeit
Ph. W. Balsiger/R. Defila/A. Di Giulio (Hrsg.)

Interdisziplinarität im Netz der Disziplinen

Max Krott

Eine Interdisziplinarität, die sich als Ergänzung der disziplinär verwalteten Wissenschaft begreift, kann nur insoweit in die Forschungspraxis Eingang finden, als sie die dominierenden Eigeninteressen der Disziplinen an sich selbst für die neue interdisziplinäre Zielsetzung zu nutzen versteht. Als Fehlschlag hat sich dabei die Strategie der gleichgewichtigen Verbindung von disziplinären mit interdisziplinären Zielen in einem einzigen Forschungsprogramm erwiesen. Solche Mischprogramme unterstützen keines der beiden Ziele ausreichend. Auch die Übertragung der Integrationsaufgabe an die Programmleitung führt in der Praxis zu unverbundenen disziplinären Teilprojekten mit nur schwach integrierten Gesamtberichten. Die Strategien der System-, Gruppen- und Aushandlungsvernetzung können hingegen zu interdisziplinären Erkenntnissen führen, wenn über die formalen Konzepte hinaus auch die informalen Handlungsbedingungen beachtet werden. Einige der wichtigen forschungspolitischen Faktoren werden aufgezeigt und pragmatische Gegenstrategien entworfen.

Brücke zwischen Disziplinen

Die dem vorliegenden Buch in Anlehnung an Balsiger (1991) zugrundegelegte normative Bestimmung der Interdisziplinarität als "wissenschaftlicher Kooperation" führt direkt zu den unterschiedlichen Disziplinen hin. Diese Variante des interdisziplinären Ansatzes möchte nicht die bestehenden Disziplinen durch eine neue integrative Wissenschaft ersetzen, sondern auf den vorhandenen Disziplinen aufbauen. Sie stellt insbesondere im Aufgabenbereich Umweltforschung ein Erweiterungsangebot für die Arbeit der traditionsreichen wissenschaftlichen Disziplinen dar.

Für die Umsetzung des Konzeptes im Forschungsalltag bedingt das Kooperationsangebot einen folgenreichen Unterschied zu einer ebenfalls denkbaren Programmatik von Interdisziplinarität, die als neues Paradigma an die Stelle der vorherrschenden Wissenschaftsdisziplinen treten wollte. Während Kooperation vielfältige Verhandlungsspielräume eröffnet, hätte die neue "integrative" Wissenschaft einen Verdrängungswettbewerb mit den traditionellen Disziplinen zu führen. Auch für einen solchen Überlebenskampf sind politische Strategien entwickelbar. Die nachfolgend analysierten forschungspolitischen Strategien beschränken sich jedoch auf den Kooperationsansatz. Sie erfassen vorausschauend die zu erwartenden Konflikte in der Forschungspraxis und schlagen Massnahmen zu deren Überwindung vor.

Interdisziplinäre Kooperationsangebote müssen im Forschungsalltag mit starken eigenständigen Disziplinen rechnen. Jeder Fachbereich, von der Bodenkunde über die Pflanzenphysiologie bis zur Betriebswirtschaft, verfügt über als gültig angesehene Beschreibungen und Erklärungen seines Forschungsgegenstandes und über einen Vorrat an spezifischen Methoden (Shinn, 1982). Zusätzlich zu dieser Ausstattung an Information kann jeder Fachbereich auf Machtressourcen zurückgreifen. Dazu zählen u.a. Personal, Räume, Sachmittel, Finanzmittel und Bündnispartner in der Praxis (Downs, 1967). Diese Informations- und Machtfaktoren üben wesentlichen Einfluss auf das Zustandekommen interdisziplinärer Kooperation aus. An ihnen können interdisziplinäre Projekte, wie anhand der ersten beiden strategischen Fallen gezeigt, scheitern, aber auch Ansätze für pragmatische Erfolgsstrategien gefunden werden.

Empirische Grundlage der vorgestellten Forschungsstrategien sind die Ergebnisse aus der Evaluierung des interdisziplinären Programmes zur Waldschadensforschung in Österreich in den Jahren 1983 bis 1991. An der Waldschadensforschung wirkten 200 Forscher aus 25 Instituten von fünf unterschiedlichen Universitäten mit. Das Förderungsvolumen des Programmes betrug 56 Mio. ATS. Nach Abschluss des Programmes erfolgte eine externe Evaluierung, die den Ansatz der empirisch-erklärenden Policy-Theory auf den gesamten Forschungsprozess von der Programmerstellung über dessen Vollzug bis zu der Übertragung der Ergebnisse in die

Praxis anwendet (Krott, 1994). Aufgrund des theoretischen Bezuges der Fallstudie Waldschadensforschung können, wie im folgenden dargelegt, einige Teilergebnisse Hinweise auf die allgemeinen Handlungsbedingungen in interdisziplinärer Forschung geben.

Ganzer Fehlschlag durch halbe Interdisziplinarität

Interdisziplinarität hat als Konzept für die Lösung von Umweltproblemen einen guten Klang. Rasch und zahlreich findet sie daher Eingang in die allgemeine Zielbestimmung von Umweltforschungsprogrammen (Wissenschaftsrat, 1994). Das Ziel Interdisziplinarität ist geeignet, in der Öffentlichkeit die Besonderheit von Forschungsvorhaben zu unterstreichen und bei öffentlichen Finanziers Aufmerksamkeit zu erwecken. Die umweltengagierten Forscher fordern vielfach Interdisziplinarität, weil sie darin besondere Lösungskraft für die Probleme des Umweltschutzes erhoffen. Erhöhte politische Legitimität für Forschungsgelder und wirkungsvolle Problemlösung für die Praxis sprechen für die Erweiterung der Forschungsprogramme um das Ziel Interdisziplinarität.

Interdisziplinarität im Forschungsprogramm bedeutet, dass als Verbindung aller beteiligten Teilprojekte eine gemeinsame Fragestellung gefunden wird. Da Forschungsprogramme zusätzlich die wissenschaftliche Vorgehensweise festlegen, muss auch in Methoden und Arbeitsplanung Bezug auf Interdisziplinarität genommen werden. Bereits die gemeinsame Fragestellung erfordert ein Mindestmass an gemeinsamen Begriffen, die sowohl aus der Sicht der Fachdisziplinen ausreichende Klarheit und Inhalt aufweisen, als auch das gemeinsame Ganze bezeichnen. Die Methodik gewinnt interdisziplinäre Qualität erst, wenn über die Vorgehensweise innerhalb der einzelnen Fachdisziplinen hinaus erkennbar wird, wie die Vernetzung erfolgen soll. Die interdisziplinäre Arbeitsplanung wäre im Programm nicht weniger inhaltsreich festzulegen, als dies in disziplinären Programmen Standard ist.

Die Versuche, Forschungsprogramme, deren Grundausrichtung disziplinär ist, um das Ziel Interdisziplinarität zu ergänzen, haben allerdings auf die grossen Gefahren aufmerksam gemacht, die mit einer solchen Zielerweiterung verbunden sind. Der interdisziplinäre Bezug wird zwar rasch in die disziplinären Projektanträge eingearbeitet, und formal entstehen eindrucksvolle Darstellungen der angestrebten Vernetzungen. Je inhaltsreicher die interdisziplinären Bemühungen jedoch werden, umso deutlicher tritt deren Unverträglichkeit mit den in ihrem Ansatz disziplinär ausgerichteten Teilprojekten zutage. Interdisziplinäre Rücksichtnahme behindert die optimale Entwicklung der Forschungsfrage aus der disziplinären Theorie. Selbst ein gelungenes Projekt trägt daher nur wenig zur Erkenntniserweiterung der Disziplin bei. Auch die

Wahl der Forschungsmethode und des Forschungsobjektes kann sich nicht mehr nur an den Kriterien einer Disziplin orientieren, sondern muss mit dem interdisziplinär gewählten Objekt vorlieb nehmen und den methodischen Zugang zusätzlich mit anderen Disziplinen abstimmen. Unter Umständen stellt das interdisziplinär gewählte Objekt für eine disziplinäre Forschungsfrage gar nicht jenen seltenen günstigsten Forschungsfall dar, der neue Einblicke erschliesst. So blieben in der interdisziplinären Waldschadensforschung etwa Projekte erfolglos, weil in dem interdisziplinär ausgewählten Wald der für die spezielle Fragestellung erforderliche Beobachtungsfall nicht auftrat. Zusätzlich wirkten Erhebungsmethoden des Kooperationspartners als Störgrössen für die eigene Erhebung.

Am erfolgreichsten waren in Projekten mit vermischten disziplinären und interdisziplinären Zielsetzungen jene Fachbereiche, die sich über das erforderliche allgemeine Bekenntnis zur Interdisziplinarität hinaus nicht in interdisziplinäre Arbeiten inhaltlicher Art drängen liessen. Die Versuche der Projektleitung, die interdisziplinäre Vernetzung zu stärken, behinderten das disziplinäre Arbeiten. Insgesamt bewirkte das zusätzliche Ziel der Interdisziplinarität einerseits die erhebliche Schwächung der Konzeption und Durchführung der disziplinären Teilprojekte. Andererseits gelang es dem Zusatzziel Interdisziplinarität jedoch nicht, die Forschungsaktivitäten ausreichend zu vernetzen, um ein innovatives interdisziplinäres Ergebnis zustande zu bringen. Die nur teilweise interdisziplinäre Ausrichtung von Forschungsprogrammen verfehlt damit beide Erkenntnisziele, das der streng disziplinären Höchstleistung und das der integralen Vernetzung. Forschungsprogramme lassen sich nicht als forschungspolitischer Kompromiss schrittweise um interdisziplinäre Ansätze erweitern. Sie können die schwierigen Vernetzungsaufgaben nur mit klarer Schwerpunktsetzung in Interdisziplinarität meistern.

Illusion der Vernetzung durch Programmleitung

Die einfachste und häufig gewählte Art der interdisziplinären Vernetzung von Teilprojekten ist die Übertragung dieser Aufgabe an die Leitung des Forschungsprogrammes (vgl. Abbildung 1). Diese wirkt an der Erarbeitung des Gesamtprogrammes mit, zu dessen interdisziplinärem Ziel sich alle beteiligten Fachbereiche bekennen. Der Forschungsprozess beginnt zunächst mit den disziplinären Teilprojekten. Deren Ergebnisse sollen abschliessend von der Programmleitung zu einem interdisziplinären Bericht verschmolzen werden.

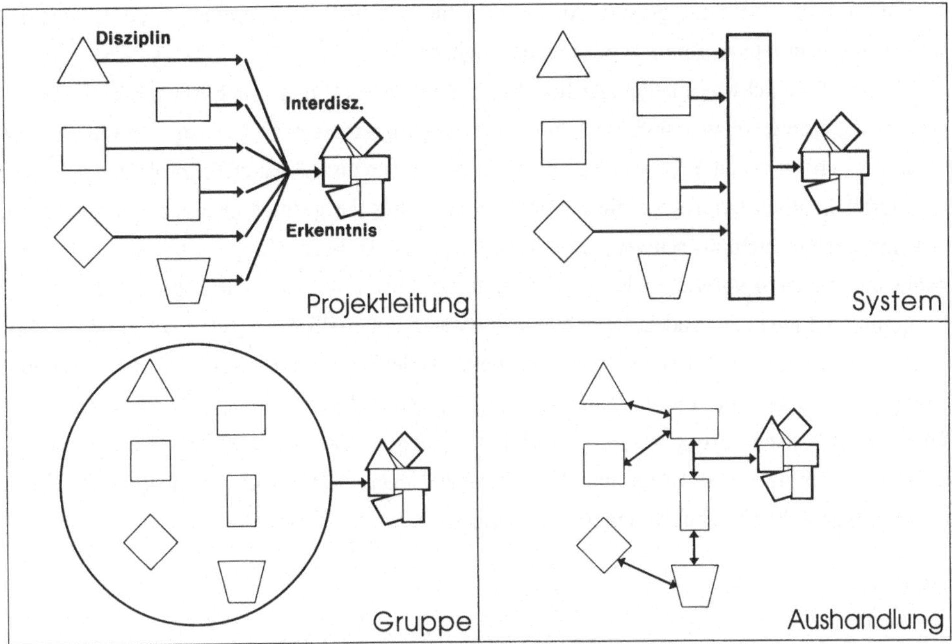

Abbildung 1. Vernetzung der Disziplinen. Disziplinäre Erkenntnisse wachsen zu interdisziplinären Erkenntnissen zusammen nach den Verfahren: Projektleitung, System, Gruppe oder Aushandlung (Quelle: Krott, 1994; Rossini und Porter, 1978).

In der Praxis kommen zwar die einzelnen Teilprojekte rasch in Gang. Sie erzielen jedoch Ergebnisse sehr unterschiedlicher Qualität, die nur zum Teil zum vorgesehenen Zeitpunkt vorliegen. Da die Projektleitung für ihren integralen Gesamtbericht zumindest den grössten Teil der fertigen Teilergebnisse benötigt, kann sie erst in der Endphase des Forschungsprogrammes mit ihrer Integrationsarbeit beginnen. Die dort verbleibende Zeit reicht für tiefergehende Analysen meist nicht aus. Die angestrebten integralen Schlussberichte erreichen daher vielfach nicht mehr, als die Aneinanderreihung der disziplinären Einzelberichte. Auch teilweise hervorragende disziplinäre Ergebnisse ändern nichts an dem insgesamt nur sehr bescheidenen Ausmass an verwirklichter Interdisziplinarität.

Nur in Ausnahmefällen gelingt der Projektleitung die interdisziplinäre Zusammenfassung der Einzelergebnisse. Wichtige Erfolgsfaktoren sind ein genialer Projektleiter mit tiefem Problemverständnis, enormen analytischen Fähigkeiten, ausgezeichneten Kontakten zu allen Fachbereichsforschern und ausreichend Zeit (Rossini und Porter, 1978). Selbst ein solcher, nur selten verfügbarer Projektleiter ist bestenfalls einfachen Problemstellungen gewachsen. Umfassendere

Umweltprobleme mit einer grossen Anzahl verschiedener Faktoren vermag ein einzelner Forscher nicht mehr interdisziplinär "zusammenzudenken".

Obwohl diese Schwierigkeiten der Integration durch einen Projektleiter vielen Forschern aus eigener Erfahrung bekannt sind, streben Forschungsprogramme nach wie vor einen integralen Gesamtbericht an, den die Projektleitung aufbauend auf den disziplinären Teilprojekten erstellen soll. Offensichtlich empfinden die Fachbereichsforscher die geringe Qualität des integralen Gesamtberichtes nicht als schwerwiegenden Mangel. Diese Beurteilung lässt sich mit der eingangs aufgezeigten vorwiegenden Orientierung der Disziplinen an sich selbst erklären. Das Programm hat ihnen zumindest Forschungsaktivitäten innerhalb der eigenen Disziplin ermöglicht und Ressourcen dafür erschlossen. Für diesen Teilerfolg wird der weitgehend gescheiterte integrale Gesamtbericht in Kauf genommen. Bei Auslaufen des Programmes ist die Versuchung für die Fachbereiche gross, wieder mit einem ähnlichen "interdisziplinären" Programm die Ressourcen für die eigene disziplinäre Forschung zu sichern, auch wenn das integrale Ergebnis vorhersehbar nicht besser ausfallen wird als bisher.

Systemvernetzung als Hauptprojekt

Die Systemanalyse verspricht, über disziplinäre Fachbereichsgrenzen hinweg Umweltprobleme zu erforschen. Sie liefert einen formalen Rahmen, der unterschiedliche Elemente und die Beziehung zwischen diesen abbildet. Darüberhinaus zeigt sie das Verhalten des Gesamtsystems auf. Kernhypothesen der Systemtheorie, etwa der Regelkreis, haben in viele Fachdisziplinen, insbesondere die Ökologie, Eingang gefunden (Grossmann, 1988). Da die Systemtheorie eine einheitliche Begrifflichkeit aufweist, ist sie besonders geeignet, die Verständigung zwischen den Fachbereichen zu fördern. In ihrer modernen EDV-gestützten Form kann die Systemanalyse auch und gerade der Vernetzung komplexer Problemstrukturen und grosser Mengen an empirischen Beobachtungen dienen. Systemanalysen wurden bisher auf vielfältige Forschungsbereiche sehr unterschiedlichen Umfanges angewandt. Neben der Naturwissenschaft haben auch die Sozial- und Wirtschaftswissenschaften den Systemansatz umfassend eingesetzt. Das Potential der Systemanalyse kann hier nicht einmal angedeutet werden, und sie ist nach wie vor in Entwicklung begriffen. Diesseits dieser noch nicht abgeschlossenen Diskussion über die Theoriequalitäten von Systemansätzen, führen Systemanalysen zu vorhersehbaren Konflikten im Forschungsprozess, die geeigneter Gegenstrategien bedürfen.

Die Systemanalyse strukturiert die Probleme und versucht die für das Systemverhalten wesentlichen Faktoren von den unwesentlichen zu unterscheiden. Die Vereinfachung durch die

Systemmodelle beruht wesentlich auf der Konzentration auf die für das Gesamtverhalten entscheidenden Faktoren. Diese Strategie der Erkenntnisgewinnung ruft im Forschungsprozess schwerste Konflikte hervor. All jene Fachbereiche, deren Kompetenz sich auf die unbedeutenden und auszuscheidenden Faktoren bezieht, erkennen im Systemansatz eine schwerwiegende Bedrohung, denn sie würden im Forschungsvorhaben leer ausgehen. Sollten die beteiligten Forscher den Konsens aus informalen Gründen, etwa um des internen Zusammenhalts einer Fakultät willen, einhalten wollen, so müssen sie dafür die analytische Kraft des Systemansatzes opfern, die wichtigen Faktoren zu erkennen. Diesen Konflikt kann der Systemansatz nur überwinden, wenn er mit den ausgewählten, für ihn wichtigen Fachbereichen ein Bündnis gegen die anderen sucht. Mit dem Konsens aller Disziplinen darf der Systemansatz nicht rechnen. Das informale Bündnis gelingt dem Systemansatz umso leichter, je mehr er zu den Hauptbereichen des Forschungsvorhabens zählt.

Für die Modellierung und den Test bedarf der Systemansatz grosser Mengen an empirischer Daten. Diese Daten können nur die Fachbereiche liefern. In der Praxis weisen die Variablen und Messreihen der Disziplinen allerdings nicht ausreichende Eignung für die speziellen Anforderungen des Systems auf. Bereits wenige Datenlücken gefährden die Gültigkeit des Tests des gesamten Modells. Die Deckung des Zusatzbedarfes an gemessenen Daten benötigt wiederum der Hilfe durch die Fachbereiche. Diese liefern die gewünschten Daten jedoch nur bei eigens finanzierten einschlägigen Teilprojekten. Über die dafür erforderlichen zusätzlichen Ressourcen muss der Systemansatz frei verfügen können, um den Datenengpass zu überwinden. Der grosse Ressourcenbedarf lässt kaum eine andere Wahl, als den Systemansatz zum Hauptbereich des Forschungsvorhabens zu machen. Die Hoffnung, ein zusätzlich vorgesehener Systemansatz könne eigenständig laufende disziplinäre Projekte nebenher vernetzen, muss scheitern.

Die Systemmodellierung ist auf die theoretischen Einsichten einzelner Fachbereiche angewiesen. Nur diese können die Beziehungen zwischen den Systemelementen beschreiben. Die Integration der Beiträge aus den Fachbereichen in das Modell erfordert intensive und zeitaufwendige Zusammenarbeit, die zu den Erkenntnissen der Disziplinen nur wenig beiträgt. Daher muss der Systemansatz den Fachbereichen für diesen grossen Einsatz entsprechend starke Anreize bieten. Auch das wird ihm nur als Hauptbereich des Forschungsvorhabens gelingen.

Die Hierarchie der Erkenntnisse bedingt einen weiteren schwerwiegenden Konflikt, der nicht mehr mit Ressourcen, selbst von grossem Umfang, regelbar ist. Ein gelungenes Ergebnis der Systemanalyse trägt stets mehr zur Aufklärung des Umweltproblems bei als die Teileinsichten der einzelnen Disziplinen. Den Fachbereichen droht, ihre Teilerkenntnisse einzubringen und dennoch die entscheidende Gesamteinsicht vom Systemforscher als dessen Leistung hören zu müssen. Solange diese Gefahr nicht ausgeschlossen ist, werden die Fachbereichsforscher nicht zur notwendigen, völlig offenen Zusammenarbeit mit dem Systemforscher bereit sein. Für erfolgreiche Systemanalyse ist das Prinzip unabdingbar, alle Erkenntnisse immer nur als gemeinsames Ergebnis aller beteiligten Forscher zu werten und der Öffentlichkeit zur Verfügung zu stellen.

Gruppenvernetzung für Teilprobleme

Ein weiteres, bewährtes Verfahren zur Vernetzung von Teilprojekten unterschiedlicher Disziplinen ist Gruppenhandeln. Alle beteiligten Forscher bilden die Gruppe. Sie treten in einen intensiven Diskussionsprozess ein, in dem alle Teilnehmer in bezug auf das Forschungsvorhaben einen gemeinsamen Wissensstand erwerben. Im Rahmen des gemeinsamen Gruppenwissens werden die Forschungsfragen und das Ergebnis formuliert. Jeder der Teilnehmer verfügt voll über dieses Gruppenwissen, das die vernetzte Erkenntnis darstellt.

Wie alle Integrationsansätze muss auch die Gruppenvernetzung Strategien finden, um mit den Konflikten mit den Fachbereichen erfolgreich umzugehen. Informal verfolgen die Fachbereiche in erster Linie das Ziel, in ihrem Zuständigkeitsbereich autonom mit möglichst vielen Ressourcen zu forschen. Sie finden daher erst zu einer Gruppe zusammen, wenn ein starker einigender Faktor auftritt. Das Ziel, um der gemeinsamen Erkenntnis willen interdisziplinär zu forschen, übt für sich genommen zu wenig einigende Kraft aus, um die individuellen Interessen der Disziplinen zu überwinden. Dazu bedarf es zusätzlicher Faktoren, die entweder in der Gruppe selbst entstehen oder von aussen auf sie einwirken. Als interner Prozess sammeln sich Gruppen erfolgreich gegen ein gemeinsames "Feindbild". Ein solches könnte etwa ein fremder Erklärungsansatz sein, den die Forscher widerlegen wollen. Extern fördert konsequenter politischer Druck die Gruppenbildung. Dazu müssten die Finanziers ausschliesslich das Gruppenergebnis als auftragsgemässe Leistung der Forscher vereinbaren. Fachbereichsbezogene Einzel- oder Summenberichte fänden dann keine Anerkennung und führten zur Rückforderung der gewährten Forschungsfinanzierung. Erst derart harte Sanktionen vermögen die informal auseinanderstrebenden Disziplinen zu gemeinsamem Handeln zu bewegen.

Auch das best organisierte Gruppenhandeln bewältigt im Vergleich zum Systemansatz nur Aufgabenstellungen von geringer Komplexität und von geringerem Umfang. Da alle beteiligten Forscher alle Argumente der Gruppendiskussion verstehen müssen, können theoretisch komplexe Hypothesen und sehr spezifische methodische Ansätze nur sehr bedingt in das gemeinsame Gruppenwissen Eingang finden. Einfachere Hypothesen entwickelt die Gruppe dagegen in einem interdisziplinären Erkenntnisprozess innovativ weiter. Die Auswahl von nicht zu komplexen Problemstellungen ist daher eine weitere Erfolgsbedingung für Gruppenvernetzung.

Der Gruppenprozess stellt hohe Anforderungen an den Informationsaustausch. Alle Argumente müssen alle Teilnehmer so lange und so intensiv erreichen, bis ein gemeinsames Wissen entsteht. Solcher Informationsaustausch ist nur bei kleiner Teilnehmeranzahl von etwa einem Dutzend Forschern möglich, die sich häufig für lange Diskussionen in der Gruppe treffen. Die dafür notwendigen Arbeitszeiten sind im Forschungsvorhaben voll einzuplanen. Die Gruppentreffen können nicht zusätzlich neben der Hauptarbeit am Projekt geleistet werden, sondern sie zählen zu eben dieser Hauptarbeit.

Die beschränkte Grösse für arbeitsfähige Gruppen begrenzt den Umfang der Problemstellungen und die Anzahl der integrierbaren Disziplinen. Das Vernetzungsverfahren allein reicht daher nicht für die Integration von Grossvorhaben aus. Für die Integration von geeigneten Teilfragestellungen innerhalb der Grossprojekte ist die Gruppenvernetzung jedoch insbesondere wegen ihrer innovationsfördernden Fähigkeiten ein vielversprechendes Instrument.

Aushandlungsvernetzung von Grossvorhaben

Die Aushandlung sucht direkte Brücken zwischen den einzelnen Disziplinen. Sie verknüpft einen Fachbereich mit einem oder mehreren anderen und stellt Verbindungen zwischen aneinander angrenzenden Fachbereichen her. Indirekt schaffen die Einzelkontakte zwischen den beteiligten Disziplinen eine das gesamte Vorhaben durchdringende Vernetzung. Im Vergleich zum Gruppen- und Systemansatz bearbeitet die Aushandlung die Vernetzungsaufgabe nicht zentral, sondern in vielen dezentralen Einzelschritten. Die zu bewältigenden Teilschritte sind daher sowohl theoretisch weniger komplex als auch organisatorisch einfacher, da sich jeweils nur wenige Forscher, mindestens zwei, für die Vernetzungsarbeit unmittelbar und intensiv treffen müssen (Rossini und Porter, 1978).

Auch die Aushandlung muss die informale Neigung der Fachbereiche zur eigenständigen und unabhängigen Forschungsarbeit überwinden. Sie hat dabei den Vorteil, gerade auf die gegenseitige Abgrenzung der Disziplinen aufzubauen. Denn erst wenn zwei Disziplinen gegeneinander eine klare Grenze ihrer Fachkompetenz ziehen, kann die Suche beginnen, wie diese Grenzen miteinander zu verbinden sind. Beispielsweise kennen Meteorologen die Entwicklung der Klimafaktoren, Pflanzenphysiologen jedoch die biologischen Wachstumsgesetze. Die Verknüpfung beider Fachbereiche kann zu innovativen Erkenntnissen über das klimaabhängige

Wachstum der Pflanzen führen. Die vernetzte Erkenntnis kommt gerade dadurch zustande, dass die Disziplinen ihre Grenzen gegenseitig anerkennen und einhalten.

Störend bei der Aushandlung wirkt die Neigung von Fachgebieten, in ihren Randbereichen grosszügige Annahmen zu treffen, etwa wenn Pflanzenphysiologen über Klimafaktoren eigene Behauptungen aufstellen, die ihre pflanzenphysiologischen Hypothesen scheinbar beweisen, nicht aber dem Stand der Meteorologie entsprechen. Auch die, in angewandten Fächern häufige, Konzeption eines einzelnen Fachgebietes als "interdisziplinär" behindert den Aushandlungsprozess. Denn der interdisziplinäre Forscher grenzt sich bewusst nicht ab und ist mit seiner Fachkompetenz überall. Man kann ihn daher auch nicht an der Grenze seiner Kompetenz treffen, um dort arbeitsteilig die interdisziplinären Probleme zu analysieren.

Der aufgrund seiner Dezentralität an sich organisatorisch einfachere Aushandlungsprozess stellt jedoch eine spezielle Anforderung an die Forschungsorganisation. Der für die Aushandlung notwendige Aussenkontakt muss von dem über die Einzelheiten des jeweiligen disziplinären Projektes am besten informierten Forscher in voller Kompetenz wahrgenommen werden. Der Projektleiter, der üblicherweise Aussenkontakte abwickelt, ist in der Regel zu wenig in die Forschungsdetails eingebunden, um alle inhaltlichen Möglichkeiten in der Aushandlung auszuschöpfen. Entgegen der Hierarchie muss der Projektleiter dem Mitarbeiter für die Aussenkontakte im Rahmen der Aushandlung volle Handlungsfreiheit gewähren.

Die Aushandlung erfordert wie alle Vernetzungsverfahren grossen Aufwand von den beteiligten Disziplinen. Die jeweiligen disziplinären Projekte sollten daher die dafür notwendigen Ressourcen insbesondere an Arbeitszeit explizit vorsehen. Ein allgemeines Bekenntnis zur interdisziplinären Verknüpfung ersetzt solche detaillierten Vorgaben nicht. Denn in der Forschungspraxis, wo die Arbeitszeit knapp ist, unterbleibt ohne bindende Vorgabe der Einsatz für die interdisziplinäre Aushandlung.

Über die Aushandlung lassen sich auch sehr umfangreiche Forschungsvorhaben schrittweise vernetzen. Die erreichbare Komplexität der Integration liegt weit über der von Gruppen jedoch unter der des Systemansatzes.

Genau wie beim Systemansatz besteht auch bei der Aushandlung die grosse Gefahr, dass einzelne Forscher die gemeinsam erarbeitete interdisziplinäre Erkenntnis als ihre persönliche Einzelleistung publizieren. Dieser Vertrauensbruch würde die, für zielführende Aushandlung unabdingbare, volle Offenheit des gegenseitigen Austausches an Erkenntnis sofort zerstören. Die strikte Einhaltung des Prinzips der gemeinschaftlichen Zurechnung von gemeinsam gefundenen Erkenntnissen etwa in Form von Gemeinschaftspublikationen ist daher auch für die Aushandlung eine ihrer Grundvoraussetzungen.

Disziplinäre Einbindung der Interdisziplinarität

Wissenschaftliche Konzepte für interdisziplinäre Forschung orientieren sich vorwiegend an dem damit erzielbaren Erkenntnisfortschritt in Umweltproblemen. Sie blenden dabei aus, dass in der Forschungspraxis die Erkenntnisse und deren Erarbeitung von Disziplinen vereinnahmt sind. Und selbst wenn sich die Disziplinen für die Einsicht in neue Erkenntnisse teilweise öffnen, bleiben sie dennoch auf ihre Ressourcen an Personen, Sachmittel, Bündnispartnern und gesellschaftliche Geltung bedacht. Eine interdisziplinäre Forschung, die sich innerhalb der Disziplinen in der Forschungspraxis entfalten möchte, ist gezwungen, nach pragmatischen Strategien zu suchen, die das informal dominierende Eigeninteresse der Fachdisziplinen richtig einschätzt und nutzt, um die eigene Sache voranzubringen.

Die diskutierten Strategien zeigen, wie rasch Fehleinschätzungen zum Missbrauch des interdisziplinären Anliegens für die informalen Ziele der Disziplinen führen. Die ebenfalls analysierten Strategien der System-, Gruppen- und Aushandlungsvernetzung eröffnen jedoch vorausschauender Forschungspolitik erhebliche Handlungsspielräume, um dem Ziel der Interdisziplinarität auch in der Forschungspraxis näher zu kommen.

Literatur

Balsiger, Ph. W. (1991) Begriffsbestimmungen "Ökologie" und "Interdisziplinarität". Bericht zuhanden der Kommission Ökologie/Umweltwissenschaften der Schweizerischen Hochschulkonferenz (SHK). Bern; *Typoskript.*

Downs, A. (1967) Inside Bureaucracy. Little Brown and Company, Boston.

Grossmann, W. D. (1988) REGIO: Ein Modellbausatz zur Bewertung ökonomisch-ökologischer Probleme im Rahmen eines hierarchischen Systemkonzeptes. Umweltbundesamt, Berlin.

Krott, M. (1994) Management vernetzter Umweltforschung. Wissenschaftspolitisches Lehrstück Waldsterben. Böhlau Verlag, Wien, Köln, Graz.

Rossini, F. A. and Porter, L. A. (1978) The Management of Interdisciplinary, Policy-Related Research *In*: Management handbook of public administration, Sutherland, J. W. and Legasto, A. (Hrsg.), Van Nostrand Reinhold Company, New York.

Shinn, T. (1982) Scientific Disciplines and Organizational Specifity: The Social and Cognitive Configuration of Laboratory Activities *In*: Scientific Establishments and Hierarchies, Year Book Sociology VI, Elias, N., Martins, H. and Whitley, R. (Hrsg.), D. Reidel Publications, Dordrecht, Boston, London.

Wissenschaftsrat (1994) Stellungnahme zur Umweltforschung in Deutschland. Wissenschaftsrat, Köln.

Ökologie und Interdisziplinarität – eine Beziehung mit Zukunft?
Wissenschaftsforschung zur Verbesserung der fachübergreifenden Zusammenarbeit
Ph. W. Balsiger/R. Defila/A. Di Giulio (Hrsg.)

Kriterien und Indikatoren interdisziplinären Arbeitens

Heinrich Parthey

Entscheidendes Merkmal interdisziplinärer Forschungssituationen ist nach unserer Auffassung nicht die Zusammensetzung der Gruppe nach Ausbildung und Kompetenz in verschiedenen Disziplinen, sondern das bei einzelnen Wissenschaftlern disziplinär fehlende Wissen zur Problembearbeitung und die daraus resultierende Suche nach Methodentransfer aus anderen Spezialgebieten und die danach gestaltete Koautorschaft.

Der von uns in den Untersuchungen benutzte Indikator für den Grad der Interdisziplinarität bringt zum Ausdruck, inwieweit die zur Bearbeitung eines Problems verwendeten Methoden in einem Wissensbereich begründet sind, der verschieden von dem Wissen ist, in dem das Problem formuliert wurde. Es ist anzunehmen, dass interdisziplinäre Arbeit einzelner Wissenschaftler durch die Zusammensetzung der Gruppe aus Vertretern verschiedener Disziplinen gefördert wird. Die Arbeit mit Methoden aus anderen Gebieten erzeugt sowohl Kooperationsbedürfnis als auch Kooperationsfähigkeit, und die Kooperation entwickelt Fähigkeiten und Interesse zur interdisziplinären Arbeit.

Disziplinierung der Interdisziplinarität

Die wissenschaftliche Beherrschbarkeit der Interdisziplinarität von Problem und Methode kann als wissenschaftliche Disziplinierung verstanden werden, die darin besteht, dass das Schöpfertum von Forschern den Kriterien der Wissenschaftlichkeit genügen muss, wenn es als wissenschaftlicher Erkenntnisfortschritt gelten soll. In diesem Sinne können sich disziplinäre und interdisziplinäre Forschung nicht unterscheiden. Es geht in jedem Fall darum, neue Gesetzeserkenntnisse zu gewinnen oder (und) Anwendungen bereits gewonnener Theorien zu ermöglichen. Nun folgen die durch die gesellschaftliche Entwicklung aufgeworfenen Probleme nicht einfach den Gegenständen, Methoden und Problemen der historisch bedingten Fachdisziplinen. In diesem Sinne gilt die von Max Planck bereits in den 30er Jahren geäusserte Auffassung über die Wissenschaft: "Ihre Trennung nach verschiedenen Fächern ist ja nicht in der Natur der Sache begründet, sondern entspringt nur der Begrenztheit des menschlichen Fassungsvermögens, welche zwangsläufig zu einer Arbeitsteilung führt" (Planck, 1944: 243). Zunehmende Arbeitsteilung und Kooperation führten in der Wissenschaft des 20. Jahrhunderts zu wachsender Koautorschaft in der wissenschaftlichen Publikation. Dabei geht es weniger um ein Angebot zum wissenschaftlichen Meinungsstreit, sondern vor allem um eine durch Vertreter einer oder verschiedener Fachdisziplinen abgefasste Darstellung von Problem und Methode erfolgreicher Forschung, die unabhängig von Ort und Zeit der Veröffentlichung eine Reproduzierbarkeit gestattet, wodurch die Objektivierung des Neuen in der Wissenschaft gesichert wird.

Nach Untersuchungen von Donald deB Beaver und R. Rosen (1979: 238; s. Abbildung 1) wurden von 1650 bis 1800 beispielsweise nicht mehr als etwa zwei Prozent der wissenschaftlichen Arbeiten in Koautorschaft veröffentlicht. Interessant ist der Befund, dass danach die Koautorschaft in der Wissenschaft Frankreichs in gewissem Masse zunimmt, was möglicherweise auf eine bessere Auslastung der - aufgrund der finanziellen Unterstützung durch den französischen Staat und Sponsoren - zunehmend grösseren Laboratorien durch Arbeitsteilung und Kooperation zurückzuführen ist. Demgegenüber gab es zur selben Zeit sowohl in England als auch in Deutschland kaum eine Zunahme der Koautorschaft. Erst als die Wissenschaft in diesen beiden Ländern ähnliche Unterstützungen seitens des Staates und der Wirtschaft erhielt, konnte bis Ende des 19. Jahrhunderts ein Anstieg der Koautorschaften in diesen Ländern festgestellt werden. So mehrten sich mit dem Entstehen forschungsabhängiger Industrien, wie der chemischen Industrie und der Elektroindustrie im letzten Drittel des 19. Jahrhunderts, die Gründungen von wissenschaftlichen Einrichtungen auch ausserhalb der Universitäten, zum Beispiel grosse chemische Forschungslaboratorien, die die chemische Industrie aufbaute, und staatliche Laboratorien für die physikalische Forschung, die zur Verbesserung der wissenschaftlichen Grundlagen der Präzisionsmessung und Materialprüfung beitragen sollten. Ein Beispiel für letzteres ist die

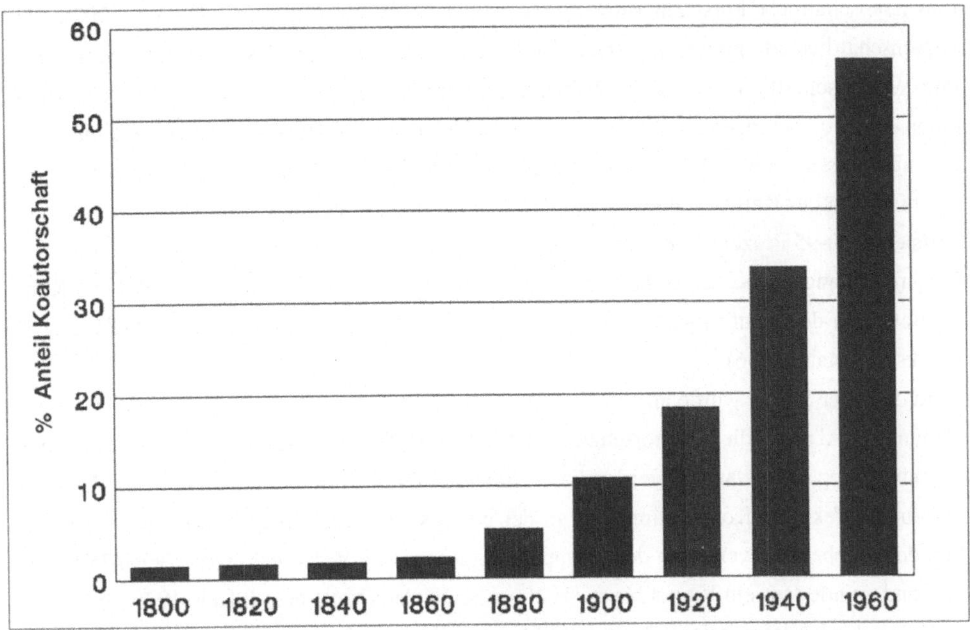

Abbildung 1. Zunahme der Koautorschaft nach deB Beaver und Rosen (1979: 238)

1887 in Berlin gegründete Physikalisch-Technische Reichsanstalt, die Bestrebungen zur Gründung einer analogen Chemisch-Technischen Reichsanstalt in Deutschland auslöste. Getragen von den Entwicklungsbedürfnissen der Wissenschaft selbst als auch von denen der Wirtschaft und des Staates, erfolgte in Berlin nicht nur die Gründung eines weiteren, sondern gleich mehrerer lehrunabhängiger Forschungsinstitute im Rahmen der mehr als drei Jahrzehnte (1911-1945) existierenden Kaiser-Wilhelm-Gesellschaft zur Förderung der Wissenschaften. Drei Gründe sind es vor allem, die zur Einrichtung von (neben dem Staat auch von der Wirtschaft finanzierten) lehrunabhängigen Forschungsinstituten angegeben werden: Erstens die steigenden Kosten der Forschungstechnik. Zweitens die wachsenden Lehrverpflichtungen für Hochschullehrer, die ein Arbeiten in der von W. v. Humboldt angestrebten Einheit von Lehre und Forschung erschweren. Und drittens schliesslich die Möglichkeiten, um vieles mehr an interdisziplinären Forschungssituationen zu schaffen und zu bearbeiten, und zwar ungehindert durch die zwangsläufig disziplinären Lehrprofile an den Universitäten. So wurde in der Gründungsgeschichte der Kaiser-Wilhelm-Gesellschaft auf die Fruchtbarkeit einer Zusammenarbeit von Forschern verschiedener Richtungen hingewiesen. Dabei wird die Vorstellung, dass Wissenschaftler in erhöhtem Masse interdisziplinär arbeiten sollten, insbesondere in den Begründungen für biowissenschaftliche Forschungseinrichtungen ohne Lehrbetrieb entwickelt (Jaekel, 1907), was wissenschaftlich ertragreich eingetreten ist. Eigene Untersuchungen des Publikationsverhaltens von Wissenschaftlern der Kaiser-Wilhelm-Gesellschaft (Parthey, 1995: 16-19) weisen auf einen etwa 50-70-prozentigen Anteil der Koautorschaft in den Jahren 1925 bis 1939 hin. Von den naturwissenschaftlichen und medizinischen Arbeiten der Max-Planck-Gesellschaft (als Nachfolgerin der Kaiser-Wilhelm-Gesellschaft) werden in den 80er Jahren des 20. Jahrhunderts etwa 80-95 Prozent in Koautorschaft veröffentlicht, was auch Untersuchungen über den Zusammenhang von Koautorschaft mit Anwendungsorientierung, Interdisziplinarität und Konzentration in der Institutionalisierung der Wissensproduktion in England nach 1981 zeigen (Hicks und Katz, 1996).

In den 70er Jahren wurde angenommen, dass der spezifische Umfang der Kooperationsbeziehungen und damit die Koautorschaft als Surrogatmass für die Produktivität interdisziplinärer Forschergruppen verstanden werden kann (Steck, 1979: 95). In diesem Sinne wies R. Steck auf einen effektiven Kooperationsgrad in der interdisziplinären Arbeit von Forschergruppen hin, der gegeben ist, wenn von den Gruppenmitgliedern, die Vertreter verschiedener Disziplinen sind, mindestens ein Viertel bis zur Hälfte miteinander kooperieren (Steck, 1979: 98).

Bevor damit aufgeworfene Fragen der Messung der Interdisziplinarität mittels Indikatoren erörtert werden, sollen jedoch die ihnen zugrundeliegenden Kriterien interdisziplinären Arbeitens in mehr qualitativer Art dargestellt werden.

So hängt die Chance, durch eine interdisziplinäre Forschung zur Lösung komplexer gesellschaftlicher Probleme beitragen zu können, vor allem davon ab, inwieweit ein und derselbe Bereich der Wirklichkeit sowohl Objekt der interdisziplinären Forschung als auch Gegenstand der gesellschaftlichen Praxis ist.

Diese erste Forderung im Sinne einer Disziplinierung der Interdisziplinarität bezieht sich auf die Formierung des Gegenstandes der interdisziplinären Forschung. Unter den Autoren in der Literatur über Interdisziplinarität gibt es wenigstens weitgehend Übereinstimmung darüber, dass "die Forderung nach Interdisziplinarität die Existenz eines mindestens zwei Disziplinen gemeinsamen Objektes voraussetzt" (Plath, 1978: 211).

In einer zweiten Forderung wird "eine Methode verlangt, die sich verschiedener, aber bestimmter Methoden in ihrer Kombination bedient" (Plath, 1978: 211). In dieser Hinsicht wurde noch zu Beginn der 70er Jahre unseres Jahrhunderts eine Diskussion von Vertretern verschiedener Wissenschaftsdisziplinen über interdisziplinäre Arbeit wie folgt zusammengefasst: "'Interdisziplinäre Arbeit ist Arbeit an Problemen, die zwischen den klassischen Disziplinen stehen.' Diese (von U. Hochstrasser in der Diskussion vorgeschlagene) Definition zeigt, worüber allgemeine Einigkeit zwischen den Autoren dieses Bandes besteht: dass man interdisziplinäre von disziplinärer wissenschaftlicher Arbeit bloss im Hinblick auf den 'Gegenstand', nicht aber im Hinblick auf ihre Methode abheben kann. Es gibt (noch ?) keine spezifisch interdisziplinären Methoden" (Holzhey, 1974: 109).

Die Situation in der Forschung bezüglich der Forderung nach spezifisch interdisziplinären Methoden ist offensichtlich nach wie vor umstritten. Wir finden interessanterweise bei den angeführten Autoren zwei Meinungen darüber, wie man interdisziplinäre Arbeit von disziplinärer Arbeit abheben kann: Entweder unterscheiden sich interdisziplinäre und disziplinäre Forschung nur in Hinblick auf das Problem oder auch (oder nur ?) in Hinblick auf ihre Methoden. Von besonderem Interesse für das Verständnis der Interdisziplinarität in der Forschung ist unserer Meinung nach der Zusammenhang zwischen beiden Forderungen, der sich in Form einer disziplinenübergreifenden Konstellation von Problem und Methode als Korrelat der Interdisziplinarität in der Forschung anbietet (Parthey, 1983a), und zwar in dem Masse, wie zur Problembearbeitung Methoden verwendet werden, die in einem Wissensbereich begründet sind, der verschieden von dem Wissen ist, in dem das zu bearbeitende Problem formuliert ist. Dieser Zusammenhang wird in der Vermutung hergestellt, dass das in den einzelnen Wissenschaftsdisziplinen gewonnene methodische Vorgehen die Entwicklung bisher neuer Forschungsprobleme anderer Disziplinen und ihre mögliche Bearbeitung unterstützen kann.

Eine dritte Forderung im Sinne einer Disziplinierung der Interdisziplinarität bezieht sich auf eine sorgfältige Analyse der Problemsituation und der die Disziplinen übergreifenden Problemformulierung. So unterscheiden sich Disziplinen durch ihre besondere Art und Weise, nach weiteren Erkenntnissen zu fragen, Probleme zu stellen und spezifische Methoden zu bevorzugen, die auf Grund disziplinärer Forschungssituationen als bewährt angesehen werden. Bedarf nun die Problemformulierung eines Bezuges auf Theorien verschiedener Wissenschaftsdisziplinen, dann kann das Problemfeld nur in einem Kommunikationsbereich formuliert werden, der von Vertretern verschiedener Wissenschaftsdisziplinen in einem längeren Arbeitsprozess gemeinsam normiert worden ist. In diesem Prozess können verschiedene Theorien als gemeinsame Bezugsmöglichkeit eine Bedeutung erlangen. Wie die Literatur zeigt, wird der Eigenart interdisziplinärer Kommunikation in zunehmendem Masse anhand von Erfahrungen mit Versuchen der interdisziplinären Zusammenarbeit nachgegangen. "Zum einen erbrachte das blosse kumulative Addieren vereinzelter Fachperspektiven nicht die gewünschte qualitative Änderung", stellt W. CH. Zimmerli (1988: 5) für die interdisziplinäre Forschung fest. "Und zum anderen erwies es sich bald, dass, wer auf Interdisziplinarität setzte, in seiner eigenen Disziplin kaum mehr mithalten konnte. Kurz: die Interdisziplinarität verkam zur Disziplinlosigkeit" (Zimmerli, 1988: 5). Mögliche Gründe für Schwierigkeiten bei der Einhaltung von Kriterien der wissenschaftlichen Disziplinierung der Interdisziplinarität werden unter anderem in der Mitte der 80er Jahre veröffentlichten Sammlung von Erfahrungen aus der Arbeit des Zentrums für interdisziplinäre Forschung der Universität Bielefeld genannt. Danach setzt Interdisziplinarität auf der einen Seite "einschlägiges disziplinäres Wissen voraus, das jedoch typischerweise nicht problemlos mit demjenigen anderer Disziplinen vermittelt werden kann" (Kaufmann, 1987: 70). Andererseits wird hervorgehoben: Interdisziplinäre Forschung ist die wissenschaftliche Arbeit an "Problemen, deren Disziplin wir noch nicht gefunden haben" (Krüger, 1987: 119). Analysen des Kommunikationsverhaltens in Universitäten Anfang der 70er Jahre (Kant und Scholz, 1973) weisen im Sinne der dritten Forderung einer Disziplinierung der Interdisziplinarität hinsichtlich der disziplinenübergreifenden Problemformulierung darauf hin, dass interdisziplinäre Forschungen danach nur im Sinne von interdisziplinärer Kommunikation verstanden werden, nicht in dem Sinne, dass "interdisziplinäre Probleme" gelöst werden. Ein lösbar formuliertes Problem, als System von Aussagen und Aufforderungen verstanden, darf nur einheitlich normierte Termini enthalten, müsste also das Problem einer Disziplin sein. Unseren Untersuchungen ausseruniversitärer Forschung (Parthey und Schreiber, 1983) folgend, muss nicht jedes Problem in einem Problemfeld einer bereits vorhandenen Disziplin zugeordnet sein. Interdisziplinär arbeitende Wissenschaftler sollten aber höchste disziplinäre Qualifikation aufweisen und sich in ständiger intensiver Kommunikation mit Vertretern verschiedener Wissenschaftsdisziplinen bemühen, kritisch und konstruktiv die Schwächen der bisherigen Normierung in Richtung einer für alle Beteiligten verständlichen Bedeutung der in der Problemformulierung verwendeten Termini aufzuzeigen und zu überwinden.

Interessant sind in diesem Zusammenhang neuerliche Erfahrungen mit interdisziplinären Forschungen. So findet K. Lüdtke (1995: 112) in seinem Fallbeispiel "eine modulare Art und Weise der Theorieentwicklung, derzufolge sich Stücke aus Theorien verschiedener Disziplinen herauslösen lassen, um sie als Bausteine einer neuen Theorie zu verwenden, wobei sich in den neuen Kombinationen deren Bedeutungen wandeln". In analoger Weise besteht interdisziplinäre Arbeit für H. J. Schneider (1988: 15) "in der Aneignung der Handlungsformen einer anderen Disziplin sowie (und dies ist entscheidend) in einer vor- oder transdisziplinären Beurteilung und Bewertung der besonderen Eigenheiten, der Reichweiten und Grenzen der disziplinären Zugriffe". Wird nach Sinn und Unsinn der Interdisziplinarität gefragt, dann kommt es für F. H. Tenbruck (1988: 19) "nicht auf die Wahl interdisziplinärer Themen an, sondern auf die Fähigkeit, selbst die Bedingtheit der eigenen Fachprobleme zu erkennen und ihr, wo nötig, selbst durch eigene Studien in fremden Gebieten Rechnung zu tragen. Nur wer in anderen Fächern aus eigener Kenntnis mitreden kann, kann auch mit ihnen in ein beharrliches und fruchtbares Gespräch treten".

Damit werden einige Besonderheiten der wissenschaftlichen Beherrschbarkeit interdisziplinärer Forschungssituationen angesprochen.

Beherrschbarkeit interdisziplinärer Forschungssituationen

Soweit nur ein und derselbe Bereich des theoretischen Wissens als Bezug bei der Formulierung und methodischen Bearbeitung von Forschungsproblemen dient, ist die Forschungssituation disziplinär. Sie ist überschaubarer und beherrschbarer als in all den Fällen, in denen versucht wird, die Problemformulierung und Methodenbegründung auf verschiedene disziplinäre Bereiche des theoretischen Wissens zu beziehen. Alle diese Fälle können als interdisziplinäre Forschungssituationen bezeichnet werden und ergeben sich aus der Kombination der disziplinenübergreifenden Problemfelder einerseits und der Interdisziplinarität von Problem und Methode andererseits. Dabei kann das disziplinenübergreifende Feld von Forschungsproblemen erstens multidisziplinär zusammengesetzt sein, wenn alle in ihm enthaltenen Forschungsprobleme disziplinär formuliert sind. Zweitens gibt es in den die Disziplinen übergreifenden Problemfeldern darüber hinaus auch Probleme, die jedes für sich genommen nur unter Bezug auf verschiedene Bereiche des theoretischen und methodischen Wissens formuliert und bearbeitet werden können.

Formen interdisziplinärer Forschung ergeben sich nun auf der Grundlage der Kombinationen der disziplinenübergreifenden Problemfelder einerseits und der Interdisziplinarität von Problem und Methode andererseits, in denen der Bezug auf verschiedene Bereiche des theoretischen Wissens unterschiedlich zu kontrollieren ist:

Erstens (mono-)disziplinäre Forschung (d.h. in der Gruppe wurde kein die Disziplinen übergreifendes Problem formuliert und keine Interdisziplinarität von Problem und Methode entwickelt).

Zweitens multidisziplinäre Forschung (d.h. in der Gruppe kommen zwar die Disziplinen übergreifende Probleme vor, aber keine Interdisziplinarität von Problem und Methode).

Drittens interdisziplinäre Bearbeitung disziplinärer Probleme (d.h. in der Gruppe wurde kein die Disziplinen übergreifendes Problem formuliert, jedoch kommt Interdisziplinarität von Problem und Methode vor).

Und schliesslich viertens interdisziplinäre Bearbeitung von die Disziplinen übergreifenden Problemfeldern.

Wir haben in einer Untersuchung von Forschergruppen aus vier biowissenschaftlichen Instituten (Parthey, 1990) diese Kombination von Problemformulierung im Disziplinen übergreifenden Bezug einerseits mit der Interdisziplinarität von Problem und Methode anderseits verwendet und dabei die in Tabelle 1 angezeigten Häufigkeiten gefunden.

Tabelle 1. Häufigkeit der Kombination disziplinenübergreifender Problemformulierung mit der Interdisziplinarität von Problem und Methode in der Forschung

Typ	Disziplinen übergreifende Problemformulierung	Interdisziplinarität von Problem und Methode	Anzahl der Gruppen
(A)	= 0	> 0	11
(B)	> 0	> 0	38
(C)	> 0	= 0	1
(D)	= 0	= 0	6

Häufigkeit der Kombinationsfälle von Nichtvorliegen (= 0) und Vorliegen (> 0) der disziplinenübergreifenden Problemformulierung mit dem Nichtvorliegen (= 0) und Vorliegen (> 0) der Interdisziplinarität von Problem und Methode in der Forschung

Relativ unkompliziert lässt sich Multidisziplinarität (Typ (C) in Tabelle 1) beherrschen, komplizierter wird es bei der interdisziplinären Bearbeitung disziplinär formulierter Problemfelder (Typ (A) in Tabelle 1, im folgenden "Interdisziplinär A" genannt), und zunehmend schwieriger ist die interdisziplinäre Bearbeitung von Problemfeldern, die Disziplinen übergreifend formuliert wurden (Typ (B) in Tabelle 1, im folgenden "Interdisziplinär B" genannt).

Im Zusammenhang mit der eingangs genannten und bereits in den 70er Jahren geführten Diskussion darüber, inwieweit ein effektiver Kooperationsgrad in der interdisziplinären Arbeit von Forschergruppen anzustreben ist (mindestens ein Viertel bis zur Hälfte kooperieren miteinander (Steck, 1979: 98)), verteilen sich die von uns untersuchten Gruppen - wie Abbildung 2 zeigt - unterschiedlich nach dem prozentualen Ausmass der Koautorschaft: von den Gruppenmitgliedern kooperieren im Sinne der Koautorschaft mindestens ein Drittel bis zu zwei Drittel miteinander.

Die Verfügbarkeit von wissens- und gerätemässigen Voraussetzungen zur Problembearbeitung setzt auch die Angemessenheit des methodischen Vorgehens, bezogen auf das zu lösende Problemfeld, voraus, sonst kann es zu unzulässigen Verschiebungen in der Problemformulierung kommen. Um Fälle dieser Art bei der Arbeit in interdisziplinären Forschungssituationen zu vermeiden, muss unter den Fragen nach der wissenschaftlichen Beherrschbarkeit vor allem der einen Komponente der Typisierung interdisziplinärer Forschung, der Interdisziplinarität von Problem und Methode, gebührend Aufmerksamkeit gewidmet werden.

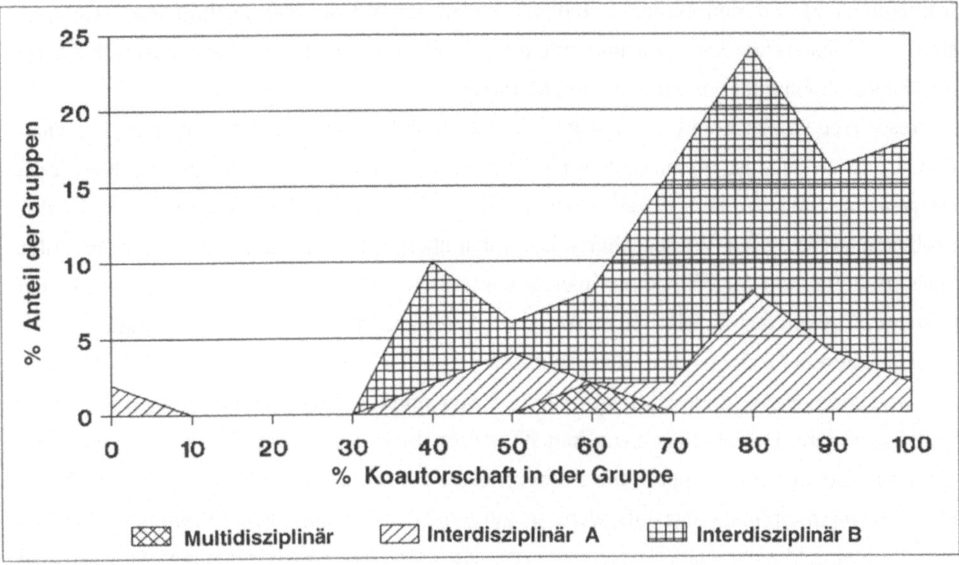

Abbildung 2. Verteilung multi- und interdisziplinär arbeitender Gruppen nach % Ausmass der Koautorschaft in der Gruppe

Ausprägung des Anteils interdisziplinär arbeitender Wissenschaftler in Forschergruppen

Im Unterschied zu anderen Untersuchungen wurde von uns die Frage, ob Forschergruppen mehr disziplinär oder mehr interdisziplinär arbeiten, nicht durch die Zusammensetzung einer Gruppe aus Vertretern verschiedener Wissenschaftsdisziplinen, sondern durch den Anteil interdisziplinär arbeitender Wissenschaftler beantwortet (Parthey, 1983a). Mit dieser Auffassung lässt sich auch die in den 70er Jahren geäusserte Annahme überprüfen, dass der spezifische Umfang der Kooperationsbeziehungen und damit die Koautorschaft als Surrogatmass für die Produktivität interdisziplinärer Forschergruppen verstanden werden kann (Steck, 1979: 95). In dem Masse wie derartige Untersuchungen reproduzierbar sind, könnte nicht nur von Kriterien sondern auch von Indikatoren interdisziplinärer Arbeit gesprochen werden.

In Anlehnung an die weiter oben angesprochenen Formen interdisziplinärer Forschung ergeben sich auf der Grundlage der dabei verwendeten Kombination der disziplinenübergreifenden Problemfelder einerseits und der Interdisziplinarität von Problem und Methode andererseits, in denen der Bezug auf verschiedene Bereiche des theoretischen Wissens unterschiedlich zu kontrollieren ist, zwei darauf gerichtete Indikatoren zur Analyse der interdisziplinären Arbeit, erstens ein Indikator für "Disziplinenübergreifende Problemfelder" und zum anderen ein Indikator für "Interdisziplinarität von Problem und Methode".

Ausgehend von unseren Überlegungen, dass letztlich für Interdisziplinarität in der Forschergruppe entscheidend ist, ob mindestens ein Gruppenmitglied interdisziplinär arbeitet, betrifft der erstgenannte Indikator den prozentualen Anteil von Wissenschaftlern in der Gruppe, die ihre Probleme in bezug auf Wissenschaftsdisziplinen übergreifend formulieren. Treten bei allen Wissenschaftlern in der Gruppe nur in einer Disziplin formulierte Probleme auf, dann wäre der prozentuale Anteil der die Disziplinen übergreifend formulierten Probleme gleich Null.

Unter diesem Gesichtspunkt sind Analysen von Forschungsprogrammen und Problemfeldern von besonderem Interesse (Amir, 1985). Sicher sind Problemfelder dieser Art zur Bildung interdisziplinärer Beziehungen zwischen Wissenschaftlern notwendig. Sie allein reichen aber nicht aus. So werden Gruppen, die Problemfelder genannter Art bearbeiten, mit Recht als überwiegend disziplinär eingestuft, wenn sie aufgrund der Ableitung von Teilproblemen aus einem Problemfeld zwar aus Vertretern verschiedener Disziplinen zusammengesetzt sind, aber diese die Teilprobleme mit den Mitteln der eigenen Disziplin bearbeiten. Im Unterschied zur disziplinären ergibt sich in diesem Fall die interdisziplinäre Tätigkeitsform erst dann, wenn zur Bearbeitung eines Teilproblems Methoden benötigt werden, die nicht im gleichen Wissensgebiet begründet sind wie das Problem selbst. Alle Fälle der Interdisziplinarität, in der ein Problem nur dann bearbeitet und gelöst werden kann, wenn Methoden aus anderen Disziplinen oder Spezialgebieten angewandt werden, können auch von einzelnen Wissenschaftlern erfasst, kontrolliert und bewältigt werden.

Speziell nach diesem wichtigen, von uns zweitgenannten Indikator für interdisziplinäre Forschung wurde in einer umfangreichen empirischen Untersuchung der UNESCO über die Effektivität von Forschungsgrundeinheiten gefragt:

a. "In carrying out your research projects, do you borrow some methods, theories or other specific elements developed in other fields, not normally used in your research. If NO, write '0', and move to Part E of the Questionniare. If YES, write '1' and continue.
b. Using the 'International standard nomenclature for fields of science or technology', write the names of these other fields and their TWO-DIGIT major category codes" (Andrews, 1979: 445).

Die ersten Interpretationen versuchten die Vergleichbarkeit der 1200 untersuchten Gruppen über die Klassifikation nach Disziplinen und ihren institutionellen Organisationsformen zu erreichen. In Auswertungen von Angaben zum Teil b der genannten Frage nach der interdisziplinären Orientierung konnten jedoch keine signifikanten Korrelationen etwa mit der Koautorschaft gefunden werden (Darvas und Haraszathy, 1983).

Wir haben in unseren Analysen (im Sinne des Teils a) folgende Frage nach der Interdisziplinarität von Problem und Methode gestellt: "Die in der Forschungsgruppe zur Bearbeitung Ihres Problems verwendeten Methoden (1) sind in demselben Wissensbereich begründet, in dem Ihr Problem formuliert ist, (2) sind in einem Wissensbereich begründet, der verschieden von dem Wissen ist, in dem Ihr Problem formuliert ist" (Parthey, 1983b: 44). Die Höhe des prozentualen Anteils von Wissenschaftlern, die mit (2) antworteten, bezogen auf die Gruppengrösse, wurde in unseren Untersuchungen als Grad der Ausprägung der Interdisziplinarität von Problem und Methode in Gruppen erfasst.

Mit beiden dargestellten Indikatoren "Disziplinenübergreifende Problemformulierung" und "Interdisziplinarität von Problem und Methode" kann festgestellt werden, ob in der Gruppe Interdisziplinarität praktiziert wird und zwar auch in welcher der genannten Formen.

Neben diesen Indikatoren für Interdisziplinarität sollten bei Analysen der interdisziplinären Arbeit auch noch andere Indikatoren berücksichtigt werden, so der bereits eingangs als Surrogatmass für die Produktivität interdisziplinärer Forschergruppen erörterte Indikator "Koautorschaft in der Gruppe", der sich an bibliometrischen Profilen von Gruppen orientiert, sowie Indikatoren für "Multidisziplinäre Zusammensetzung nach Ausbildung" und "Kompetenzverteilung nach Disziplinen", die sich aus Angaben von Gruppen ergeben.

So gestattet ein auf der Grundlage von Angaben über Diplomabschlüsse der Wissenschaftler gebildeter Quotient[1] zwischen der Anzahl der in einer Diplom-Disziplin ausgebildeten Gruppenmitglieder[2] und der Anzahl aller Mitglieder der Gruppe[3] die Einführung des Shannon Index[4], der die Anzahl der im Analysefeld maximal möglichen Diplom-Disziplinen[5] berücksichtigt.

In analoger Weise ermöglicht ein auf der Grundlage von Angaben derjenigen Spezialgebiete, in denen sich die einzelnen Gruppenmitglieder zur Zeit am kompetentesten fühlen, eingeführter Shannon Index die Entwicklung des Indikators für "Kompetenzverteilung nach Disziplinen". In unseren Untersuchungen wurden diese Angaben anhand der "Proposed International Standard Nomenclature for Fields of Science and Technology" (Unesco, 1973) genannt.

---

1 $p_{kj} = \frac{m_{ik}}{n_j}$

2 m_{ik} als Anzahl der in einer Diplom-Disziplin ausgebildeten Gruppenmitglieder.

3 n_j als Anzahl der Gruppenmitglieder.

4 $V_j = -(\ln N)^{-1} \sum_{1}^{N} k\, p_{kj} * \ln p_{kj}$; $0 < V_j < 1$.

5 N als Anzahl der im Analysefeld maximal möglichen Diplom-Disziplinen. In unserem Fall waren es sechs Disziplinen: Mathematik, Physik, Chemie, Biologie, Agrarwissenschaft, Medizin.

Betrachten wir abschliessend den Zusammenhang zwischen den Indikatoren für die Zusammensetzung nach Ausbildung und Kompetenz einerseits und den für den Anteil interdisziplinär arbeitender Wissenschaftler in Forschergruppen andererseits mit der Koautorschaft (Parthey, 1990: 143).

Unsere Suche nach Zusammenhängen zwischen den genannten Indikatoren beginnt damit, dass Rangreihen der jeweiligen Gruppenwerte mittels Korrelationskoeffizienten analysiert werden.[6]

Eine Interpretation hat das Vorzeichen der Koeffizienten der Rangkorrelation zu beachten: Ein positiver Koeffizient bedeutet gleichläufige Rangreihen und ein negativer gegenläufige.

Tabelle 2. Korrelationsmatrix: Interdisziplinarität und Koautorschaft

	(1)	(2)	(3)	(4)	(5)	(6)
(1)	1.00	.78*	.41*	.34*	.01	.16
(2)		1.00	.29*	.33*	.17	.08
(3)			1.00	.29*	.19	.26
(4)				1.00	.02	.39*
(5)					1.00	.00

Legende der Variablen
(1) Multidisziplinäre Zusammensetzung der Gruppe
(2) Kompetenzverteilung nach Disziplinen
(3) Disziplinenübergreifende Problemformulierung
(4) Interdisziplinarität von Problem und Methode
(5) Publikationsrate pro Wissenschaftler
(6) Koautorschaft in der Gruppe
Mit * gekennzeichnete Koeffizienten sind mindestens mit 5 Prozent Irrtumswahrscheinlichkeit signifikant.

Die positiven und signifikanten Rangkorrelationskoeffizienten zwischen (1) Zusammensetzung und (2) Kompetenzverteilung nach Disziplinen einerseits und dem prozentualen Anteil der nach (3) und/oder (4) in den Gruppen interdisziplinär arbeitender Wissenschaftler andererseits weisen auf gleichläufige Rangreihen der nach den Indikatoren gebildeten Gruppenwerte hin.

Das Ergebnis dieser Analyse kann so gedeutet werden, dass eine multidisziplinäre Ausbildungs- und Kompetenzstruktur der Gruppe günstige Voraussetzungen für interdisziplinäre Ar-

6 Mit di als Differenz des Paares (xi - yi) in zwei Rangreihen x und y sowie n als Anzahl der Platzpaare können die nach Ch. Spearman (1904) gebildeten Koeffizienten verwendet werden:

$$R=1-\frac{6}{n(n^2-1)}\sum_{1}^{n} i\, d_i^2 ; \quad \sum_{1}^{n} i\, d_i = 0$$

beit bietet. Andererseits unterstreicht der Befund, dass nur praktizierte (4) Interdisziplinarität von Problem und Methode mit (6) Koautorschaft signifikant korreliert, und zwar wiederum gleichläufige Rangreihen, d.h. je mehr bzw. je weniger einzelne Wissenschaftler in der Gruppe die Interdisziplinarität von Problem und Methode praktizieren, desto mehr nimmt die Koautorschaft in der Gruppe zu bzw. ab.

Es bleibt zu fragen, welchen der genannten Indikatoren bei der Analyse und welchen der von ihnen erfassten Sachverhalte bei der Gestaltung der interdisziplinären Forschung der Vorzug zu geben ist. Wird die bisweilen bevorzugte multidisziplinäre Zusammensetzung als Indikator in der Analyse betrachtet, dann besteht zwischen ihm und der Koautorschaft kein signifikanter Koeffizient der Rangkorrelation. Anders verhält es sich mit der Förderung und Entwicklung des Anteils der in Interdisziplinarität von Problem und Methode arbeitenden Wissenschaftler in Forschergruppen. Es ist anzunehmen, dass interdisziplinäre Arbeit mit Methoden aus anderen Wissensgebieten als dem, in dem das bearbeitete Problem formuliert ist, das Bedürfnis und die Fähigkeit zur Koautorschaft entwickelt.

Die Korrelationsanalyse unterstreicht die Bedeutung der Interdisziplinarität von Problem und Methode für die Beherrschbarkeit von interdisziplinären Forschungssituationen. Die vorgestellten Kriterien, Formen und Indikatoren interdisziplinärer Arbeit gestatten weitere wissenschaftsorganisatorisch auswertbare Analysen, darunter solche, die nach der adäquaten Form der Leitung je nach Typ interdisziplinärer Arbeit fragen.

Literatur

Amir, S. (1985) On the Degree of Interdisciplinarity of Research Programs: A quantitative Assessment. *Scientometrics, 2*: 117-136.

Andrews, F. M. (Hrsg.) (1979) Scientific Productivity. The Effectiveness of Research Groups in six Countries. Cambridge University Press, Cambridge Mass., London, New York, Melbourne, UNESCO, Paris.

Beaver, deB. and Rosen, R. (1979) Studies in Scientific Collaboration. Part II. Professionalization and the Natural History of Modern Scientific Co-Autorship. *Scientometrics, 3*: 231-245.

Darvas, G. and Haraszathy, A. (1983) The Tendency of Fields of Science to Form Interdisciplinary Relationships *In*: Managing Interdisciplinary Research. Epton, S. R., Payne, R. L. and Pearson, A. W. (Hrsg.), John Willy & Sons, New York.

Hicks, D. M. and Katz, J. S. (1996) Where is science going? Application, interdisciplinarity, collaboration, internationalism, dispersion and concentration in UK research since 1981. *Science, Technology and Human Values*; *im Druck.*

Holzhey, H. (1974) Interdisziplinarität (Nachwort) *In*: interdisziplinär. Interdisziplinäre Arbeit und Wissenschaftstheorie. Ringvorlesung der Eidgenössischen Technischen Hochschule und der Universität Zürich im Wintersemester 1973/74. Teil 1, Holzhey, H. (Hrsg.), Schwabe, Basel, Stuttgart.

Jaekel, O. (1907) Über die Pflege der Wissenschaft im Reich. *Der Morgen, 20*: 617-621.

Kant, H. and Scholz, H. (1973) Wissenschaftstheoretische Untersuchungen zur Entwicklung der Beziehungen zwischen physikalischen und chemischen Disziplinen unter besonderer Berücksichtigung der wissenschaftlichen Kommunikation sowie des Zusammenhanges zwischen gesellschaftlichen Bedürfnissen und wissenschaftlichen Problemen. Dissertation, A. Humboldt-Universität zu Berlin, Berlin.

Kaufmann, F.-X. (1987) Interdisziplinäre Wissenschaftspraxis. Erfahrungen und Kriterien *In*: Interdisziplinarität. Praxis - Herausforderung - Ideologie, Kocka, J. (Hrsg.), Suhrkamp, Frankfurt a. M.

Krüger, L. (1987) Einheit der Welt - Vielheit der Wissenschaft *In*: Interdisziplinarität. Praxis - Herausforderung - Ideologie, Kocka, J. (Hrsg.), Suhrkamp, Frankfurt a. M.

Lüdtke, K. (1995) Interdisziplinarität und Wissensentwicklung. Wie Phänomene in interdisziplinärer Kommunikation wissenschaftlich bedeutsam werden. *Journal for General Philosophy of Science, 26*: 93-117.

Parthey, H. (1983a) Interdisziplinarität und interdisziplinäre Forschergruppen. *Deutsche Zeitschrift für Philosophie, 1*: 31-43.

Parthey, H. (1983b) Forschungssituation interdisziplinärer Arbeit in Forschergruppen *In*: Interdisziplinarität in der Forschung. Analysen und Fallstudien, Parthey, H. and Schreiber, K. (Hrsg.), Akademie-Verlag, Berlin.

Parthey, H. (1990) Relationship of Interdisciplinarity to Cooperative Behavior *In*: International Research Management. Studies in Interdisciplinary Methods from Business, Government, and Academia, Birnbaum-More, Ph. H., Rossini, F. A. and Baldwin, D. R. (Hrsg.), Oxford University Press, New York, Oxford.

Parthey, H. (1995) Bibliometrische Profile von Instituten der Kaiser-Wilhelm-Gesellschaft zur Förderung der Wissenschaften (1923-1943). Veröffentlichungen aus dem Archiv zur Geschichte der Max-Planck-Gesellschaft, 7. Archiv zur Geschichte der Max-Planck-Gesellschaft, Berlin.

Parthey, H. and Schreiber, K. (Hrsg.) (1983) Interdisziplinarität in der Forschung. Analysen und Fallstudien. Akademie-Verlag, Berlin.

Planck, M. (1944) Wege zur physikalischen Erkenntnis. Reden und Vorträge. S. Hirzel, Leipzig.

Plath, P. (1978) Interdisziplinarität in den Naturwissenschaften - das Verhältnis der Chemie zu ihren Nachbardisziplinen *In*: Theorie und Labor. Dialektik als Programm der Naturwissenschaft, Plath, P. and Sandkühler, H. J. (Hrsg.), Pahl-Rugenstein, Köln.

Schneider, H. J. (1988) Interdisziplinarität: Floskel oder Notwendigkeit? *UNIVERSITAS. Marksteine. Sonderedition zur 500. Ausgabe*: 12-15.

Spearman, Ch. (1904) Proof and Measurement of Association between two Things. *American Journal of Psychology, 19*: 72-101.

Steck, R. (1979) Organisationsformen und Kooperationsverhalten interdisziplinärer Forschergruppen im internationalen Vergleich *In*: Internationale Dimensionen in der Wissenschaft, Pfetsch, F. R. (Hrsg.), Institut für Gesellschaft und Wissenschaft, Erlangen.

Tenbruck, F. H. (1988) Sinn und Unsinn der Interdisziplinarität. *UNIVERSITAS. Marksteine. Sonderedition zur 500. Ausgabe*: 16-20.

UNESCO (1973) Proposed International Standard Nomenclature for Fields of Science and Technology. UNESCO, Paris.

Zimmerli, W. Ch. (1988) Von der Disziplinlosigkeit zur Kulturlosigkeit? *UNIVERSITAS. Marksteine. Sonderedition zur 500. Ausgabe*: 4-11.

Ökologie und Interdisziplinarität – eine Beziehung mit Zukunft?
Wissenschaftsforschung zur Verbesserung der fachübergreifenden Zusammenarbeit
Ph. W. Balsiger/R. Defila/A. Di Giulio (Hrsg.)

Zur Methodologie qualitativer Wissenschaftsforschung

Klaus Amann, Karin Knorr-Cetina

In der neueren Wissenschaftsforschung nehmen wissenssoziologische Untersuchungen lokaler Wissensprozesse, die sogenannten Laborstudien, eine zentrale Stellung ein. Kulturanthropologische und alltagssoziologische Verfahren einer situationssensitiven Methodologie, wie sie einerseits durch die Ethnologie in der Analyse fremder Kulturen, andererseits in Beschreibungen soziokultureller Phänomene in der eigenen Gesellschaft entwickelt wurden, bilden deren Ausgangspunkt. Ihr Ziel ist die Beschreibung genuiner Ordnungsmuster der beobachtbaren Wissensprozesse. Die von den Akteuren als festgelegte, begründete und universalisierte Verfahrensweisen betrachteten und als extern vorausgesetzten Bedingungen der konkreten Wissensproduktion werden mit Fragen nach deren lokaler Konstitution, Replikation und Modifikation zum empirischen Gegenstand gemacht. Die dabei entwickelte Perspektive verzichtet zugunsten einer empirischen Detaillierung wissenschaftlicher Wissensprozesse auf eine externalistische und vereinheitlichende Theorieperspektive auf "die Wissenschaft". Disziplinen und Subdisziplinen bilden vielmehr eigene epistemische Kulturen aus, bei denen die sozialen Organisationsformen der jeweiligen Wissensprozesse als integraler Bestandteil und nicht

als externe Faktoren betrachtet werden müssen. Wir müssen also von einer gegebenen kulturellen Differenzierung der Wissenschaften ausgehen, die in die Struktur der jeweiligen Wissenskomplexe eingewoben ist. Dies bedeutet, dass jeder Versuch, Inter- bzw. Transdisziplinarität zu organisieren, von "kulturellen" Innovationen begleitet sein muss. Die Schwierigkeiten werden dabei ähnliche Dimensionen aufweisen, wie sie sich heutzutage bei der Gestaltung multikulturellen Zusammenlebens zeigen.

Einleitung

Am Beginn der Etablierung des soziologischen Zugriffs auf die Produktionswirklichkeit wissenschaftlicher Erkenntnis erschien die Besonderheit und historische Einmaligkeit moderner Wissenschaften als eine unhintergehbare gesellschaftliche Realität. Die Existenz spezifischer Institutionen, entwickelter Fach-Disziplinen und normativer Ordnungen, die eine gemeinsame, kollektive Orientierung und individuelle Haltung der wissenschaftlich Handelnden gewährleisten, schien Ausdruck und Grundlage für eine nur durch dem wissenschaftlichen Handeln *äussere* Störungen zu beeinträchtigende Fortschrittsgeschichte objektiver Erkenntnis, d.h. wissenschaftlichen Wissens zu sein. Stimmten die nun durch die Wissenschaftssoziologie ausformulierten äusseren sozialen, d.h. institutionellen und normativen Bedingungen, so limitierten lediglich die notwendigen materialen und personalen Ressourcen der konkreten Forschung und die kognitiven Instrumente der wissenschaftlich Handelnden die Reichweite des jeweiligen wissenschaftlichen Erkenntnisstandes, dessen Fortschreiten nach der soziologischen, historischen und insbesondere philosophischen Wissenschaftsvorstellung schliesslich durch die *innere* Logik der jeweiligen (natur)wissenschaftlichen Gegenstände, durch die Struktur der vorgegebenen Welt objektiver Tatsachen zugleich notwendig und hinreichend prädestiniert erschien. (Natur-)Wissenschaftler und die institutionellen und normativen Ordnungsstrukturen des Forschungsprozesses wurden so verstanden als die Agenten und Garanten einer durch die wissenschaftsimmanent begründbaren, d.h. jenseits jeder Sozio-Logik liegenden Methodik des Forschens, die den kontinuierlichen, wahrheitserzeugenden und -verbürgenden Diskurs der Moderne über die objektiven Strukturen der Welt hervorbringt.

Mit der insbesondere durch die funktionalistisch argumentierende Wissenschaftsforschung bestätigten Demarkationslinie zwischen dem äusseren Herrschaftsbereich des Sozialen und dem "a-sozialen" Binnenreich objektiver Naturerkenntnis wurde zugleich ein Bannkreis für die

Untersuchung der historischen Genese wissenschaftlicher Erkenntnis zugunsten einer Analyse der Fertigprodukte und für die Untersuchung des lokalen Geschehens in aktuellen Forschungskontexten zugunsten der Betrachtung ihrer institutionellen und normativen Rahmenbedingungen gezogen, der den soziologischen Blick auf die wissenschaftliche Wissensproduktion, den "context of discovery" mit wissenschaftstheoretischen Begründungen erfolgreich verwehrte.

Für die historische Genese durchbrach zuerst T. Kuhn mit seinen Arbeiten zur Struktur wissenschaftlicher Revolutionen (1962/70) diesen Bannkreis, indem er die bislang unterstellte Kontinuität des korrespondenztheoretischen Fortschrittsmodells wissenschaftlicher Entwicklung durch eine historisch-empirische Argumentationsführung in eine Abfolge diskontinuierlicher, chronologisch inkommensurabler Entwicklungen auflöste. Für die lokale Genese wissenschaftlicher Erkenntnis war es die Erneuerung der Wissenssoziologie unter den Vorzeichen einer mikroskopischen Empirie wie sie in den sozialhistorischen Arbeiten der Edinburgh School etwa zu (historisch dokumentierten) wissenschaftlichen Kontroversen ihren Ausdruck fanden, und die ebenfalls auf der Detailebene konkreter zeitgenössischer Forschungsprozesse ansetzenden anthropologisch-soziologischen Untersuchungen naturwissenschaftlicher Laborarbeit, die die bisherige Demarkationslinie zuerst praktisch überschritten und dann deren soziologische Berechtigung bestritten.

Daneben war es aber auch die gesellschaftliche Problematisierung wissenschaftlichtechnischer Entwicklungen, exemplarisch in der Frage der sogenannten friedlichen Nutzung der Kernenergie und die Entfaltung von Bio- und Gentechnik, die die Identifikation des gesellschaftlichen mit dem wissenschaftlichen Fortschritt auflöste, deren Verhältnis in gesellschaftspolitische Konfliktfelder verwandelte und die Wissenschaftsforschung zu Stellungnahmen veranlasste. Aktuelle wissenschaftliche Kontroversen wurden zu einem Teil der gesellschaftlichen Diskussion über die Orientierung der zukünftigen wissenschaftlichtechnischen Entwicklung moderner Gesellschaften. In den politischen Diskussions-Arenen wurden wissenschaftliche Experten und ihre Expertisen zu unverzichtbaren Grössen bei der Fundierung kontroverser Positionen. Dabei wird erkennbar, dass die Mittel und Methoden der jeweiligen wissenschaftlichen Argumentationsführung keinen geeigneten Ersatz für wissenschafts- und technologiepolitische Entscheidungen jenseits "ideologischer" Differenzen darstellen, sondern selbst Gegenstand offener, wissenschafts-interner Kontroversen sind.

Laborstudien

Die "späte" Entdeckung des naturwissenschaftlichen Labors in der Wissenschaftsforschung als Ort soziologisch und erkenntnistheoretisch relevanten Geschehens (Latour und Woolgar, 1979; Lynch, 1985; Knorr-Cetina, 1981/84) wurde erst durch eine mikrosoziologische Strategie ermöglicht, die sich nicht damit zufrieden gab, wissenschaftliches Wissen in den materialen und kognitiven Produkten, in den wissenschaftlich-technischen Artefakten und Theorien zu konstatieren, sondern deren Konstitution im lokalen Vollzug der Wissensproduktion zugänglich zu machen suchte. Das methodische Werkzeug für die Analyse solcher Konstitutionsprozesse entstammt nicht der traditionellen Wissenssoziologie, deren Gegenstände vorrangig umfassende Gedanken- und Ideologiegebäude waren. Die Fokussierung auf die "Entdeckungskontexte" wissenschaftlichen Wissens legte vielmehr die Verwendung anthropologischer und alltagssoziologischer Verfahren einer kultur- und situationssensitiven Methodologie nahe, wie sie einerseits durch die Ethnologie in der Analyse fremder Kulturen, andererseits in Beschreibungen soziokultureller Phänomene in der eigenen Gesellschaft entwickelt wurde.

Die Territorialität des Labors als Ort der Ko-Präsenz der ForscherInnen und der Materialität der Wissensproduktion bietet für die Wissenschaftsforschung in verschiedener Hinsicht einen idealen Zugang zur Alltäglichkeit des Forschens. Labore sind nicht nur die Werkstätten, in denen das "Wissenschaftswirkliche" zu einer handgreiflichen Praxis gerinnt. Sie sind der erste Ort, an dem sich diejenigen Produkte und Resultate zu bewähren haben, für die im Kontext der jeweils eigenen Disziplin Anerkennung gesucht und translokale Gültigkeit beansprucht wird. Sie sind für die Beteiligten Ausgangspunkte und bilden die materiale und soziale Basis des eigenen Selbstverständnisses als ForscherInnen. Bevor sich ForscherInnen als Mitglieder und Teil eines disziplinären Feldes begreifen können und erkennbar werden, werden sie zu Akteuren und "Bestandteilen" des Labors als einer lokalen Produktions- und Kommunikationsmaschinerie. Labore lassen sich als die basalen Einheiten der materiellen und kommunikativen Infrastruktur der Forschung charakterisieren, in denen die Gegenstände der Wissensproduktion (noch) keine geschlossenen "black boxes" oder singuläre dekontextualisierte Texte, sondern unfertige oder "geöffnete" Objekte der Erarbeitung und Bearbeitung sind, in denen auch die Bedingungen ihrer Universalisierung behandelt und fixiert werden müssen.

Die ethnographisch-mikrosoziologische, mit den Forschungsprozessen über längere Zeiträume synchronisierte Empirie der Laborstudien hat mit einer gewissen Schamlosigkeit das Innenleben verschiedener Laboratorien in den Mittelpunkt ihrer Beobachtungen gerückt und zum Ausgangspunkt der Analyse naturwissenschaftlicher Wissensprozesse gemacht. Ihr gemeinsames Kennzeichen ist das Vertrauen in das wissenschaftliche Entdeckungspotential eines Vorgehens, das die Beobachtungen der für den fremden Ethnographen/die fremde Ethnographin unvertrauten und oft auch unverständlichen Weisen des Sprechens und Handelns in detaillierten Beschreibungen und Aufzeichnungen festhält und über einen längeren Prozess des Vertrautwerdens Schritt für Schritt in zusammenhangbildenden Sequenzen und Mustern die lokalen Praktiken rekonstruiert (vgl. unten). Dabei steht weniger die Suche nach Antworten auf eher traditionelle Fragestellungen wie dem Verhältnis von Individuum und Gruppe, biographischen Strukturen der Akteure, nach gruppenstrukturellen Phänomenen, institutionellen Faktoren oder individuell-kognitiven Problemlösestrategien im Vordergrund, als vielmehr die Suche nach den genuinen Ordnungsmustern der beobachtbaren Wissensprozesse. Nicht die Identifikation von deren erkenntnistheoretisch oftmals vorausgesetzter wahrheitsgenerierender Besonderheit, sondern die Herausarbeitung der normalen Formen, der Variationsbreiten und Vielschichtigkeit machen diese Ordnungsmuster aus.

Der Laborstudienansatz orientiert sich mit seinem kulturalistischen Verständnis vom Alltag des Forschens (Knorr-Cetina, 1989) methodologisch an der Gelebtheit und Präsenz konkreter lokaler Ordnungen. Diese Konkretheit lokaler Ordnungen wird von ihren Akteuren stets auf dem Hintergrund disziplinär oder universell wissenschaftlich festgelegter theorie-, methodologie- und gegenstandsimmanenten Verfahrensweisen als Resultat korrekter oder inkorrekter Ableitungen begriffen und kann so auf das äussere Regelwerk etablierten und dokumentierten wissenschaftlichen, disziplinären Arbeitens rückbezogen werden. Demgegenüber kehrt die empirisch konstruktivistisch verfahrende Analyse der konkreten Ordentlichkeit von Wissensprozessen deren *soziologische* Betrachtungsweise um. Die von den Akteuren als festgelegte, begründete und universalisierte Verfahrensweisen betrachteten und als extern vorausgesetzten Bedingungen der konkreten Wissensproduktion werden mit Fragen nach deren lokaler Konstitution, Replikation und Modifikation selbst zum empirischen Gegenstand gemacht.

Zur Methodik

Im weiteren Feld der mit qualitativen Methoden arbeitenden Wissenschaftssoziologie integriert der Laborstudienansatz das gesamte Spektrum ethnographischer und kulturanalytischer Verfahrensweisen. Die Anlage der Untersuchungen setzt die Plazierung des Ethnographen/der Ethnographin am Untersuchungsort voraus. Die unmittelbare und persönliche Beobachtung der Wissenschaftler bei der alltäglichen Arbeit kann aus zwei Gründen nicht durch wie immer auch erhobene Interviewmaterialien oder Dokumente ersetzt werden.

Erstens: Die konkrete Wissensproduktion "vor Ort" hat die Eigenart, die die Wissenschaften im übrigen mit allen anderen gesellschaftlichen Wissensbereichen teilen, dass sie weder von den

Beteiligten durch Befragungstechniken auch nur annähernd vollständig, situationsgenau und unter Bezugnahme auf Elemente impliziten Wissens erhoben werden kann, noch sich in jeweils vorhandenen kulturellen Produkten und Dokumenten zeigen lässt. Hinzu kommt, dass die Formulierung adäquater Fragen auf ein Detailwissen aufbauen müsste, das wir bestenfalls als Insider oder Fachexperten haben könnten und das ebenso für die "Lesbarkeit" möglicher Antworten und existierender Dokumente erforderlich wäre.

Zweitens: Die bereits vorhandenen Laborstudien haben gezeigt, dass die persönliche Anwesenheit soziologisch interessante Phänomene zugänglich macht, die jenseits diskursiver Erfahrungsmöglichkeiten den Einsatz der eigenen und trainierten körperlichen Wahrnehmungsfähigkeiten erforderlich machen. Dies gilt selbst für die Erschliessung von Bedeutungsschichten der laufend verfolgten mündlichen Kommunikation jenseits ihres manifesten Sinngehalts. Die unmittelbare und persönliche Präsenz vor Ort konfrontiert sozialwissenschaftlich vorgebildete BeobachterInnen in Laboratorien - in einer den Erfahrungen traditionell anthropologischer Studien vergleichbaren Weise - mit fremden Stammeskulturen, entsprechenden Zugangsproblemen, mit unverständlicher Fachsprache und nicht erklärbaren Handlungsweisen. Sie führt zu einer Verrätselung und Fremdheit gegenüber dem für die Akteure weithin selbstverständlichen und normalen Geschehen und zugleich zur Möglichkeit, jenseits der erkenntnistheoretisch scheinbar geklärten "Logik der Forschung" die soziologische Aufmerksamkeit auf die Details dieser fremden Normalitäten zu lenken.

Ethnographie im Labor bedeutet jedoch nicht, sich in diesen Details zu verlieren oder sie in Form einer "Verdoppelung der Realität" in extensiven Beschreibungen beobachteter Ereignisse lediglich verstehend nachzuvollziehen und zu reproduzieren. Die analytische Qualität ihres Vorgehens entsteht erst in der konzeptuellen Verdichtung des generierten Materials.

Zu gehaltvollen (wissens-)soziologischen Analysen werden empirische Untersuchungen wissenschaftlicher Praxis durch ihre Verknüpfung von nachvollziehbaren Detailbeschreibungen der beobachteten Konstruktionsprozesse mit theoretischen Konzepten und Modellen, die strukturelle Merkmale unterschiedlicher Wissenskulturen erkennbar machen. Eine solche Vorgehensweise hat sich unter anderem orientiert an einem systematischen Vergleich disziplinärer Differenzen als Ausdruck epistemischer Kulturen (Knorr-Cetina, 1996), an der Untersuchung von Mustern und Verfahren von Kontroversen, Schliessungs- bzw. Konsensfindungspraktiken (Knorr-Cetina und Amann, 1992), an der Hervorbringungslogik naturwissenschaftlicher Arbeit (Lynch, 1985; Amann, 1990), der Struktur einzelner Arbeitsverfahren und Techniken (Jordan und Lynch, 1992), an Organisationsmustern des Forschungsprozesses (Fujimura, 1992), an der diskurs- und konversationsanalytischen Aufklärung der kommunikativen Strukturen des "shop talk" (Lynch, 1985; Knorr-Cetina und Amann, 1990), an den rhetorischen Funktionen wissenschaftlicher Texte (Gilbert und Mulkay, 1984) oder der Vertextung von Ergebnissen

(Knorr-Cetina, 1984; Amann, 1990), an der Struktur visueller und textueller Repräsentationen in der wissenschaftlichen Praxis (verschiedene Arbeiten in Lynch und Woolgar, 1990). In dieser nur exemplarischen Auflistung finden sich nicht nur Arbeiten, die Resultate ethnographischer Laborstudien sind, sondern zugleich Analysen, die sowohl eine qualitative Methodologie als auch ein Wissenschaftsverständnis eint, das zugunsten einer empirischen Detaillierung wissenschaftlicher Wissensprozesse auf eine externalistische und vereinheitlichende Theorieperspektive auf "die Wissenschaft" verzichtet.

Perspektiven für Inter- bzw. Transdisziplinarität

Gerade die Untersuchungen in der Molekularbiologie haben gezeigt, dass hier eine Reorganisation der Wissensprozesse in Gang ist, die die althergebrachten disziplinären Grenzen überschreitet (Amann, 1994). Diese Grenzüberschreitungen führen jedoch nicht zu einer Interdisziplinarität in dem Sinne, dass spezialisierte Fragestellungen molekularbiologischer Forschungsprojekte in den weiteren Rahmen ökologischer oder gesellschaftlicher Diskurse gebracht würden. Was sich hier vielmehr in Ansätzen beobachten lässt, ist die Neuformierung einer Disziplin durch die Etablierung eines neuen methodischen und technisch-instrumentellen Vorgehens. Bislang haben sich Laborstudien keinen Forschungsfeldern zugewandt, in denen explizit versucht wird, disziplinenüberschreitende, inter- bzw. transdisziplinäre Forschungsprozesse zu gestalten. Die Gründe dafür dürften eher auf einer forschungspragmatischen Ebene als in grundsätzlichen epistemologischen oder methodischen Problemen liegen. Hier könnten entsprechende Studien überaus hilfreich sein, deren Eigendynamik zu verstehen.

Wenn wir allerdings nach möglichen Konsequenzen fragen, die sich aus den vorliegenden Analysen für die Organisation von Inter- bzw. Transdisziplinarität ergeben könnten, erscheint die Erkenntnis der Diversität disziplinärer Kulturen relevant. Disziplinäre Differenzierung manifestiert sich nicht nur in Form unterschiedlicher Gegenstandsbereiche, Theorien und Methoden, über die sich ein einigendes Dach der Wissenschaft spannt. Disziplinen und Subdisziplinen bilden vielmehr eigene epistemische Kulturen aus, bei denen wir die sozialen Organisationsformen der jeweiligen Wissensprozesse als deren integralen Bestandteil und nicht als externe Faktoren betrachten müssen. Um nur ein einfaches Beispiel zu nennen: die Weise der Organisation von Autorenschaften von Forschungsprojekten und -resultaten ist nicht nur eine äusserliche Kommunikationsform, sondern bestimmt die innere Struktur von Forschungsprozessen (ausführlicher dazu: Knorr-Cetina, 1996).

Wir müssen also von einer gegebenen kulturellen Differenzierung der Wissenschaften ausgehen, die die jeweilige Forschungspraxis nicht nur unterschiedlich rahmt, sondern in die Struktur der jeweiligen Wissenskomplexe eingewoben ist. Dies bedeutet, dass jeder Versuch, Inter- bzw. Transdisziplinarität zu organisieren von "kulturellen" Innovationen begleitet sein muss. Die Schwierigkeiten werden dabei ähnliche Dimensionen aufweisen, wie sie sich heutzutage bei der Gestaltung multikulturellen Zusammenlebens zeigen. Denkt man, wie im Falle ökologischer Problemlagen an ausserwissenschaftliche Wissensformen, dürfte deren zusätzliche Integration diese Schwierigkeiten noch vergrössern.

Schluss

Der Einsatz qualitativer, mikroanalytischer Verfahren in der empirischen Wissenschaftssoziologie hat inzwischen Bereiche und Dimensionen des Wissenschaftswirklichen zugänglich und verständlich gemacht, die noch vor 25 Jahren im Verborgenen lagen. In den Analysen des so gewonnenen Datenmaterials wurde eine Sozio-Logik des wissenschaftlichen Erkenntnisprozesses erkennbar, die eine eigenständige Soziologie wissenschaftlichen Wissens begründet hat und die Demarkationslinie zwischen äusseren, "sozialen" Bedingungen moderner Wissenschaft und einer inneren, "a-sozialen" Logik erkenntnistheoretisch einheitlicher und disziplinär ausdifferenzierter Forschung zum Verschwinden brachte. Dies hatte zwangsläufig Konsequenzen für das Selbstverständnis der eigenen Wissensproduktion über Wissenschaft (vgl. z.B. Woolgar, 1988; Ashmore, 1989) und führte in ähnlicher Weise wie in der Anthropologie zu einer reflexiven Wende (Clifford und Marcus, 1986; Berg und Fuchs, 1993) und der Hinterfragung und Veränderung der eigenen Darstellungsstrategien (dem kann hier nicht weiter nachgegangen werden). Sie führte zudem zu einer bislang noch unentschiedenen Kontroverse um die Konsequenzen für eine an Makro- und Mesophänomenen orientierten neofunktionalistischen, systemtheoretischen oder institutionalistischen Wissenschaftssoziologie (Schimank, 1995a, 1995b ; Amann, 1995).

Unabhängig von den durch diese Entwicklungen formulierten Herausforderungen lieferten die qualitativ-mikrosoziologisch verfahrende Wissenschaftsforschung und deren Resultate zentrale Beiträge zum gegenwärtigen Verständnis der modernen Wissenschaften.

Literatur

Amann, K. (1990) Natürliche Expertise und Künstliche Intelligenz - eine Untersuchung naturwissenschaftlicher Laborarbeit. Dissertation, Universität Bielefeld, Bielefeld.

Amann, K. (1994) Menschen, Mäuse und Fliegen. Eine wissenssoziologische Analyse der Transformation von Organismen in epistemische Objekte. *Zeitschrift für Soziologie, 1*: 22-40.

Amann, K. (1995) 99 Luftballons (Nena). *Zeitschrift für Soziologie, 2*: 156-159.

Ashmore, M. (1989) The Reflexive Thesis. The University of Chicago Press, Chicago.

Berg, E. and Fuchs, M. (Hrsg.) (1993) Kultur, soziale Praxis, Text. Suhrkamp, Frankfurt a. M.

Clifford, J. and Marcus, G. E. (Hrsg.) (1986) Writing Culture: the Poetics and Politics of Ethnography. University of California Press, Berkeley, Los Angeles.

Fujimura, J. (1992) Problem Paths: A Tool for Dynamic Analysis of Situated Scientific Problem Construction *In*: Science as Practice and Culture, Pickering, A. (Hrsg.), Chicago University Press, Chicago.

Gilbert, N. and Mulkay, M. (1984) Opening Pandora's Box: A Sociological Analysis of Scientists' Discourse. Cambridge University Press, Cambridge.

Jordan, K. and Lynch, M. (1992) The Sociology of a Genetic Engineering Technique: Ritual and Rationality in the Performance of the Plasmid Prep *In*: The Right Tools for the Job: At Work in 20th Century Life Sciences, Clarke, A. and Fujimura, J. (Hrsg.), Princeton University Press, Princeton.

Knorr-Cetina, K. (1981/84) The Manufacture of Knowledge. Pergamon Press, Oxford; dt. Die Fabrikation von Erkenntnis. Suhrkamp, Frankfurt a. M.

Knorr-Cetina, K. (1989) Spielarten des Konstruktivismus. *Soziale Welt, 40(1/2)*: 86-96.

Knorr-Cetina, K. (1996) Epistemic Cultures: How Scientists Make Sense; *im Druck*.

Knorr-Cetina, K. and Amann, K. (1990) Image Dissection in Natural Scientific Inquiry. *Science, Technology and Human Values, 15(3)*: 259-283.

Knorr-Cetina, K. and Amann, K. (1992) Konsensprozesse in der Wissenschaft *In*: Kommunikation und Konsens in modernen Gesellschaften, Giegel, H. J. (Hrsg.), Suhrkamp, Frankfurt a. M.

Kuhn, T. (1962/70) The Structure of Scientific Revolutions. University of Chicago Press, Chicago.

Latour, B. and Woolgar, S. (1979) Laboratory Life: The Social Construction of Scientific Facts. Sage, Beverly Hills.

Lynch, M. (1985) Art and Artifact in Laboratory Science: A Study of Shop Work and Shop Talk in a Research Laboratory. Routledge and Kegan Paul, London.

Lynch, M. and Woolgar, S. (Hrsg.) (1990) Representation in Scientific Practice. MIT Press, Cambridge.

Schimank, U. (1995a) Für eine Erneuerung der institutionalistischen Wissenschaftssoziologie. *Zeitschrift für Soziologie, 1*: 42-57.

Schimank, U. (1995b) Nimm zwei! - Eine Replik auf Klaus Amann. *Zeitschrift für Soziologie, 2*: 159f.

Woolgar, S. (Hrsg.) (1988) Knowledge and Reflexivity. Sage, London.

Lehre und Interdisziplinarität

Ökologie und Interdisziplinarität – eine Beziehung mit Zukunft?
Wissenschaftsforschung zur Verbesserung der fachübergreifenden Zusammenarbeit
Ph. W. Balsiger/R. Defila/A. Di Giulio (Hrsg.)

Voraussetzungen zu interdisziplinärem Arbeiten und Grundlagen ihrer Vermittlung

Rico Defila, Antonietta Di Giulio

Interdisziplinäres Arbeiten bietet Schwierigkeiten sowohl im Hinblick auf Organisation und Struktur von Projekten als auch in der konkreten Zusammenarbeit. Fragen der Organisation und Struktur werden hier nicht behandelt; vielmehr geht es darum, die Probleme darzulegen, mit denen Forschende in der interdisziplinären Zusammenarbeit konfrontiert werden, und die Voraussetzungen für diese Arbeit aufzuzeigen. Des weiteren wird das Konzept eines Vorschlags vorgestellt, wie diese Voraussetzungen in der universitären Lehre vermittelt werden können.

Schwierigkeiten interdisziplinärer Zusammenarbeit

Vielfach wird konstatiert, dass interdisziplinäre Projekte und Forschungsprogramme scheitern oder nur in Teilen erfolgreich sind. Die Gründe dazu sind vielfältig: Sie hängen zum einen mit der Struktur und Organisation interdisziplinärer Projekte und Programme zusammen - darauf wird hier nicht eingegangen (s. dazu bspw. die Beiträge von Krott und Parthey in diesem Buch sowie Krott, 1994; Defila und Di Giulio, 1996a). Zum anderen stehen sie im Zusammenhang mit der konkreten Zusammenarbeit zwischen Forschenden aus verschiedenen Disziplinen.

Eine Sichtung verschiedener Untersuchungen zu Problemen interdisziplinärer Projekte ergibt folgendes Bild:[1]

Als grösstes Problem werden übereinstimmend *Kommunikations- und Sprachschwierigkeiten* genannt (Blaschke und Lukatis, 1976: 70; Frey, 1973: 159f.; Hoyningen-Huene, 1988: 136ff.; Kaufmann, 1987: 77; Schneider, 1988; Tenbruck, 1988: 18). Die Forschenden verfügen über eine je eigene *Fachsprache*, die sich von derjenigen anderer Disziplinen und von der Alltagssprache unterscheidet. Dies führt zu Missverständnissen - etwa indem ein Wort in der Alltagssprache und in verschiedenen Fachsprachen unterschiedlich verwendet wird - und nicht zuletzt auch dazu, dass fremdes Fachwissen nicht oder kaum verstanden wird und eigenes Fachwissen kaum vermittelt werden kann. Das Finden einer gemeinsamen Sprache wird dadurch erschwert. Schneider (1988) führt aus, dass die interdisziplinäre Zusammenarbeit die Forschenden dazu zwingt, sich "einfacher", d.h. ohne Fachsprache, auszudrücken und insbesondere ihre Grundannahmen ("Handlungsformen"[2]) zu explizieren. Dies wiederum führt zur Verunsicherung: "[D]a das Spezifische einer Disziplin ein im Normalfall bloss übernommenes aber wenig reflektiertes Geflecht von Seh- und Handlungsweisen ist, steht bei dem Zwang, sich 'einfach' auszudrücken, die Identität der sich artikulierenden Person als Wissenschaftler zur Debatte. Er macht die beunruhigende Erfahrung, nicht, dass der Kollege etwas weiss, von dem er selbst bisher keine Kenntnis hatte (...), sondern dass der andere das, was ihm selbst als kaum erwähnenswerte Trivialität oder nie bezweifelter allgemeiner Usus erscheint, nicht nachvollziehen kann oder für grundfalsch hält" (1988: 14; s. auch 1993: 374).

Die *disziplinenspezifischen Theorien und Methoden*, deren sich die Forschenden aus den verschiedenen Disziplinen bedienen, führen dazu, dass die Formulierung einer gemeinsamen Problemsicht und Fragestellung (Blaschke und Lukatis, 1976: 71ff.) wie auch eine Einigung über das zu wählende Vorgehen erschwert werden. Die Vorstellungen über das "richtige" Vorgehen, die *Wissenschaftlichkeitskriterien* unterscheiden sich in den verschiedenen Disziplinen (Blaschke und Lukatis, 1976: 72f.; Hoyningen-Huene, 1988: 142; Schurz, 1995: 1083).[3] So

---

1 Bei den hier beigezogenen Untersuchungen handelt es sich um eine Auswahl, die keinen Anspruch auf Vollständigkeit erhebt (vgl. insbesondere auch Kocka, 1991: 139ff. oder Schneider in diesem Buch).

2 "Handlungsformen" versteht Schneider in einem weiten Sinne, umfassend Realitätsauffassung, Grundannahmen, Sprache, Ziele und Methoden.

3 Nicht näher eingegangen wird hier auf das Problem des "Disziplinenimperialismus", d.h. die Übertragung von Wissenschaftlichkeitskriterien und Normen hinsichtlich Sprache und Methode der eigenen Disziplin auf fremde Disziplinen (s. dazu auch Hoyningen-Huene, 1988: 142). Als Beispiel dazu gelte folgendes Zitat (Thom, 1986: 13): "Ich meine also (...), dass ein gewisser Imperialismus der Mathematik gerechtfertigt ist - und dass sie die einzige Disziplin ist, die einen solchen Anspruch mit gewisser Legitimität erheben kann. (...) Deshalb ist die Sprache des interdisziplinären Forschens notwendigerweise mathematisch. Und nur wenn ein aus dem Experiment erwachsenes Konzept mathematisch formalisiert worden ist, kann es interdisziplinär fruchtbar werden."

bestehen etwa unterschiedliche Auffassungen bezüglich Theorie- und Praxisrelevanz, Stellenwert der empirischen Forschung, Relevanz analytischen Vorgehens sowie bezüglich erfolgversprechender Methoden.

Fachsprache, Theorien und Methoden der einzelnen Disziplinen sind Ausdruck einer *disziplinenspezifischen Strukturierung der Realität* und damit einer disziplinenspezifischen Weltsicht (Blaschke und Lukatis, 1976: 71ff.; Frey, 1973: 160 und 169; Kaufmann, 1987: 64ff.; Schneider, 1988: 12; Schneider, 1993: 367f.). Derselbe Gegenstand wird von verschiedenen Disziplinen unterschiedlich, mit einer je eigenen Perspektive wahrgenommen und beschrieben, was eine gemeinsame Problemsicht erschwert.

Ein weiteres Problem interdisziplinärer Zusammenarbeit besteht im mangelnden *Verständnis anderer Disziplinen*, was sich in gegenseitigen *Vorurteilen* äussert oder auch darin, dass falsche Erwartungen in bezug auf die Beiträge der verschiedenen Disziplinen zur Bearbeitung einer interdisziplinären Fragestellung bestehen (Blaschke und Lukatis, 1976: 79; Hoyningen-Huene, 1988: 140ff.; Kaufmann, 1987: 77; Schurz, 1995: 1083). Dies wiederum erschwert nicht nur die gemeinsame Problem- und Vorgehensformulierung, sondern kann auch zu emotionalen Schwierigkeiten bei den beteiligten Forschenden führen (Blaschke und Lukatis, 1976: 79).

Blaschke und Lukatis (1976: 69) weisen auch auf *gruppendynamische Probleme* hin, die sich in der "Gruppenarbeit, Teamarbeit, Gemeinschaftsarbeit" ergeben und die "als eine neue bzw. zusätzliche Klasse von Aufgaben angesehen werden können". Interdisziplinäre Projekte bedingen in der Regel eine länger dauernde Teamarbeit, die für viele neu und ungewohnt ist. Dies kann zur Folge haben, dass Kommunikations- und Arbeitsprozesse in einer interdisziplinären Gruppe nicht genügend unterstützt, Konflikte nicht erkannt und nicht behoben werden.

Die Probleme, mit denen interdisziplinär arbeitende Forscherinnen und Forscher konfrontiert sind, ergeben sich wesentlich aus ihrer Fachsprache, ihrer disziplinären Realitätswahrnehmung, ihren disziplinären Theorien, Methoden und Wissenschaftlichkeitskriterien und den damit verbundenen (Vor-)Urteilen anderen Disziplinen gegenüber. Disziplinen bilden eigene (Sub-)Kulturen (Blaschke und Lukatis, 1976: 140; Kaufmann, 1987: 67f.; Schurz[4], 1992a, 1992b, 1993 und 1995), und die interdisziplinäre Zusammenarbeit besteht in der Begegnung dieser Kulturen

4 Schurz hat in seiner Untersuchung zu den universitären Schreibstilen, Denkstilen und Einstellungen eine Bipolarität der wissenschaftlichen Kulturen festgestellt, d.h. eine geisteswissenschaftliche (inkl. Sozial- und Gesellschaftswissenschaften) und eine naturwissenschaftliche Kultur; er konstatiert, dass die einzelnen Disziplinen darüberhinaus kein eigenes Profil entwickeln. Seine Untersuchung beschränkt sich allerdings nur auf allgemeine Charakteristiken der Beteiligten (bspw. Konfliktfähigkeit, Formalisierungstendenz, Sinnzuschreibung); er vergleicht die Disziplinen nicht bezüglich Realitätsauffassung, Fachsprache, Methoden und Theorien. Dies jedoch wäre notwendig, um Aussagen über die "kulturellen Profile" der einzelnen Disziplinen machen zu können (vgl. bspw. Huber 1990 oder Windolf 1992, die durchaus unterschiedliche disziplinäre Kulturen nachweisen).

mit all den damit verbundenen Problemen: "Interdisziplinäres Arbeiten im strengen Sinne ist ein voraussetzungsvoller Prozess. Es vollzieht sich wesentlich in der *Identifikation vergleichbarer Fragestellungen, Begrifflichkeiten und Forschungsergebnisse im Kontext unterschiedlicher disziplinärer Grundannahmen, Fachsprachen und Methoden.* Interdisziplinäre Kommunikation kann sich also gerade nicht auf jene Selbstverständlichkeiten verlassen, die die disziplinäre Kommunikation so sehr erleichtern: Die Gemeinsamkeiten der perspektivischen Grundannahmen und Auswahlgesichtspunkte, durch die das fachwissenschaftliche Erkenntnisinteresse geformt wird, die grundbegrifflichen Prämissen und die Eigenarten der fachwissenschaftlichen Methodik. Deren Gewicht für die in Frage stehenden interdisziplinären Problemstellungen muss vielmehr in einem kommunikativen Prozess ausgelotet werden, will man nicht zu voreiligen Analogiebildungen, Synthesen oder auch Inkompatibilitätsfeststellungen gelangen" (Kaufmann, 1987: 70).

Werden diese Schwierigkeiten nicht vermieden, scheitern interdisziplinäre Projekte und Forschungsprogramme oder sind nur in Teilen erfolgreich, weil keine gemeinsame Problemsicht formuliert werden, keine gemeinsame Fragestellung entstehen und kein gemeinsames Vorgehen entwickelt werden kann. Die Forschenden ziehen sich gewissermassen in ihre Disziplinen zurück (s. dazu auch Blaschke und Lukatis, 1976: 80; Krott, 1994), und aus der Zusammenarbeit resultiert nicht ein gemeinsames integriertes Ergebnis - das eigentliche Ziel interdisziplinärer Forschung - sondern verschiedene disziplinäre Ergebnisse, die unverbunden nebeneinander stehen.

Voraussetzungen interdisziplinärer Zusammenarbeit

Damit interdisziplinäre Forschung erfolgreich verlaufen kann, müssen also gewisse Voraussetzungen bei den beteiligten Forschenden gegeben sein. Viele der Untersuchungen, die sich mit den Schwierigkeiten interdisziplinärer Projekte befassen, zeigen in bezug auf die notwendigen Voraussetzungen v.a. solche auf der strukturellen und organisatorischen Ebene auf (so z.B. Blaschke und Lukatis, 1976: 81ff.; Kaufmann, 1987; Zimmerli, 1988).[5]

Blaschke und Lukatis (1976: 72) bezeichnen die für interdisziplinäres Arbeiten notwendige Voraussetzung als "intellektuelle Sicherheit", ohne die es weder zu einem eigenen Beitrag noch zur Akzeptanz anderer Vorschläge kommen kann. Diese Sicherheit - sowohl in der eigenen

5 Um den Vergleich zwischen den dargelegten Schwierigkeiten und Voraussetzungen zu erlauben, wird (mit wenigen Ausnahmen) auf die selben Untersuchungen abgestellt. Zu den "interdisziplinären Tugenden" äussert sich bspw. auch Krüger, 1991: insbesondere 113.

Disziplin als auch gegenüber anderen Disziplinen - ist Bedingung für die Kommunikation und wird folgendermassen umschrieben: "Respekt vor Personen aus anderen Disziplinen, hoher Toleranzgrad für Konzepte und Theorien anderer, gesunde Neugier und der Wunsch zu lernen, aber auch das Wissen um eigene Stärken und Schwächen" (1976: 79f.). Ähnlich auch Schneider (1988: 14) und Schurz (1995: 1088; 1992b: 56ff.), die als Voraussetzung die Anerkennung der Verschiedenheit der disziplinären "Handlungsformen" (s. Fn. 2) fordern.

Blaschke und Lukatis weisen darauf hin, dass intellektuelle Sicherheit "mit der soliden Grundlage einer Ausbildung in der eigenen Disziplin" zusammenhängt (1976: 79). Auf die Notwendigkeit disziplinärer Fachkompetenz für jede interdisziplinäre Zusammenarbeit weisen auch Kaufmann (1987), Zimmerli (1988) und bereits Näf (1950: 78ff.) hin. Kaufmann fordert darüberhinaus "eine gewisse Vertrautheit" mit anderen Disziplinen, deren Grundannahmen und Methoden (1987: 77; ebenso Tenbruck 1988: 18f.). Schneider formuliert dies so, dass die Handlungsformen einer anderen Disziplin angeeignet werden müssen, nicht im Sinne der Aneignung von Fakten, sondern im Hinblick auf eine "Beurteilung und Bewertung der besonderen Eigenheiten, der Reichweiten und Grenzen der verschiedenen disziplinären Zugriffe" (1988: 15; ebenso 1993: 371; vgl. auch Näf, 1955: 269ff.).[6]

Tenbruck fordert (1988: 18), dass ein Fach grundsätzlich über seine Verflochtenheit mit und Bedingtheit durch andere Disziplinen Bescheid wissen muss. Gleichzeitig gilt es aber auch, "die Bedingtheit der eigenen Fachprobleme zu erkennen" (Tenbruck, 1988: 19). Ähnliches fordern auch Frey (1973: 167), Hoyningen-Huene (1988: 143) und Schneider (1988 und 1993), wenn sie auf die Notwendigkeit hinweisen, die eigene Disziplin zu reflektieren und sich der eigenen disziplinären Besonderheiten im Denken und Handeln bewusst zu sein. Gemäss Schneider (1988: 15; 1993: 376) ist darüberhinaus die Übung darin nötig, das Spezifische der eigenen Disziplin Vertreterinnen und Vertretern anderer Disziplinen zu erklären und von diesen relativieren zu lassen.

Des weiteren erwähnen Blaschke und Lukatis als Voraussetzung die "Fähigkeit zur Gruppendiskussion", zum "Bewusstmachen der interpersonalen und emotionalen Aspekte der Gruppendiskussion" (1976: 80).

6 Es ist hier anzumerken, dass die blosse Aneignung von Wissen aus anderen Disziplinen nicht zur interdisziplinären Zusammenarbeit befähigt. Frey (1973: 164ff.) weist darauf hin, dass auch das Erlernen fremder Fachsprachen nur bedingt ein interdisziplinäres Gespräch ermöglicht, da die Verständigung in einer gemeinsamen Sprache (z.B. Formalsprache) nur zwischen gewissen Disziplinen möglich ist (170f.).

Zusammenfassend werden also folgende Voraussetzungen genannt:

- Fachkompetenz in der eigenen Disziplin und das Wissen um deren Stärken, Schwächen und Bedingtheiten.
- Toleranz und Akzeptanz gegenüber anderen Disziplinen.
- Das Wissen um die "Handlungsformen" (s. Fn. 2) anderer Disziplinen.
- Teamkompetenz und kommunikative Kompetenz.

Auffallend ist, dass die Darlegung der Schwierigkeiten interdisziplinärer Arbeit in der Regel sehr konkret ausfällt, während diejenige der Voraussetzungen eher abstrakt bleibt.[7] Damit diese Voraussetzungen jedoch bei den Forschenden auch tatsächlich geschaffen werden können, gilt es zuerst, sie zu konkretisieren.

Wann sind die Voraussetzungen für die interdisziplinäre Zusammenarbeit zu erwerben?

Die Schwierigkeiten interdisziplinärer Zusammenarbeit liegen wesentlich im disziplinär Spezifischen begründet (s. oben). Dieses wiederum wird im Rahmen der Ausbildung erworben, indem eine Sozialisation der zukünftigen Forschenden stattfindet (s. bspw. Blaschke und Lukatis, 1976: 138 und 158; Schneider, 1993). Diese Sozialisation bezieht sich weniger auf das Faktenwissen, sondern vielmehr auf die disziplinenspezifische Sicht- und Handlungsweise: "Der Wissenschaftler wächst in eine Disziplin hinein, deren Seh- und Handlungsweisen ihm nicht aufgrund eines eigens angestellten, sich Punkt für Punkt überzeugenden Nachdenkens selbstverständlich erscheinen, sondern wegen ihrer nachahmend erfolgten, reflexiv gesehen 'blinden' Übernahme, und die in ihrer Selbstverständlichkeit von den Mitgliedern der disziplinären Säule überwiegend auf implizite Weise, durch die Gleichheit ihres Handelns, bestätigt werden" (Schneider, 1988: 13). Im Rahmen der universitären Ausbildung findet eine Sozialisation statt in bezug auf die Sprache und auf das Wissenschaftsverständnis einer Disziplin (s. dazu bspw. Blaschke und Lukatis, 1976: 71; Frey, 1973; Hoyningen-Huene, 1988: 138).

Sollen die Voraussetzungen für die interdisziplinäre Zusammenarbeit bei den Forschenden geschaffen werden, so bietet es sich deshalb an, diese parallel zur disziplinären Ausbildung zu fördern: Sowohl die Schwierigkeiten als auch die Voraussetzungen interdisziplinärer Arbeit hängen wesentlich mit Kompetenzen in der eigenen Disziplin zusammen. Es ist deshalb nicht

---

7 Nicht näher eingegangen wird hier auf den Vorschlag von Frey (1973: 171f.), eine "Metasprache 2. Stufe" zu entwickeln, in der sich alle Disziplinen miteinander verständigen könnten.

möglich, diese Voraussetzungen *vor* der disziplinären Ausbildung zu erwerben. Die Voraussetzungen erst *im Anschluss* an die Ausbildung zu vermitteln, würde wiederum einen neuen eigenen Studiengang erfordern, dessen Realisierung wohl an den meisten Hochschulen nicht möglich ist. Angesichts der Schwierigkeiten interdisziplinärer Arbeit wiederum scheint es weder sinnvoll noch effizient, diese erst *in* der konkreten interdisziplinären Arbeit - "on the job" - zu erlangen. Somit gilt es, diese Voraussetzungen bereits im Rahmen der Ausbildung, *parallel* zur Fachkompetenz zu erwerben (s. dazu auch Schneider, 1988 und 1993 sowie Lepenies, 1991: 157 und Näf, 1950 und 1955).[8]

Es stellt sich damit die Frage, wie diese Voraussetzungen im Rahmen der disziplinären Ausbildung erworben werden können. Zugleich gilt es, sie zu konkretisieren (s. oben). Im folgenden wird ein Vorschlag für eine solche Ausbildung in seinen Grundsätzen vorgestellt.

Wie können die Voraussetzungen für die interdisziplinäre Zusammenarbeit erworben werden?

Ausgehend von den Schwierigkeiten und Voraussetzungen interdisziplinärer Zusammenarbeit ist im Rahmen eines Forschungsprojektes[9] ein "Modellehrgang in allgemeiner Wissenschaftspropädeutik" entwickelt worden, der dazu beitragen soll, die Voraussetzungen zur interdisziplinären Zusammenarbeit im Rahmen der disziplinären Ausbildung zu vermitteln.[10] Dieser Modellehrgang wird im folgenden im Grundsatz dargestellt.[11] In einem ersten Schritt wird gezeigt, wie "allgemeine Wissenschaftspropädeutik" zu verstehen ist. In einem zweiten Schritt wird dargelegt, wie die zu erwerbenden Voraussetzungen anhand des Konzeptes "Schlüsselqualifikationen" konkretisiert worden sind.

---

8 Dies stellt eine Lösung dar, die nicht nur sachgerecht ist, sondern auch unter strukturellen und finanziellen Aspekten realisierbar scheint, da sie im wesentlichen struktur- und kostenneutral ist (keine eigene, zusätzliche Ausbildung). Zum Stand fachübergreifender Studienangebote und ihrer Institutionalisierung s. bspw. Huber et al., 1994 oder Mainzer, 1990.

9 "Allgemeine Wissenschaftspropädeutik als Voraussetzung für interdisziplinäres Arbeiten. Konzeption und Prüfung eines Modellehrgangs für Schweizer Universitäten" (SPPU-NF-Nr. 5001-35078).

10 Wie dies in interdisziplinären Studiengängen erfolgen kann, wird im Projekt "Allgemeine Wissenschaftspropädeutik als Voraussetzung für interdisziplinäres Arbeiten. Entwicklung und Prüfung von Teilcurricula in allgemeiner Wissenschaftspropädeutik für das interdisziplinäre Begleitstudium 'Mensch-Gesellschaft-Umwelt' (MGU) der Universität Basel" (MGU-Nr. F27/93) untersucht (s. Drilling in diesem Buch; vgl. auch Di Giulio und Defila, 1995).

11 Eine ausführliche Darlegung kann hier nicht erfolgen. Eine solche soll in Buchform erscheinen; ebenso ist die Publikation als Lehrmittel geplant (s. dazu auch Defila und Di Giulio, 1996b).

Allgemeine Wissenschaftspropädeutik

"Wissenschaftspropädeutik" ist ein Begriff, der aus der Bildungstheorie stammt und sich primär auf die Schulausbildung, insbesondere auf die gymnasiale Oberstufe bezieht[12]. Der Begriff thematisiert insbesondere das Verhältnis von Gymnasium und Hochschule (s. dazu bspw. Henningsen, 1959 oder auch Neugebauer, 1983), genauer das Verhältnis von Wissenschaft, Schule und Bildung.[13] Diskutiert wird zum einen die Wissenschaftsorientierung der Schulausbildung angesichts der Verwissenschaftlichung der Gesellschaft[14] und zum anderen die Vorbereitung auf das wissenschaftliche Arbeiten an der Hochschule. Diese Diskussion findet statt einerseits im Spannungsfeld einer doppelten Bildungsaufgabe - der "Vorbereitung auf das Leben" und der "Vorbereitung auf das Studium" - und andererseits im Spannungsfeld der primären, direkten und der sekundären, wissenschaftlich vermittelten Welterfahrung.[15]

"Wissenschaftspropädeutik" wird als neuhumanistisches Konzept eingestuft, das von einem umfassenden Wissenschaftsverständnis ausgeht; es ist konfrontiert mit der Differenzierung der Wissenschaft in zunehmend verschiedene Disziplinen. Ziel einer schulischen Wissenschaftspropädeutik ist es letztlich, wissenschaftliches Wissen transparent zu machen, die Differenz zwischen lebensweltlichen, komplexen Gegenständen und dem wissenschaftlichen, spezialisierten Wissen zu überwinden sowie die Einzelwissenschaften zu transzendieren und ein Ganzes zu stiften (Habel, 1990: 207ff.). Modernere Konzeptionen fragen danach, was Wissenschaftspropädeutik, was das einheitsstiftende Ganze angesichts der kompartimentalisierten Wissenschaft sein kann und soll. Sie scheinen sich dahingehend einig zu sein, dass es einen inhaltlichen Bezugsrahmen für die Transzendierung disziplinären Wissens braucht (Habel, 1990: 215), divergieren aber in ihren Auffassungen, was den Inhalt dieses Bezugsrahmens angeht.[16]

---

12 Auf die Diskussion, inwiefern und wie Wissenschaftspropädeutik insbesondere auch auf die Berufsausbildung auszudehnen sei, wird hier nicht eingegangen. Als Beispiel für diese Forderung sei hier auf Kutscha (1978) verwiesen.

13 Einen Überblick sowohl über die Geschichte des Konzeptes "Wissenschaftspropädeutik", als auch über neuere Konzeptionen gibt die Arbeit von Habel (1990).

14 Wissenschaftsorientierung meint insbesondere das Aufzeigen der wissenschaftlichen Bedingt- und Bestimmtheit aller Unterrichtsgegenstände.

15 Diese Diskussion kann in Teilen verfolgt werden anhand einer Debatte in der Zeitschrift *Schulpraxis*: Spies (1982) wendet sich gegen die von ihm mitinitiierte Wissenschaftsorientierung an der Kollegschule Nordrhein-Westfalen insbesondere mit dem Argument des Verlustes der primären Welterfahrung und löst damit eine Diskussion aus (Blankertz, 1982; Habel, 1983; Spies, 1983), auf die hier jedoch nicht weiter eingegangen zu werden braucht (vgl. dazu auch Neugebauer, 1983).

16 Eine Konzeption, diejenige von Wilhelm Flitner, bestimmt Wissenschaftspropädeutik als "Herstellung des 'Vorverständnisses der wissenschaftlichen Kultur im Zusammenhang unserer Gegenwartskultur' bzw. als Einführung in das die Teilstruktur Wissenschaft 'Voraufgehend-Umfassende'" und setzt damit eine "Einheit von Erfahrungen, Kenntnissen, Gesinnungen und Künsten" als gegeben voraus (Habel, 1990: 213). Das Bielefelder Oberstufenkolleg wiederum geht davon aus, dass ein "inhaltlich beschreibbarer Zusammenhang des möglichen Wissens" nicht gegeben ist und dass ein solcher Zusammenhang nur jeweils punktuell in inhaltlich bestimmten Projektgruppen hergestellt werden kann (Habel, 1990: 214). Die Kollegstufenkonzep-

Von Hentig (1971: 871) dehnt das Konzept der Wissenschaftspropädeutik auf alle Ausbildungsstufen, und damit auch auf die Hochschule, aus (1971: 871; 1974: 34).[17] Er konstatiert, angesichts der Notwendigkeit, komplexe Fragestellungen umfassend zu bearbeiten und disziplinäres Wissen zu einem Ganzen zu integrieren, ein Verständigungs- und Integrationsproblem in der Wissenschaft, bedingt durch die Spezialisierung in den Disziplinen. Wissenschaftspropädeutik soll dazu beitragen, die Wissenschaft zu erneuern, ihre Verständlichkeit und ihre prinzipielle Einheit wiederherzustellen (von Hentig, 1971: 857; zum ganzen auch von Hentig, 1974) und damit ihre Kommunikations- und Integrationskompetenz zu erhöhen: "Wissenschaften *haben* miteinander zu kommunizieren; Wissenschaften haben sich dauernd der von ihnen ausgeblendeten Aspekte zu versichern; Wissenschaften haben füreinander verständlich zu sein. (...) weil 'Wissenschaft' ja darin besteht, dass sie ihren Gegenstand intersubjektiv und also auch interdisziplinär verfügbar macht. Die einzelne Disziplin hat einen Teilauftrag aus dem Ganzen übernommen und schuldet den anderen Teilen Rechenschaft und Frage. Ihre Ergebnisse und ihre Probleme müssen jederzeit in das Ganze überführbar sein" (von Hentig, 1971: 867). Von Hentig fordert eine in diesem Sinne "richtige Disziplinarität", zu der eine allgemeine Wissenschaftspropädeutik beitragen soll.

"Allgemeine Wissenschaftspropädeutik" wird im vorliegenden Beitrag in Anlehnung an von Hentigs Auffassung verstanden. Ziel ist es, in der Ausbildung die Disziplinen in ihrem Verhältnis zur Welt, zu den lebensweltlichen Gegenständen und zu den anderen Disziplinen zu reflektieren, ihre gegenseitige Verständlichkeit zu fördern und die zukünftigen Forschenden darauf vorzubereiten, komplexe Fragestellungen umfassend anzugehen und so wieder zu einem integrierten Ganzen zu gelangen. Von Hentig scheint dabei allerdings von der prinzipiellen Möglichkeit der Einheit der Wissenschaft - verstanden als ein einheitliches Wissenschaftsverständnis - auszugehen (von Hentig, 1974: 34 und 187). Auch eine solche Einheit kann - jedenfalls im heutigen Wissenschaftssystem - nicht als gegeben gelten (s. bspw. von Hentig selber, 1974: 62f.).[18] Eine Einheit der Wissenschaft ist nur partiell und punktuell möglich, als gemeinsame Fragestellung, die in der interdisziplinären Kooperation ad hoc bearbeitet wird (s. dazu

---

tion Nordrhein-Westfalen schliesslich postuliert ihre "allgemeine Gesellschaftslehre" als inhaltlichen Bezugsrahmen, in deren Zusammenhang Disziplinarität und politische Voraussetzungen und Folgen der Disziplinarität diskutiert werden sollen (Habel, 1990: 202 und 215).

17 Von einer solchen Ausdehnung gehen auch weitere aus, so z.B. Neugebauer, 1983: insbes. 253f. Auch Tangemann (1980) bezieht den Begriff "Wissenschaftspropädeutik" auf die Hochschulausbildung. Wenn er von "Wissenschaftspropädeutik eines Fachs" (38) spricht, so ist anzunehmen, dass er den Begriff synonym zu "Fachpropädeutik" verwendet und damit die Vorbereitung auf das wissenschaftliche Arbeiten in einem Fach meint.

18 Auf dieses Thema wird hier nicht näher eingegangen; zum Stand der Diskussion, insbesondere auch den Zusammenhang mit Interdisziplinarität, s. Gräfrath et al., 1991; Einheit der Wissenschaften, 1991; Poser, 1987; Primas, 1992; Luyten, 1974.

auch Vosskamp, 1984). Damit ist aber auch eine generell gültige, gemeinsame Basis aller Wissenschaft(en) nicht (vor-)gegeben.[19]

"Allgemeine Wissenschaftspropädeutik" bezeichnet also ein Ausbildungskonzept, das die Voraussetzungen zur interdisziplinären Zusammenarbeit vermitteln soll, indem die Studierenden befähigt werden, ihre eigene Disziplin zu reflektieren, die Begrenztheit der disziplinären Optik zu erkennen und die eigene Disziplin in Beziehung zu anderen Disziplinen zu setzen. Der Terminus "Propädeutik" bezieht sich nicht auf eine zeitliche Situierung im Verhältnis zum Fachstudium, sondern auf den propädeutischen Charakter im Hinblick auf interdisziplinäres Arbeiten.[20]

Eine Ausbildung in allgemeiner Wissenschaftspropädeutik muss - will sie Voraussetzungen für die interdisziplinäre Arbeit vermitteln - zukünftigen Forschenden erlauben,

- die Realitätsauffassung der eigenen Disziplin zu erkennen und in Relation zu setzen zu derjenigen anderer Disziplinen (s. auch Schneider, 1988: 15; Tenbruck, 1988: 18),
- das Wissenschaftsverständnis und die Theorien der eigenen Disziplin in ihrer Begrenztheit zu erkennen (s. auch Tangemann, 1980: 37; Tenbruck, 1988: 19),
- die Werte, Ziele, Interessen und die Tradition der eigenen Disziplin sowie die Verhaltensmuster der eigenen scientific community zu erkennen (s. auch Schneider, 1988: 15 und 1993: 375f.; Tenbruck, 1988: 19),
- die eigene disziplinäre Fachsprache als solche zu erkennen und in Relation zu setzen zu derjenigen anderer Disziplinen (s. auch Tangemann, 1980: 40),
- die eigenen disziplinären Methoden zu erkennen, bewusst anzuwenden und in Relation zu anderen disziplinären Methoden zu setzen (s. auch Blaschke und Lukatis, 1976: 72; Schneider, 1988: 15; Tenbruck, 1988: 19),
- in einem Team zu arbeiten und zu kommunizieren (s. auch Blaschke und Lukatis, 1976: 72).

Diese Voraussetzungen lassen sich als allgemeine Lernziele formulieren (vgl. unten).

---

19 Dies hat - für die Ausbildung - auch zur Folge, dass kein Kanon an Inhalten definiert werden kann, die im Rahmen einer allgemeinen Wissenschaftspropädeutik per se zu vermitteln sind.

20 Der Terminus "allgemeine" weist Wissenschaftspropädeutik im hier verstandenen Sinne als Konzept der Allgemeinen Didaktik aus. Der Modellehrgang in allgemeiner Wissenschaftspropädeutik ist damit an die disziplinären Ausbildungen mit ihren Fachdidaktiken zu adaptieren (zum Verhältnis von Allgemeiner Didaktik und Fachdidaktik s. bspw. Plöger, 1992).

Entsprechend beinhaltet das Konzept "allgemeine Wissenschaftspropädeutik" folgende Elemente (s. auch Balsiger et al., 1993):

- Erkenntnistheorie: Reflexion über Möglichkeiten, Grenzen und Art der menschlichen Erkenntnis.
- Wissenschaftstheorie, -geschichte und -soziologie: Reflexion über Möglichkeiten und Grenzen der Erkenntnisgewinnung in der Wissenschaft allgemein und in den einzelnen Disziplinen im speziellen unter Einbezug der historischen und soziologischen Dimensionen.
- Methodologie: Reflexion von wissenschaftlichen Methoden allgemein und solchen der einzelnen Disziplinen im speziellen.
- Sprachphilosophie: Reflexion über Sprache und deren Gebrauch allgemein und über die verschiedenen wissenschaftlichen Fachsprachen (Terminologie- und Argumentationslehre) im besonderen.
- Ethik: Reflexion über Handlungsweisen, handlungsleitende Normen und Verantwortung allgemein und in den Wissenschaften im speziellen.
- Kommunikations- und Arbeitsmethoden: Vermittlung und Umsetzung von Methoden, die das Funktionieren eines wissenschaftlichen Diskurses für alle Beteiligten ermöglichen (Förderung von Teamfähigkeit und Gesprächskompetenz) und die Arbeitsprozesse von und in Gruppen unterstützen.

Aus diesen Elementen ist aber kein allgemein gültiger und gleichzeitig konkretisierter Kanon von Inhalten ableitbar, die unabhängig von der jeweiligen Disziplin vermittelt werden können; ein solcher Kanon lässt sich nur jeweils für eine bestimmte Disziplin bzw. einen konkreten Ausbildungsgang erarbeiten.[21] Auf der Stufe des Modellehrgangs in allgemeiner Wissenschaftspropädeutik sind die Elemente deshalb in folgender Form konkretisiert: Der Inhalt des Modellehrgangs besteht aus einem "Pool" von Fragestellungen, die, auf eine Disziplin angewandt, eine solche Reflexion gewährleisten sollen. Die Elemente sind damit auch nicht identisch mit den gleichnamigen (Teil-)Disziplinen der Philosophie und der Arbeits- und Organisationspsychologie: Der Inhalt des Modellehrgangs wurde aus diesen (Teil-)Disziplinen entwickelt, aber ausgehend von der Frage, welche Fragestellungen sich grundsätzlich zur Reflexion der disziplinären Sozialisation und der Arbeits- und Kommunikationsprozesse in einer Gruppe eignen. Diese Fragestellungen dienen, integriert in die disziplinäre Ausbildung, einem "reflektierten Aneignen" der disziplinären Sicht- und Handlungsweisen.[22] Beispiele sind: Was sind die

21 So weist bspw. auch Schneider mehrmals darauf hin (1988 und 1993), dass Interdisziplinarität an der eigenen Disziplin, in der Reflexion der eigenen Disziplin gelernt werden muss (vgl. auch Näf, 1950: 78f. und 1955).

22 Vgl. dazu auch Hoyningen-Huene (1988: 143): "Die Eigenheiten eines Faches sind innerhalb dieses Faches oft das Allerselbstverständlichste. (...) Werden diese Selbstverständlichkeiten zu Hindernissen des interdisziplinären Dialogs, so müssen sie zuallererst bewusst gemacht und durchschaut werden, bevor man den Ande-

Gegenstände einer Disziplin, d.h. auf welchen Ausschnitt der (Lebens)Welt bezieht sie sich und welche Eigenschaften dieses Ausschnittes behandelt sie? Inwiefern und wie konstituiert eine Disziplin ihre Gegenstände? Wie überprüft eine Disziplin ihre Theorien und Ergebnisse, was gilt als wissenschaftliche Erklärung? Wann gilt etwas in einer Disziplin als "wahr"?

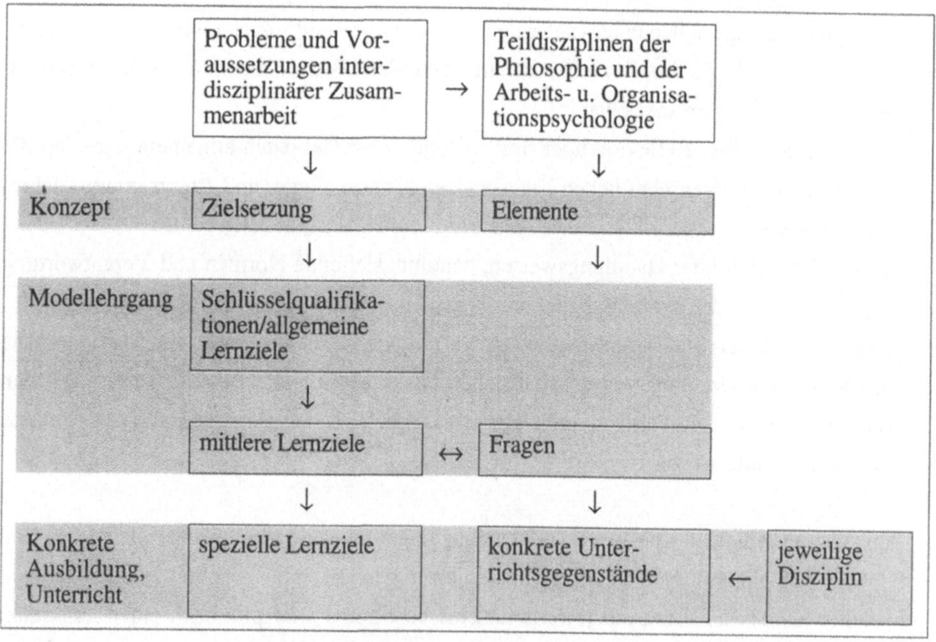

Abbildung 1. Allgemeine Wissenschaftspropädeutik

Schlüsselqualifikationen für interdisziplinäres Arbeiten

Folgende grundlegende Kompetenzen sind - zusammengefasst - Voraussetzung für interdisziplinäres Arbeiten (s. oben): Die eigene Disziplin in allen ihren Aspekten reflektieren können; andere wissenschaftliche Sicht- und Handlungsweisen als solche erkennen und akzeptieren können; in einem Team arbeiten können. Erst diese Kompetenzen erlauben eine erfolgreiche interdisziplinäre Arbeit. Sie stellen Kompetenzen dar, die unabhängig von der jeweiligen Disziplin

ren überhaupt verstehen kann. Hier geht es nicht darum, mit jemandem eine gemeinsame Sprache zu finden oder zu erfinden, hier geht es darum, sich zunächst einmal selbst zu verstehen." Vgl. dazu auch von Oy, 1991.

und von der konkreten interdisziplinären Forschungssituation notwendig sind. Sie sind damit disziplinenübergreifend Ziele für jede disziplinäre Ausbildung, will sie zur interdisziplinären Zusammenarbeit befähigen.

Um die zu erwerbenden Kompetenzen zu operationalisieren, wurde im erwähnten Projekt das Konzept der "Schlüsselqualifikationen" verwendet. Dieses wird v.a. im Rahmen der Berufsbildung diskutiert:[23] Angesichts des immer rascher veraltenden Fachwissens, der Dynamik der Arbeitsmarktsituation und der damit verbundenen neuen, unvorhersehbaren Anforderungen sollen Schlüsselqualifikationen Kompetenzen darstellen, die Schlüsselcharakter aufweisen in bezug auf die Lösung von Problemen und auf die Bewältigung neuer, komplexer und unvorhergesehener Situationen. Schlüsselqualifikationen sind berufsübergreifende Grundbefähigungen, d.h. Kompetenzen, die für verschiedene Fachbereiche und Situationen relevant sind und ein Instrumentarium zur Verfügung stellen, das zur Bewältigung neuer, komplexer und fächerübergreifender Probleme dient. Zudem umfassen sie Wissen, das nicht so schnell veraltet wie spezifisches Fachwissen. Sie sind damit Ergänzung und Erweiterung einer Fachausbildung. Mit Schlüsselqualifikationen werden berufsübergreifende Richtziele für jede Fachausbildung benannt.

Das Konzept der Schlüsselqualifikationen ist nicht unumstritten. Eines der wesentlichen Probleme ist die Unklarheit in bezug auf die damit verbundenen "Verwertungsabsichten" (z.B. Förderung moderner Arbeitstugenden, breitere - auch dequalifizierende - Einsetzbarkeit von Fachkräften, Mündigkeit, Problemlösungskompetenz), d.h. in bezug auf die Ziele und Begründung fachunspezifischer Qualifikationen (s. dazu etwa Laur-Ernst, 1983). Diskutiert wird auch die Frage, ob ein Transfer stattfinden kann von der Aneignungs- auf die Anwendungssituation und wie eine Lernorganisation auszusehen hat, die einen solchen Transfer gewährleistet (s. z.B. Zabeck, 1989). Weitere Probleme stellen sich im Zusammenhang mit der oftmals fehlenden Operationalisierung von Schlüsselqualifikationen (s. dazu etwa Zabeck, 1989). Diese Probleme zeigen sich auch daran, dass keine Einigkeit zu bestehen scheint darüber, welches nun diese Schlüsselqualifikationen im Detail sind und wie sie zu systematisieren sind (zu verschiedenen Vorschlägen s. bspw. Mertens, 1974; Laur-Ernst, 1983; Reetz, 1989a, 1989b; Zabeck, 1989; Bunk et al., 1991; Dörig, 1994). Im Grundsatz scheint sich jedoch zu bewähren, zwischen "materialen Kenntnissen und Fähigkeiten" (Fach- und Sachkompetenz), "formalen Fähigkeiten" (Methodenkompetenz) und "personalen Verhaltensweisen" (Sozialkompetenz) zu unterscheiden (s. dazu auch Faix und Laier, 1991).

---

23 Auf eine ausführliche Darstellung dieses Konzeptes muss hier verzichtet werden. Eine eingehende Diskussion findet sich bspw. bei Dörig (1994).

Nach Dörig (1994: 73f. und 329f.) haben Schlüsselqualifikations-Konzepte, sollen sie begründet und umsetzbar sein, insbesondere Auskunft zu geben über die Legitimation der Schlüsselqualifikationen, ihre Taxonomie und Operationalisierung, methodische und didaktische Aspekte und Fragen der Schul- und Lernorganisation.

Bezogen auf allgemeine Wissenschaftspropädeutik heisst dies nun insbesondere folgendes:
- Als Schlüsselqualifikationen werden hier Kompetenzen bezeichnet, die zu interdisziplinärem Arbeiten befähigen, d.h. sie sind Schlüsselqualifikationen für interdisziplinäres Arbeiten.
- Die Schlüsselqualifikationen ergeben sich aus Untersuchungen über Schwierigkeiten und Voraussetzungen interdisziplinären Arbeitens.
- Die Schlüsselqualifikationen sind Richtziele für disziplinäre Ausbildungen und sind im Hinblick auf ihre Umsetzbarkeit zu operationalisieren.
- Die Schlüsselqualifikationen und ihre Operationalisierung haben den spezifischen Rahmenbedingungen der verschiedenen disziplinären Ausbildungen Rechnung zu tragen (Struktur, Lernvoraussetzungen, Lernorganisation).

Im Modellehrgang in allgemeiner Wissenschaftspropädeutik werden die Schlüsselqualifikationen für interdisziplinäres Arbeiten als allgemeine Lernziele formuliert. Beispiele für
- Fach- und Sachkompetenz: Die Studierenden erwerben die Fähigkeit, ihren möglichen eigenen Fachbeitrag zu erkennen und zu formulieren sowie Fachfremden eigenes Fachwissen zu vermitteln.
- Methodenkompetenz: Die Studierenden erwerben die Fähigkeit, wissenschaftlich korrekte, gegenstands-, problem- und zieladäquate Methoden zu wählen und zu entwickeln.
- Sozialkompetenz: Die Studierenden erwerben die Fähigkeit, einen für alle Beteiligten funktionierenden wissenschaftlichen Diskurs zu führen.

Diese allgemeinen Lernziele wiederum werden im Modellehrgang als mittlere Lernziele konkretisiert.[24] Ein Beispiel für ein solches mittleres Lernziel ist: Die Studierenden haben die Fähigkeit entwickelt, die von ihnen verwendete (Fach-)Sprache als solche zu erkennen, zu beschreiben, zu würdigen und zur Diskussion zu stellen.[25]

---

24 Im Modellehrgang werden die mittleren Lernziele wiederum mit den Fragestellungen (s. oben) verbunden. Die Zuordnung von Fragestellungen und Lernzielen orientiert sich am Kriterium, welche Fragestellungen im Hinblick auf die Erreichung eines bestimmten Lernzieles dienlich sein können.

25 Zur Erreichung dieses Lernziels können u.a. folgende Fragestellungen dienen: Welche Funktion hat die Sprache im Erkenntnisprozess? Was ist "Sprache"? Was ist eine "Fachsprache", wodurch zeichnet diese sich aus?

Für die konkrete Unterrichts- und Curriculumsgestaltung ist jedoch die Formulierung spezieller Lernziele[26] und die Auswahl konkreter Unterrichtsgegenstände nötig. Dies wiederum hat durch die Dozierenden der verschiedenen Disziplinen zu erfolgen.

Das Konzept der Schlüsselqualifikationen wird hier also konkretisiert a) durch eine Zielbestimmung und b) mittels Lernzielen auf verschiedenen Ebenen. Durch die Lernzielorientierung des Modellehrgangs in allgemeiner Wissenschaftspropädeutik wird das Gewicht auf die zu erwerbenden Kompetenzen gelegt: Die Inhalte des Modellehrgangs sind kein Selbstzweck, sondern dienen, als Fragestellungen formuliert, dazu, diese Kompetenzen zu erwerben, und sind eine Hilfestellung für die Dozierenden bei der Auswahl und Formulierung lernzieladäquater Unterrichtsinhalte.

Schluss

Die disziplinäre Ausbildung und Sozialisation ist zugleich Ursache und Lösung der Probleme, die sich im Zusammenhang mit interdisziplinärem Arbeiten stellen:

- Ursache insofern, als eine unreflektierte Sozialisation die Verständigung mit Vertreterinnen und Vertretern anderer Disziplinen behindert.
- Lösung insofern, als eine reflektierte Sozialisation die Grundlage für die Kommunikation und Zusammenarbeit mit Vertreterinnen und Vertretern anderer Disziplinen bereitstellt.

Die Schwierigkeiten interdisziplinärer Zusammenarbeit können also nur gelöst werden durch eine neue Disziplinarität, durch die "Disziplinierung der Disziplinen" (von Hentig, 1974: 33; vgl. auch Mittelstrass 1995: 50f.): Interdisziplinarität ist (auch) dadurch zu fördern, dass der Reflexion grundlegenden disziplinären Wissens und Könnens ein zentraler Stellenwert in der disziplinären Ausbildung eingeräumt wird.[27] Allgemeine Wissenschaftspropädeutik liefert hierzu Grundlagen und zeigt so Mittel und Wege zur Vermittlung der Voraussetzungen interdisziplinären Arbeitens auf.

Wie lässt sich die (Fach-)Sprache einer Disziplin charakterisieren? Welches sind die postulierten und verwendeten Argumentationsstrukturen und -abläufe?

26 Spezielle Lernziele sind überprüfbare Lernziele, die im Rahmen einer Veranstaltung oder eines Studienganges erreicht werden sollen.

27 Diese Rückbesinnung zeigt sich denn auch daran, dass die oben aufgeführten allgemeinen und mittleren Lernziele einer allgemeinen Wissenschaftspropädeutik auch für disziplinäres Arbeiten an sich förderlich sind.

Literatur

Balsiger, Ph. W., Defila, R., Di Giulio, A., Dolanc, M., Enzfelder, M. and Herrmann, E. (1993) Allgemeine Wissenschaftspropädeutik und Interdisziplinarität *In*: Inter- und Transdisziplinarität: Warum? - Wie? Inter- et Transdisciplinarité: pourquoi? - comment? Arber, W. (Hrsg.), Haupt, Bern, Stuttgart, Wien.

Blankertz, H. (1982) Warnung vor dem Widerruf: Die Grusel-Wissenschaftsorientierung des Herrn Spies. *SchulPraxis. Zeitschrift für Unterricht und Schulorganisation, 5/6*: 11-15.

Blaschke, D. and Lukatis, I. (1976) Probleme interdisziplinärer Forschung. Franz Steiner Verlag, Wiesbaden.

Bunk, G. P., Kaiser, M. and Zedler, R. (1991) Schlüsselqualifikationen - Intention, Modifikation und Realisation in der beruflichen Aus- und Weiterbildung. *Mitteilungen aus der Arbeits- und Berufsforschung, 2*: 365-374.

Defila, R. and Di Giulio, A. (1996a) Interdisziplinäre Forschungsprozesse: Erwartungen und Realisierungsmöglichkeiten in einem interdisziplinären Forschungsprogramm - das Schwerpunktzentrum "Umweltverantwortliches Handeln" in seinem Umfeld *In*: Umweltproblem Mensch. Humanwissenschaftliche Zugänge zu umweltverantwortlichem Handeln, Kaufmann-Hayoz, R. and Di Giulio, A. (Hrsg.), Haupt, Bern, Stuttgart, Wien; *im Druck*.

Defila, R. and Di Giulio, A. (1996b) Was ist die spezifische Umweltverantwortung der Wissenschaft? *In*: Umweltproblem Mensch. Humanwissenschaftliche Zugänge zu umweltverantwortlichem Handeln, Kaufmann-Hayoz, R. and Di Giulio, A. (Hrsg.), Haupt, Bern, Stuttgart, Wien; *im Druck*.

Di Giulio, A. and Defila, R. (1995) Ein übergreifendes Orientierungsangebot für alle Fächer? Die Studien in Allgemeiner Ökologie an der Universität Bern. *Das Hochschulwesen. Forum für Hochschulforschung, -praxis und -politik, 4*: 240-246.

Dörig, R. (1994) Das Konzept der Schlüsselqualifikationen. Ansätze, Kritik und konstruktivistische Neuorientierung auf der Basis der Erkenntnisse der Wissenspsychologie. Dissertation, Hochschule St. Gallen, Rosch-Buch, Hallstadt.

Einheit der Wissenschaften (1991) Internationales Kolloquium der Akademie der Wissenschaften zu Berlin, Bonn, 25.-27. Juni 1990. W. de Gruyter, Berlin, New York.

Faix, W. G. and Laier, A. (1991) Soziale Kompetenz. Das Postulat zum unternehmerischen und persönlichen Erfolg. Betriebswirtschaftlicher Verlag, Wiesbaden.

Frey, G. (1973) Methodenprobleme interdisziplinärer Gespräche. *Ratio, 15*: 156-172.

Gräfrath, B., Huber, R. and Uhlemann, B. (1991) Einheit - Interdisziplinarität - Komplementarität. Orientierungsprobleme der Wissenschaft heute. W. de Gruyter, Berlin, New York.

Habel, W. (1983) Wissenschaftspropädeutik. *SchulPraxis. Zeitschrift für Unterricht und Schulorganisation, 1*: 6-8.

Habel, W. (1990) Wissenschaftspropädeutik. Untersuchungen zur gymnasialen Bildungstheorie des 19. und 20. Jahrhunderts. Böhlau Verlag, Köln, Wien.

Henningsen, J. (1959) Schulwissen und Universitätsdisziplinen. Zur Frage der propädeutischen Einführung in die Wissenschaften. *Die höhere Schule. Zeitschrift des Deutschen Philologen-Verbandes, 5*: 97-99.

Hentig, H. von (1971) Interdisziplinarität, Wissenschaftsdidaktik, Wissenschaftspropädeutik. *Merkur, 25*: 855-871.

Hentig, H. von (1974) Magier oder Magister. Über die Einheit der Wissenschaft im Verständigungsprozess. Suhrkamp, Frankfurt a. M.

Hoyningen-Huene, P. (1988) Kommunikation in der Wissenschaft: Fakten und Probleme. *communications. Die Europäische Zeitschrift für Kommunikation, 2*: 133-144.

Huber, L. (1990) Fachkulturen und allgemeine Bildung. *Mitteilungen des Bundesarbeitskreises der Seminar- und Fachleiter e.V. (BAK)*: 76-94.

Huber, L., Olbertz, J.-H., Rüther, B. and Wildt, J. (Hrsg.) (1994) Über das Fachstudium hinaus. Berichte zu Stand und Entwicklung fachübergreifender Studienangebote an Universitäten. Deutscher Studien Verlag, Weinheim.

Kaufmann, F.-X. (1987) Interdisziplinäre Wissenschaftspraxis. Erfahrungen und Kriterien *In*: Interdisziplinarität. Praxis - Herausforderung - Ideologie, Kocka, J. (Hrsg.), Suhrkamp, Frankfurt a. M.

Kocka, J. (1991) Realität und Ideologie der Interdisziplinarität: Erfahrungen am Zentrum für interdisziplinäre Forschung Bielefeld *In*: Einheit der Wissenschaften. Internationales Kolloquium der Akademie der Wissenschaften zu Berlin, Bonn, 25.-27. Juni 1990, W. de Gruyter, Berlin, New York.

Krott, M. (1994) Management vernetzter Umweltforschung. Wissenschaftspolitisches Lehrstück Waldsterben. Böhlau Verlag, Wien, Köln, Graz.

Krüger, L. (1991) Wissenschaftliche Disziplin oder Interdisziplinarität? *In*: Einheit der Wissenschaften. Internationales Kolloquium der Akademie der Wissenschaften zu Berlin, Bonn, 25.-27. Juni 1990, W. de Gruyter, Berlin, New York.

Kutscha, G. (1978) Wissenschaftspropädeutik im Sekundarbereich II - Zur Begründung der Wissenschaftsorientiertheit allen Lernens. *Bildung und Erziehung, 6*: 552-559.

Laur-Ernst, U. (1983) Zur Vermittlung berufsübergreifender Qualifikationen. Oder: Warum und wie lernt man abstraktes Denken? *Berufsbildung in Wissenschaft und Praxis, 6*: 187-190.

Lepenies, W. (1991) Die Einheit der Wissenschaft - An einem Ort und für ein Jahr: Interdisziplinarität und Institutes for Advanced Study *In*: Einheit der Wissenschaften. Internationales Kolloquium der Akademie der Wissenschaften zu Berlin, Bonn, 25.-27. Juni 1990, W. de Gruyter, Berlin, New York.

Luyten, N. A. (1974) Interdisziplinarität und Einheit der Wissenschaften *In*: Wissenschaft als interdisziplinäres Problem (Teil 1). Internationales Jahrbuch für interdisziplinäre Forschung, Bd. 1, Schwarz, R. (Hrsg.), W. de Gruyter, Berlin, New York.

Mainzer, K. (Hrsg.) (1990) Natur- und Geisteswissenschaften. Perspektiven und Erfahrungen mit fachübergreifenden Ausbildungsinhalten, Springer-Verlag, Berlin et al.

Mertens, D. (1974) Schlüsselqualifikationen. Thesen zur Schulung für eine moderne Gesellschaft. *Mitteilungen aus der Arbeitsmarkt- und Berufsforschung, 1*: 36-43.

Mittelstrass, J. (1995) Transdisziplinarität. *Panorama, Informationsbulletin des Schwerpunktprogrammes (SPP) "Umwelt", 5*: 45-53.

Näf, W. (1950) Wesen und Aufgabe der Universität. Denkschrift im Auftrag des Senates der Universität Bern, Haupt, Bern, Stuttgart, Wien.

Näf, W. (1955) Die Bildungsaufgabe der Hochschule. Beilage 4 zum Bericht der Subkommission IV. *Gymnasium Helveticum, 4*: 266-272.

Neugebauer, H. G. (1983) Wissenschaftstheorie und Wissenschaftspropädeutik im Philosophieunterricht. Zur Kritik philosophiedidaktischer Gemeinplätze. Inaugural-Dissertation, Köln.

Oy, K. von (1991) Wie und warum sollte man am Studienkolleg Wissenschaftspropädeutik betreiben? *In*: Didaktik der Wissenschaftspropädeutik und der Sprachvermittlung, Wolff, A., Justen, K.-D. and Klingel, H. (Hrsg.), Fachverband Deutsch als Fremdsprache, Regensburg.

Parthey, H. (1983) Interdisziplinarität und interdisziplinäre Forschergruppen. *Deutsche Zeitschrift für Philosophie, 31*: 31-43.

Plöger, W. (1992) Allgemeine Didaktik und Fachdidaktik. Modelltheoretische Untersuchungen. Peter Lang, Frankfurt a. M., Bern, New York, Paris.

Poser, H. (1987) Gibt es eine Einheit der Wissenschaft? Zum Naturverständnis der Gegenwart. *Information Philosophie, 5*: 5-18.

Primas, H. (1992) Die Einheit der Wissenschaften. Ein gebrochener Mythos *In*: "Auf der Suche nach dem ganzheitlichen Augenblick". Der Aspekt Ganzheit in den Wissenschaften, Thomas, C. (Hrsg.), Verlag der Fachvereine, Zürich.

Reetz, L. (1989a) Zum Konzept der Schlüsselqualifikationen in der Berufsbildung (Teil I). *Berufsbildung in Wissenschaft und Praxis, 5*: 3-10.

Reetz, L. (1989b) Zum Konzept der Schlüsselqualifikationen in der Berufsbildung (Teil II). *Berufsbildung in Wissenschaft und Praxis, 6*: 24-29.

Schneider, H. J. (1988) Interdisziplinarität: Floskel oder Notwendigkeit? *UNIVERSITAS. Marksteine. Sonderedition zur 500. Ausgabe*: 12-15.

Schneider, H. J. (1993) Distanz zur Disziplin. Besonderheiten interdisziplinären Arbeitens. *UNIVERSITAS, 4*: 362-372.

Schurz, R. (1992a) Die universitären Schreibstile. Studien zur Möglichkeit von Interdisziplinarität I. Gebr. Meurer, Darmstadt.

Schurz, R. (1992b) Sozialisation und Einstellungen als Faktoren der universitären Diskurse. Studien zur Möglichkeit von Interdisziplinarität II. Gebr. Meurer, Darmstadt.

Schurz, R. (1993) Die universitären Denkstile. Studien zur Möglichkeit von Interdisziplinarität III. Gebr. Meurer, Darmstadt.

Schurz, R. (1995) Ist Interdisziplinarität möglich? *UNIVERSITAS, 11*: 1080-1089.

Spies, W. E. (1982) Wissenschaftspropädeutik: Warnung und Widerruf. *SchulPraxis. Zeitschrift für Unterricht und Schulorganisation, 4*: 9-13.

Spies, W. E. (1983) Der gute Wille des Doktor Blankertz. *SchulPraxis. Zeitschrift für Unterricht und Schulorganisation, 1*: 8.

Tangemann, H. G. (1980) Probleme der Interdisziplinarität in der Praxis. *Zeitschrift für Didaktik der Philosophie, 1*: 37-42.

Tenbruck, F. H. (1988) Sinn und Unsinn der Interdisziplinarität. *UNIVERSITAS. Marksteine. Sonderedition zur 500. Ausgabe*: 16-20.

Thom, R. (1986) Nutzen und Schwierigkeiten interdisziplinärer Forschung. *Spektrum der Wissenschaft, Januar*: 12-13.

Vosskamp, W. (1984) Von der wissenschaftlichen Spezialisierung zum Gespräch zwischen den Disziplinen *In*: Kindlers Enzyklopädie, Band 7. Der Mensch, Wendt, H. and Loacker, N. (Hrsg.), Kindler, Zürich.

Windolf, P. (1992) Fachkultur und Studienfachwahl. Ergebnisse einer Befragung von Studienanfängern. *Kölner Zeitschrift für Soziologie und Sozialpsychologie, 1*: 76-98.

Zabeck, J. (1989) "Schlüsselqualifikationen" - Zur Kritik einer didaktischen Zielformel. *Wirtschaft und Erziehung, 3*: 77-85.

Zimmerli, W. Ch. (1988) Von der Disziplinlosigkeit zur Kulturlosigkeit? Gefahren neuer Programme zur Vermeidung der Gefahren alter Programme. *UNIVERSITAS. Marksteine. Sonderedition zur 500. Ausgabe*: 4-11.

Ökologie und Interdisziplinarität – eine Beziehung mit Zukunft?
Wissenschaftsforschung zur Verbesserung der fachübergreifenden Zusammenarbeit
Ph. W. Balsiger/R. Defila/A. Di Giulio (Hrsg.)

Interdisziplinarität und Ganzheitlichkeit in der universitären Umweltbildung – Überlegungen und Perspektiven am Beispiel des Lehrerstudiums

Gerhard Becker

Interdisziplinarität gilt als selbstverständliches, wenn auch selten präzisiertes oder gar realisiertes Postulat jeglicher Umweltbildung. Dies wird am desolaten Zustand der universitären Umweltbildung von Lehrern gezeigt, auf deren politische und universitäre Ursachen eingegangen wird. Nach Überlegungen zum interdisziplinären Ökologiebegriff, zum Problem der Komplexitätsreduktion und zu den Konsequenzen für die universitäre Lehre wird begründet, dass Umweltbildung an der Universität – insbesondere im Lehrerausbildungsbereich – über eine problembezogene Inter- oder Transdisziplinarität zu einem neu verstandenen ganzheitlichen Ansatz und Verständnis des Studiengegenstandes hinausgehen muss. In den folgenden Abschnitten werden in Form von zehn Thesen, von zehn kurz- und langfristigen Handlungs- und Strukturvorschlägen und anhand eines Beispiels aus der eigenen Lehrpraxis Möglichkeiten einer grundlegenden Reform der universitären Umweltbildung von Lehrern erörtert. Ein Teil dieser Überlegungen wird auf die universitäre Umweltbildung allgemein bezogen.

Einleitung

Interdisziplinarität gilt inzwischen als unbestrittenes Prinzip, um die Umweltkrise zu analysieren und praktische Lösungsvorschläge für sie zu entwickeln. Unklarheit und Uneinigkeit besteht dagegen darüber, welche Disziplinen oder Fächer mit welchen Fragestellungen daran zu beteiligen sind, wie die Integration einer solchen interdisziplinären Ökologie bzw. Umweltforschung betrieben werden kann und wie sich dies in umweltbezogenen Studiengängen niederschlagen kann und soll.[1] Im folgenden soll der Lehrerausbildungsbereich im Mittelpunkt stehen, bei dem bildungsbezogene Aspekte eine besondere Rolle spielen.

Zum Stand der universitären Umweltbildung von Lehrern

Eine ähnliche Diskussionslage findet man in der Umweltpädagogik: Sowohl im Hinblick auf die schulische Umwelterziehung als auch die dazugehörige Lehrerausbildung gehörte "Interdisziplinarität" neben "Problemorientierung" und "lokalem Bezug" von Anfang an zu den zentralen Prinzipien[2] – jedenfalls in theoretischen Konzepten, Empfehlungen und amtlichen Dokumenten.[3] Faktisch dominierten in der Anfangszeit vor allem biologische und geographische Aspekte. Ausserdem herrschte eine fragwürdige "Abbilddidaktik": Ein ökologischer (Problem-)Gegenstand wird definiert und mehr oder weniger wissenschaftlich begründet. Didaktisch geht es erst in einem zweiten Schritt nur noch darum, mit welchen Methoden man diesen vorausgesetzten Lerngegenstand unverändert den jeweiligen Lernenden vermittelt. Mit diesem "Einbahnstrassenmodell" verbunden ist meist eine Beschränkung auf die kognitive Dimension und eine zumindest implizite normative, ökologische Weltsicht. Diese Verkürzungen lagen auch vielen gesellschaftskritisch-ökologischen Auffassungen zugrunde.

---

1 Informationen über den Ist-Zustand in Deutschland findet man in dem regelmässig erscheinenden "Studienführer Umweltschutz" (Umweltbundesamt, 1994).

2 Dies gilt schon für die Empfehlungen der Tagung über Umwelterziehung in München 1978, die sich die Aufgabe gestellt hatte, die 41 Empfehlungen der UNESCO/UNEP-Tagung "Intergovernmental Conference on Environmental Education" in Tiflis (UDSSR) für deutsche Verhältnisse zu konkretisieren und anzupassen. Zumindest für die damals als zentral erachteten Schulfächer (Biologie, Geographie) wurde ein interdisziplinäres Grundstudium vorgeschlagen. Darüber hinaus wurde als zweites Hauptziel formuliert: "Von besonderer Bedeutung ist die ständige Befähigung der Lehrerstudenten und Lehrer, zusammen mit den Schülern und der weiteren Schulgemeinde lokale Umwelterziehung selbst zu entwickeln", ein Ziel, das durch Beteiligung an Fallstudien und Projekten erreicht werden sollte (Hausmann, 1979: 233ff)!

3 Seit 1980 ist Umwelterziehung bzw. -bildung durch Beschluss der bundesdeutschen Kultusministerkonferenz (KMK) und spätere Beschlüsse der Landesministerien offizielle Aufgabe des öffentlichen Schulwesens.

In den letzten 8-10 Jahren hat sich nun ein erfreulich kritischer, differenzierender und wichtige neue Aspekte betonender Diskurs über Umweltbildung[4] entwickelt, den ich hier nur mit einigen Stichwörtern andeuten möchte: Lebenswelt-Lernort, Subjektbezug, kulturelle und ästhetische Dimension des Naturbegriffs, Umweltbewusstsein-Umwelthandeln, Relativierung der Bedeutung des Wissens, Ökoethik, Empirie der Schulpraxis und nicht zuletzt der neue Bildungsdiskurs.[5] Faktisch handelt es sich inzwischen bei der Umweltpädagogik[6] um einen sehr komplexen, interdisziplinären Forschungs-, Entwicklungs- und Praxisbereich, der sich erst allmählich organisiert.[7]

Daran gemessen fällt ein Blick auf die Realität der universitären Lehrerausbildung sehr ernüchternd aus: es dominieren eindeutig die allzu schlichten Modelle, vor allem als ökologisch erweiterte Biologie- und Geographielehrerausbildung. Bei aller Wertschätzung des unverzichtbaren Engagements der betreffenden Hochschullehrer kann man dabei von Umweltbildung oder -erziehung wirklich nicht reden. Ambitionierte Praxis, die ernsthaft interdisziplinär (d.h. mehr als "bidisziplinär"), transdisziplinär oder ganzheitlich (s.u.) ist und/oder den genannten Diskurs wenigstens ansatzweise in Ausbildung umsetzt, führt ein absolutes Schattendasein. Sie ist in der Regel das isolierte und notwendig bruchstückhafte Werk von besonders engagierten Hochschullehrern, das in der Regel auch nicht institutionell abgesichert ist (vgl. Umweltbundesamt, 1994; Entrich et al., 1994[8]).

Bei einem solchen Stand der universitären Umweltbildung dürfte die qualitative Wirkung auf den Einzelstudenten sehr bescheiden sein. Die Breitenwirkung auf die Lehrerstudenten insgesamt ist schon deshalb gering, weil nur ein kleiner Teil der Studenten Gelegenheit hat, entsprechende Veranstaltungen zu besuchen.[9] Zusammen mit der seit Jahren andauernden, restriktiven Einstellungspolitik der deutschen Bundesländer muss man zu folgendem deprimierenden Schluss kommen:

---

4 Umweltbildung wird hier – wenn nichts anderes gesagt - als neutraler Oberbegriff für alle vorhandenen Konzepte und Theorien benutzt, die sich zum grossen Teil andere Bezeichnungen versehen haben: Umwelterziehung, Ökopädagogik, naturbezogene Pädagogik etc.

5 Wegen des Umfangs dieser Literatur möchte ich hier exemplarisch nur zwei aktuelle Neuerscheinungen nennen: Schreier, 1994; Bölts, 1995.

6 Umweltpädagogik wird hier als umfassender Sammelbegriff für den gesamten umweltbezogenen Teilbereich der Pädagogik verwendet, von einer systematisch betriebenen "Interdisziplin" o.ä. kann man jedoch (noch) nicht sprechen.

7 S. Vorschlag 4 und dazugehörige Fn. 19.

8 Die von den Autoren dieser Studie gelieferte erheblich positivere Interpretation ihrer Erhebungen kann ich aus verschiedenen Gründen und eigenen Erfahrungen nicht teilen. Allzu vorschnell werden die recherchierten umweltbezogenen Veranstaltungen mit Umweltbildung bzw. Umwelterziehung gleichgesetzt. Dagegen spricht schon die Tatsache, dass pro Semester an allen deutschen Universitäten zusammen nur durchschnittlich etwa 20 umweltbezogene Lehrveranstaltungen aus dem Bereich der Erziehungswissenschaften gefunden werden konnten.

9 Dem widerspricht nicht die Tatsache eines überdurchschnittlichen Umweltbewusstseins von Studenten: Dieses speist sich aus anderen Quellen.

These 1: Die Wirkung der universitären Umweltbildung von Lehrern auf die Schulpraxis ist zur Zeit bedeutungslos, es gehen von ihr derzeit auch keine vorwärtstreibenden Impulse für die Schule aus.

Die beiden aus meiner Sicht wesentlichsten Gründe für diesen Zustand der Lehrer-Umweltbildung möchte ich in zwei pointierten Thesen formulieren, aus denen sich dann auf verschiedenen Ebenen Handlungskonsequenzen ableiten lassen.

These 2: Es gibt praktisch keine staatliche Politik der Förderung der Umweltbildung von Lehrern, die über einzelne Beschlüsse oder konsequenzenlose Willensbekundungen der Kultusminister hinausgeht, ja es fehlt der politische Wille zu der längst überfälligen Lehrerausbildungsreform.

These 3: Auf Seiten der Hochschulen sind einerseits deren disziplinäre Strukturen weiterhin äusserst starr. Andererseits nutzen nur wenige Hochschullehrer ihre akademische Freiheit, um ökologisch-gesellschaftliche Verantwortung zu zeigen oder bringen den Mut auf oder überwinden ihre Ängste, ihren jeweiligen engen, aber "sicheren" Rahmen und ihre gewohnte Rolle in Forschung und Lehre zu überschreiten.

Konsequenz ist, dass die universitäre Situation der Lehrerausbildung sich insgesamt kaum verändert hat und damit für jegliche interdisziplinäre Umweltbildung sich als (noch) strukturell ungeeignet bzw. unfähig erweist: Primat der Fachausbildung; geringe Wertschätzung der Lehrerausbildung bei den Fachwissenschaftlern; kleiner, in sich zerrissener erziehungs- und gesellschaftswissenschaftlicher Studienanteil – besonders bei der Gymnasiallehrerausbildung; meist einseitige fachwissenschaftlich ausgerichtete Fachdidaktik (oder gar keine); veraltete Prüfungs- und Studienordnungen, die ein zusammenhangloses Studium fördern bzw. etwas Besseres behindern! Aus den genannten strukturellen Argumenten folgt auch, dass es über die Lehrerausbildung hinaus derzeit auch grundlegende Hindernisse für notwendige ökologische Neuorientierungen von anderen universitären Studiengängen in einem interdisziplinären Sinne gibt.

Trotz gravierender Defizite der schulischen Umweltbildung sind Schulen in diesem Bereich offensichtlich erheblich weiter als Universitäten! Zum Glück machen es viele ökologisch interessierte Studenten ebenso wie die erste Generation von ausserordentlich engagierten Lehrern, die in den letzten 15-20 Jahren ökologische Selbstbildung betrieb. Diese lobenswerte private Strategie ist gesellschaftlich jedoch weder quantitativ noch qualitativ ausreichend, um schulische Umweltbildung auf eine breite und erfolgreiche Basis zu stellen, zumal die besagte "Pioniergeneration" von Lehrern sich inzwischen aus Resignation und aus anderen Gründen eher zurückzuziehen scheint. Es führt deshalb kein Weg an einer einschneidenden Reform der universitären Umweltbildung von Lehrern vorbei, die natürlich nur im Rahmen einer Gesamtreform der Lehrerausbildung[10] zu erreichen ist, ja der universitären Ausbildung überhaupt. Die einzige positive Wirkung für die Schule dürfte zur Zeit von der ebenfalls reform- und ausbaubedürftigen Lehrerfortbildung ausgehen.

Aspekte von Umweltbildung

Neben den gravierenden institutionellen Hindernissen einer solchen universitären Reform darf jedoch nicht übersehen werden, dass es – vor dem Hintergrund des umweltpädagogischen Diskurses einerseits und der defizitären Praxis in Schule und Universität andererseits – noch grundlegende konzeptionelle Fragen der Umweltbildung und darauf basierender Ausbildungsmodelle zu klären gibt. Aus Platzgründen kann ich hier nicht auf die verschiedenen, vorliegenden Konzeptideen, die damit verbundenen Ziele und Qualifikationen sowie ihre Voraussetzungen und Konsequenzen eingehen (z.B. Stipproweit und Bergemann, 1991; Hedewig, 1993; Kyburz-Graber, 1993; Jaritz, 1994; Schleicher, 1994). Stattdessen werde ich mich in diesem Abschnitt mit einigen mir besonders wichtigen Aspekten begnügen, die Basis und Hintergrund meiner Vorschläge und Beispiele sind, die ich in den nächsten Abschnitten darstellen werde.

Ökologische Interdisziplinarität, Transdisziplinarität und ihre Grenzen

Reichweite und Inhalt des Begriffs Interdisziplinarität können im Falle der Ökologie insgesamt oder auch bei jedem Teilthema sehr unterschiedlich verstanden und festgelegt werden, sie hängen vor allem von grundlegenden Zielsetzungen und Motiven jeweiligen interdisziplinären Arbeitens ab. Dass solche Festlegungen den Problemgegenstand entscheidend konstituieren, wird dabei oft zu wenig bedacht! Da die Ökologiefrage sich als praktische Frage stellt, ist die ökologische Interdisziplinarität in der Regel eine konkret problemorientierte.[11] Dies scheint mir sinn-

---

10 Nach einer längeren Pause der Diskussion über eine Reform der Lehrerausbildung, scheint sie in den letzten Jahren langsam wieder in Gang zu kommen: vgl. dazu die Schwerpunkthefte zur Lehrerausbildung in *Pädextra* 10/1991 und *Hochschulausbildung* 4/1990.

11 Auf die umfangreiche Diskussion über Interdisziplinarität, über ihre verschiedenen Arten und verwandte Begriffe und über die jeweiligen Zielsetzungen, Umsetzungsmöglichkeiten und -hindernisse kann hier nicht eingegangen werden (vgl. Hübenthal, 1991 und Kocka, 1987).

voll, denn es kann nicht darum gehen, mit der Ökologie eine Art "Interdisziplin" als neues "Super-Fach" zu etablieren, das etwa die klassische Fächerdifferenzierung in sich aufhebt. Ökologie sollte eher als ein allgemeines, quer zur herkömmlichen wissenschaftlichen Systematik liegendes, zusätzliches Arbeitsprinzip verstanden werden, das auf konkrete Probleme angewendet wird. Dies kommt dem Begriff Transdisziplinarität nahe bzw. dem transdisziplinären Verständnis einer Allgemeinen Ökologie, die an der Universität Bern und von den Herausgebern dieser Publikation zugrundegelegt wird (Di Giulio und Defila, 1995).

Einerseits erscheint eine Erhöhung der im Einzelfall relevanten und zu beteiligenden Fächer wünschenswert, um der "realen Komplexität" des Problemfeldes näherzukommen. Andererseits handelt man sich mit jeder Steigerung der Komplexität und Differenzierung des Problemgegenstandes auch eine exponentielle Zunahme von Schwierigkeiten der wissenschaftlichen Bearbeitung und der Kommunikation zwischen den beteiligten Forschern ein. Schnell stellt sich die Notwendigkeit von Komplexitätsreduktionen ein, für die wiederum fächerübergreifende, vielleicht transdisziplinäre Kriterien entwickelt werden müssen. Dies gilt verstärkt bei der Umsetzung in der Lehre, auf die ich später zu sprechen komme. Abgesehen davon, dass es ohnehin keine objektive Bestimmbarkeit einer "richtigen Komplexität" oder einer wie auch immer reduzierten Komplexität gibt, wird oft implizit unterstellt, dass eine inter- oder transdisziplinäre Bearbeitung eines Problems am Ende ein in sich konsistentes, objektives Gesamtbild des Problems liefert, aus dem vielleicht sogar eindeutige Lösungsvorschläge ableitbar sind, durch die bei der praktischen Umsetzung die gewünschten umweltbezogenen Effekte erzielt werden.

Hier zeigt es sich, dass es neben den genannten strukturellen Hindernissen auch auf der rein fachlichen und überfachlichen Ebene enorme sachliche Probleme gibt, sodass es nicht erstaunlich ist, dass es noch kaum interdisziplinäre Studiengänge gibt. Studienorganisatorisch ist kein Modell denkbar, in dem eine grössere Zahl von Disziplinen additiv als Voraussetzung von zu praktizierender Interdisziplinarität studiert wird. Bei fester Studiendauer ginge dies nur auf Kosten der wissenschaftlichen Qualität der verschiedenen disziplinären Teilausbildungen. Deshalb sind solche additiven Lösungen nur mit geeigneten 2-3-Fachkombinationen möglich, was man im Lehramts- und Magisterbereich als Grundstruktur ohnehin hat. Oder man studiert ein Fach mit einer fachinternen, ökologischen Schwerpunktsetzung, die gegebenenfalls noch mit singulären "fachfremden" Ergänzungen versehen wird. Bei all diesen in der Praxis vorkommenden Modellen wird jedoch die Komplexitätsreduktion primär nach rein fachlichen Gesichtspunkten vorgenommen, was in der Regel nicht problemadäquat ist. Wenig effektiv ist es, Interdisziplinarität ausschliesslich über eine Art "Ökologisches Studium Generale" in Form von Ringvorlesungen o.ä. herstellen zu wollen, immerhin gäbe es hier kaum Grenzen, was die Fächerzahl betrifft.[12]

Ganzheitlichkeit – Naturbeziehungen

Bei ökologischen Praxisproblemen und -projekten zeigt es sich, dass es notwendig und sinnvoll ist, nicht nur über Interdisziplinarität, sondern auch über eine transdisziplinär[13] verstandene Integration oder Zusammenarbeit der beteiligten universitären Disziplinen (bzw. schulischen Fächern in der beruflichen Praxis) hinauszugehen. Es gibt nämlich etliche damit nicht erfasste Sichtweisen, Perspektiven und Verknüpfungen, die beispielsweise aus den Bereichen Ästhetik, Kulturgeschichte gewonnen werden können oder der Alltagspraxis entstammen, die entscheidend die Konstitution des Problemgegenstandes bestimmen und deshalb für eine praxisrelevante Arbeit und Bildung unverzichtbar sind (z.B. Stadtpark X in der Stadt Y, der von Baumassnahmen bedroht ist und deshalb von den Anwohnern aus verschiedenen Motiven verteidigt wird)[14]. Eine Herangehensweise, die bezogen auf einen Problemgegenstand solche relevanten Aspekte und Bezüge – neben den in engerem Sinne wissenschaftlichen – zusätzlich berücksichtigt, möchte ich ganzheitlich nennen. Wegen der Abweichung zu den üblichen Begriffsverständnissen und möglichen Missverständnissen[15] muss ich hier betonen, dass eine solche gegenstandsbezogene Ganzheitlichkeit, die zunächst auch zu unterscheiden ist von einer aus dem Bildungsdenken stammenden, subjektbezogenen Ganzheitlichkeit (s.u.), keine absolute Bestimmung eines Gegenstands impliziert (d.h. es gibt keinen wirklich alle Aspekte umfassenden Gegenstand Stadtpark X). Sie ist jeweils nur durch eine mehr oder weniger weitgehende Komplexitätsreduktion handhabbar, die jeweils kontextbezogen und mit (im Idealfall) diskursiv zu bestimmenden Kriterien definiert wird.

Man kann in diesem Sinn auch von einem ganzheitlichen Verständnis von Natur allgemein sprechen, die grundsätzlich in allen ihren Bezügen und Beziehungen gesehen wird und damit neu und in vielfältigerer Form verstanden wird, als dies aus der Perspektive eines wie auch im-

---

12 Einen inhaltlich zukunftsträchtigeren Weg versucht man beispielsweise in Bern mit dem parallelen (Zusatz)Studium einer Allgemeinen Ökologie, der jedoch an hohe Voraussetzungen im Gesamtangebot der universitären Lehre und bei den Studenten gebunden ist (Di Giulio und Defila, 1995).

13 Transdisziplinarität im Verständnis von Mittelstrass (1995) und von Di Giulio und Defila (1995).

14 Vgl. auch die Beispiele im vierten Teil.

15 Dennoch verwende ich hier diesen Begriff, der sowohl in der Ökologie-Debatte, vor allem aber im Bildungsbereich eingeführt ist, um eine Wortschöpfung zu vermeiden.

mer gearteten interdisziplinären Denkens möglich ist. Die ökologische Krise ist dann eine Krise der Gesamtheit dieser Gesellschaft-Mensch-Natur-Beziehungen (kurz: Naturbeziehungen), zur ihrer Bewältigung gehört eine neue, demokratische Kultur der Naturbeziehungen (Becker, 1994b).

Zum Studiengegenstand einer universitären Umweltbildung

These 4: In umweltbezogenen Studiengängen sollte die Beschäftigung mit ganzheitlichen Praxisprojekten breiten Raum einnehmen, an denen möglichst mehrere Studiengänge aus unterschiedlichen Wissenschaftsbereichen zu beteiligen sind.

Nimmt man den Bildungsaspekt jeglicher Umweltbildung ernst, dann muss man jedoch noch einen Schritt weitergehen. Es reicht dann auch nicht mehr, sich im Hinblick auf den Studiengegenstand an der Gesamtheit der Naturbeziehungen, d.h. in diesem Sinne ganzheitlich zu orientieren oder sich gar auf eine wie auch immer verstandene interdisziplinär oder transdisziplinär erweiterte Ökologie zu beschränken. Im Sinne der neueren Bildungsdiskussion gehören unabdingbar Verknüpfungen mit den individuellen Seiten der Lernenden hinzu, also die jeweiligen Interessen, Bedürfnisse, Sichtweisen, Erfahrungen, Sinnlichkeit, Lebenswelt u.ä., wodurch erst eine subjektbezogene Ganzheitlichkeit gewährleistet ist, die die ganze Person des Lernenden einbezieht. Im Falle einer unmittelbar beruflichen (Aus)Bildung, z.B. der Lehrerausbildung sollte ausserdem noch das jeweilige berufliche Feld berücksichtigt werden, sodass man zu folgendem Modell kommt:

These 5: Der Studiengegenstand universitärer Umweltbildung konstituiert sich aus den drei Bereichen Naturbeziehungen, Berufsfeld und Individualität der Lernenden und wird vor allem in ganzheitlichen Praxisprojekten integriert.

Dieser Ansatz mit seinen, in doppeltem Sinne, ganzheitlichen Studienprojekten, ist bei Lehrern sehr naheliegend, weil hier eine sehr direkte Beziehung zwischen der eigenen Umweltbildung als persönlicher Prozess und der umweltpädagogischen Zielsetzung der Berufstätigkeit besteht. Auch wenn hier nicht weiter darauf eingegangen werden kann (s. auch Fn. 24), spricht jedoch vieles dafür, die drei Säulen aus These 5 grundsätzlich für alle umweltbezogenen Ausbildungsgänge zum hochschuldidaktischen Ausgangspunkt zu wählen, weil damit berufliche

Qualifikationen erweitert (z.B. Teamarbeit, Lebensweltbezug) und individuell verankert werden können (vgl. Winkler, 1995). Bei der Umweltbildung von Lehrern handelt es sich allerdings um ein besonders komplexes Unterfangen.

Lernorte in der Lehrerbildung

An dieser Stelle wird vorausgesetzt, dass eine kritische Lebensweltorientierung und eine Praktizierung eines Lernortprinzips, d.h. die Durchführung von Projekten zu lokalen, ausserschulischen Themen, zentrale Bedeutung für schulische Umweltbildung und ihren praktischen, handlungsbezogenen Erfolg auf allen Altersstufen und darüber hinaus auch für eine ökologisch vorsorgende, demokratische Kommunalentwicklungspolitik hat (vgl. Schleicher, 1992; Becker, 1991/1995 u.a.). Nun ist es eigentlich naheliegend, dass Lehrerstudenten, die aus ihrer Schulzeit leider meist keine Projektvorerfahrungen haben, dies am besten dadurch lernen, dass sie es selbst in ihrem Studium durch praktische Erprobungen und deren selbstkritische Reflexion erproben. Aus den Thesen 4 und 5 sowie meiner langjährigen Erfahrung in der Lehreraus- und -fortbildung[16] ziehe ich folgenden Schluss:

These 6: Ganzheitliches Studieren in lokalen Projekten ist unersetzbare Voraussetzung für eine lernortbezogene, berufliche Praxis der Umweltbildung in einer offenen Schule und die dazu erforderliche ökologische Persönlichkeitsbildung.

Da lokale Projekte besonders gute Voraussetzungen für eine praxisbezogene Ausbildung, ganzheitliches Arbeiten und für eine ökologische Bildung bieten, sollten sie auch Bestandteil von nicht lehramtsbezogenen Studiengängen sein. Wie bereits festgestellt, wird ganzheitliches Arbeiten in unseren Universitäten immer noch sehr selten praktiziert, widerspricht es doch zu stark der fachlichen Sozialisation der Hochschullehrer und ihrem Berufsrollenverständnis, was einen Blick über den "fachlichen Tellerrand" kaum erlaubt. Etwas Ähnliches gilt allerdings auch für einen grossen Teil der Studenten, die das gymnasiale Lehramt anstreben oder sich in anderen Studiengängen primär als Fachwissenschaftler verstehen.

16 Eine Zwischenbilanz meiner Erfahrungen bis 1986 habe ich bereits veröffentlicht (Becker, 1987), sie enthält in Thesenform ein Dutzend Konsequenzen, die ich nach weiteren 9 Jahren Erfahrung mit universitärer Umweltbildung im wesentlichen noch für richtig halte.

Offenheit – Pluralität

Das hier skizzierte ökologische Denken mit seiner Orientierung an Ganzheitlichkeit einerseits und notwendiger Komplexitätsreduktion entlang neu zu entwickelnder Kriterien und Diskurse andererseits hat für die Zielsetzung von Umweltbildung in einer pluralen, demokratischen Gesellschaft, deren Funktionsweise eher systemischen Charakter hat, weitreichende Konsequenzen:

These 7: Die soziokulturelle Prägung ökologischer Probleme und ihre vielfältigen Wahrnehmungen im Rahmen unserer hochdifferenzierten, demokratischen Gesellschaft lassen eine eindeutige, objektive gesellschaftlich-ökologische Situations- und Zielbestimmung nicht zu.

These 8: Statt "richtige" Sichtweisen und feste, inhaltliche Verhaltensregeln u.ä. anzustreben, muss der umweltpädagogische Umgang mit ökologischen Themen eher kommunikativ angelegt werden. Auf institutionellen Ebenen kann es nur darum gehen, neue, fördernde Rahmenbedingungen, Strukturen und Orientierungen für Umweltbildung zu schaffen, die Arbeitsmöglichkeiten für unterschiedliche umweltpädagogische Konzepte bieten.

Kurzfristige Handlungsvorschläge

Vorschlag 1: Systematische Entfaltung der ökologischen Dimension des eigenen Faches in Forschung und Lehre im Kontext des interdisziplinären ökologischen und umweltpädagogischen Diskurses.

Eine solche Öffnung und ökologische Orientierung des eigenen Faches ist Teil einer überfälligen, wissenschaftlichen Modernisierung aller Fächer, die zum grossen Teil schon ohne weiterreichende universitäre Strukturreformen erreicht werden könnte. Gleichzeitig könnten dadurch bessere Voraussetzungen für eine fächerübergreifende Kommunikation geschaffen werden. Im Hinblick auf eine Umweltbildung, die ihren Namen verdient, gilt jedoch einschränkend:

These 9: Ökologisch modernisierte Lehrveranstaltungen stellen selbst noch keine Umweltbildung von Studenten dar, sie sind lediglich eine kognitive Voraussetzung. Dies gilt auch für die Erziehungswissenschaften und das obligatorische pädagogische Begleitstudium der Lehrerausbildung, soweit in diesem Rahmen lediglich umweltpädagogisches Wissen angeboten wird.

Vorschlag 2: In jedem Fach sollten regelmässig Fallstudien und Projekte zu lokalen und ökologisch relevanten Themen angeboten werden, die im Sinne einer Tendenz zur Ganzheitlichkeit möglichst wenig durch das jeweilige Fach des Hochschullehrers eingeschränkt und von den Studenten möglichst selbständig durchgeführt werden sollten.

Dieses weitere zentrale Betätigungsfeld kann schon einen viel weitergehenden Beitrag zur universitären Umweltbildung leisten, werden doch erheblich mehr bildungsrelevante Dimensionen angesprochen. Als Voraussetzung bedarf es eigentlich nur, dass die betreffenden Lehrenden über ihren fachlichen Schatten springen und den Mut für ein anderes Rollenverständnis aufbringen, denn sie werden in solchen Projekten auch Lernende sein und nicht nur Experten gegenüber den Studierenden. So wichtig eine fächerübergreifende Kooperation mit Kollegen ist, man sollte nicht auf sie warten oder ihre bekannten Schwierigkeiten als Vorwand für eigenes Nichtstun nutzen. Wichtig für die studentische Wahrnehmung und Akzeptanz eines vorhandenen ökologisch orientierten und umweltpädagogischen Lehrangebots ist:

Vorschlag 3: Eine bereits entwickelte, über das übliche Fachstudium hinausgehende Praxis sollte über den eigenen Fachbereich hinaus wenigstens bekannt gemacht[17] und in einem weiteren Schritt auf der Ebene von Studienordnungen abgesichert werden.[18]

17 In Osnabrück wird dies zur Zeit von der Studentenschaft ("ökologisches Veranstaltungsverzeichnis") organisiert – eine löbliche, aber für den Zustand des Lehrbetriebs eigentlich traurige Angelegenheit.

18 Auf die Ebene weitergehender Rahmenbedingungen auf den verschiedenen Ebenen kann hier nicht weiter eingegangen werden. Einige Vorschläge dazu finden sich in der genannten Studie des Bundesumweltamtes, die sich vor allem in diesem Teil auf intensive Gespräche mit vielen umweltpädagogisch Aktiven im Hochschulbereich stützt.

Vorschlag 4: Die wenigen, bisher in Lehre und Forschung in Richtung Umweltbildung aktiven Hochschullehrenden sollten dringend über Fach- und Universitätsgrenzen hinweg ihre Isolation überwinden, um Erfahrungsaustausch zu betreiben und um die notwendigen Diskussionen über anzustrebende Ziele, zu vermittelnde Inhalte, hochschuldidaktische Methoden und theoretische Fragen systematisch in Gang zu bringen.[19]

Beispiele von umweltpädagogischen Studiengangbausteinen

Aus meiner im Wintersemester 94/95 durchgeführten Pädagogik-Lehrveranstaltung zur lokalen Umweltbildung möchte ich nun über einige wesentliche Punkte berichten, die gleichzeitig meine bisherige Argumentation illustrieren sollen. Die Veranstaltung stellt ein typisches Beispiel aus meinem regelmässigen, projektartigen Angebot dar.

Die Teilnehmer rekrutierten sich aus allen Lehramtsstudiengängen (alle Schularten), eine zufällige Auswahl von fast allen Studienfächern war vertreten und ausserdem einige wenige Studenten aus Diplom- und Magisterstudiengängen. Meine wichtigste Vorgabe war, dass sich Arbeitsgruppen (AG) jeweils ein stadtökologisches, auf Osnabrück bezogenes Thema suchen und sich ein Semester lang möglichst ganzheitlich damit beschäftigen sollten. Die genauere Zielsetzung und Arbeitsweise war im Sinne eines hochschuldidaktischen Anspruchs nach freien Lernformen den Teilnehmern selbst überlassen.[20] Es bildeten sich nach kurzer Zeit AGs zu folgenden, zunächst nur sehr grob von den Studenten umrissenen Themenbereichen: Brachflächen, Altlasten Stadtteil Wüste, Mülldeponie Piesberg, Müll/Duales System, Gewässer, Verkehr, Botanischer Garten. Die AGs waren – wie erfahrungsgemäss fast immer – von ihren Studiengängen meist gemischt zusammengesetzt. Dies ist für ein ganzheitliches Arbeiten in obigem Sinne eine gute Chance, weil über die einzelnen Gruppenmitglieder viele Ideen eingebracht, unterschiedliche Kompetenzen genutzt und fächerübergreifendes Zusammenarbeiten geübt werden kann. Die Heterogenität ist natürlich auch eine grosse Hürde, an der die Arbeit u.U. scheitern oder wodurch sie beeinträchtigt werden kann, was in einer AG auch eintrat. In jedem Fall ist es für die Studenten wichtig, aus den gemachten Erfahrungen zu lernen!

---

19 Endlich gab es 1994 in Erfurt eine Tagung zur "Umweltbildung in Forschung, Lehre und Studium". Seither gibt es einige Bemühungen in die gewünschte Richtung sowohl in der Deutschen Gesellschaft für Umwelterziehung (DGU), als auch im Rahmen der Deutschen Gesellschaft für Erziehungswissenschaft (DGfE), die man auch als Konstituierungsversuche einer neuen (Inter)Disziplin interpretieren kann.

20 Hier gibt es enge Bezüge zu Konzepten einer teilnehmerorientierten Erwachsenenbildung (z.B. Müller, 1993).

Die AGs hatten im weiteren u.a. folgende Aufgaben, die sie mit meiner Unterstützung und intensiven Einzelberatung in unterschiedlicher Intensität und Qualität angingen: Brainstorming zum Themenfeld, Suche geeigneter Lernorte, Zielbestimmung der eigenen Arbeit, thematische Reduktion nach begründbaren Kriterien, Erstellung eines Arbeitsplanes, Suche nach Quellen unterschiedlichster Art, Durchführung von Recherchen, Erkundungen, Nutzung der lokalen Ressourcen, insbesondere der vorhandenen Infrastruktur und Vernetzung (s. Vorschlag 10 und Fn. 27), Verarbeitung umweltpädagogischer Literatur als theoretische Grundlage und praktische Orientierung, pädagogische und sachliche Reflexion der eigenen AG-Arbeit und ihrer Entwicklung, Präsentation der Arbeit in der Lehrveranstaltung, Dokumentation der Arbeit für nützliche externe Zwecke (z.B. didaktische Materialien) und/oder Umsetzung in der Schulpraxis durch Suche nach kooperationsbereiten Lehrern.

Da eine solche Arbeit in wesentlichen Teilen einer Vorbereitung eines Unterrichtsprojektes in einem fächerübergreifenden Team in der Schulpraxis ähnelt, hat sie direkte beruflich-qualifikatorische Funktionen in einem sehr praktischen Sinn. Durch die weitgehende Selbstbestimmung der Arbeit, die vielen Studenten schwer fällt, aber meist sehr positive und häufig auch Spass bereitende Erfahrungen mit sich bringt, kommt noch ein starker subjektiv-lebensweltlicher Bezug hinzu, der zusammen mit den zwangsläufigen ausseruniversitären Erfahrungen häufig von bleibender Wirkung für die Persönlichkeitsbildung und für das weitere Studienverhalten ist. Auch umweltpädagogische Theorie bekommt für die Studenten eine nachvollziehbarere Bedeutung, sie kann aber in solchen praxisbezogenen Veranstaltungen nur eine untergeordnete Rolle spielen. Sowohl aus organisatorischen als auch motivationalen Gründen muss dies in eigenen seminarartigen Veranstaltungen abgedeckt werden (vgl. Becker, 1987). Dazu biete ich regelmässig theoretische Einführungs- und Vertiefungsveranstaltungen mit wechselnden inhaltlichen Schwerpunkten an (Naturbegriff, Ökoethik, Geschichte usw.). Zumindest auf meine Anregung hin können im Rahmen einer projektartigen Veranstaltung auch sehr grundlegende Fragen explizit "erfahren" werden und bei Interesse im Anschluss vertieft werden (gegebenenfalls in einer anderen Veranstaltung), z.B.: Umgang mit der "unendlichen" Komplexität realer ökologischer Probleme und der deshalb notwendigen sachlichen und didaktischen Reduktion; Umgang mit Widersprüchen und Uneindeutigkeiten von Analysen, möglichen Lösungsvorschlägen und des eigenen Verhaltens (Beurteilungskompetenz!); Wahrnehmungssensibilisierung; plurale und normative Wertorientierung; umwelt- und naturbezogene Sinnstiftung; Umgang mit der umweltbezogenen Individualität der Lernenden (nicht zuletzt!) ...

Solche projektartigen Veranstaltungen und die ergänzenden Theorieveranstaltungen bilden im Rahmen meiner persönlichen und institutionellen Möglichkeiten einen festen Baustein für ein umweltpädagogisches Curriculum im Rahmen der bestehenden Lehrerausbildung an der Universität Osnabrück. Da inzwischen ein weiterer Kollege in kleinerem Umfang Veranstaltungen zur Umweltpädagogik und zum Regionalen Lernen mit anderer inhaltlicher Ausrichtung durchführt, ist daran gedacht – zunächst auf der Ebene der Studienordnung – Umweltbildung und Regionales Lernen zu einem offiziellen Studienschwerpunkt zu machen.[21] Eine umfangreichere und vertiefte Umweltbildung ist unter den derzeitigen Rahmenbedingungen und staatlichen Prüfungsordnungen innerhalb des pädagogischen Lehramtsstudiums leider nicht möglich.

Auch wenn das Beispiel nur im Rahmen der konkreten bestehenden institutionellen Möglichkeiten zu verstehen und zu beurteilen ist, enthält es einige zentrale Elemente, die sich auf andere Studiensituationen – auch ausserhalb des Lehrerbereichs – übertragen und dort gegebenenfalls beliebig ausbauen, auf andere Anspruchsniveaus vertiefen oder modifizieren lassen (s. Vorschlag 2). Die weitergehenden Überlegungen im nächsten und abschliessenden Abschnitt werden auf die Lehramtsstudiengänge konzentriert.

Mögliche Perspektiven – Struktur eines Ausbildungsmodells für Lehrer

In längerfristiger Perspektive stellt sich die Frage, wie eine grundlegendere Reform der Lehrerausbildung unter Berücksichtigung der fächerübergreifend verstandenen Aufgabe Umweltbildung aussehen müsste oder könnte? Statt rein utopische Forderungen aufzustellen, basieren meine folgenden Überlegungen einerseits auf obigen Vorschlägen und Thesen, andererseits bewegen sie sich im Kontext der aktuellen Reformdiskussion zur Lehrerausbildung, wenngleich ich mir über die derzeitige bildungspolitische Realisierbarkeit meiner oder anderer grundlegender Strukturveränderungen keine Illusionen mache.[22]

Vorschlag 5: Als fester Teil des Studiums aller Lehrerstudenten wird ein fächerübergreifender Themenbereich Umweltbildung eingerichtet. Die Studenten studieren hier primär in verschiedenen Typen von fächerübergreifenden Projekten. Dazu kommen allgemeine Veranstaltungen zu wichtigen Grundlagenfragen der Ökologie und Umweltbildung.[23]

---

21 Einige traditionalistisch eingestellte Kollegen konnten bisher allerdings noch nicht davon überzeugt werden!

22 Ende 1995 wurden beispielsweise im Bundesland Niedersachsen Kommissionen zur Lehrerausbildungsreform eingesetzt; es bleibt in Zeiten knapper öffentlicher Finanzen abzuwarten, ob oder wie die in den ersten Grundsatzpapieren genannten weitreichenden Zielsetzungen, die auch Umweltbildung enthalten, bei der weiteren Arbeit der Fachkommissionen und bei der Reform der Prüfungsordnung adäquate Berücksichtigung finden.

23 An dieser Stelle könnte auch ein Ansatz wie der einer Allgemeinen Ökologie als fächerübergreifendes Orientierungsangebot (Universität Bern) seinen Platz finden.

Neben der oben erwähnten ökologischen Modernisierung des Fachstudiums muss ein solcher fächerübergreifender Themenbereich das Kernstück jeder Reform sein.[24] Dazu können Studienelemente wie die im vorstehenden Teil skizzierten eine wichtige Vorstufe darstellen. Demgegenüber zweitrangig sind Fragen nach organisatorischen Modalitäten, einem (offenen) Curriculum und dem genauen quantitativen Stellenwert im Rahmen eines neuen zukunftsorientierten Gesamtkonzeptes einer einheitlichen Lehrerausbildung. Hier sind selbstverständlich verschiedene Modelle denkbar, am plausibelsten erscheint mir jedoch folgende Variante, die Elemente der alten und neuen Studienreformdebatte aufnimmt und die über die Umweltbildung als einziger Themenbereich im Sinne eines breiteren Wahlpflichtangebots hinausgeht, das die modernen Bildungsaufgaben der Schule widerspiegelt:

Vorschlag 6: Die Lehrerausbildung umfasst vier gleichrangige Teilstudiengänge: zwei Fächer (einschliesslich ihrer Fachdidaktik), einen fächerübergreifenden Themenbereich[25], Erziehungs- und Gesellschaftswissenschaften.

Vorschlag 7: Neben der Umweltbildung sollten auch andere "Schlüsselthemen" (etwa im Sinne des Bildungsbegriffs von Klafki, 1993) als eigene fächerübergreifende Themenbereiche angeboten werden.[26]

Vorschlag 8: Fachliche Träger der Themenbereiche sind in gemeinsamer Verantwortung alle lehrerausbildenden Fächer, die Fachdidaktiken und nicht zuletzt die Erziehungs- und Gesellschaftswissenschaften.

Welche konkreten Umweltthemen exemplarisch zum Gegenstand von Projekten im Themenbereich gemacht werden, was zu den relevanten allgemeinen Grundlagen gehört, hängt von dem jeweils zugrundegelegten Ökologie- und Bildungsbegriff und den daraus ableitbaren Qualifikationen ab und sollte als Rahmenvorgabe in einem entsprechenden Planungsgremium mit Beteili-

---

24 Dies gilt in übertragener Form auch für nicht lehramtsbezogene Studiengänge. Auch wenn sich einzelne Aspekte der folgenden Überlegungen auch auf andere Studiengänge übertragen liessen, bedarf es für die systematische Diskussion universitärer Umweltbildung und ihrer hochschuldidaktischen und organisatorischen Umsetzung noch grundlegenderer Überlegungen zur sehr kontroversen und mit einer langen Vorgeschichte verbundenen Diskussion über die allgemeine Bildungs- und Ausbildungsfunktion von Universitäten, die den Rahmen dieses Aufsatzes bei weitem überschreiten würden (vgl. auch einige diesbezügliche Beiträge in *Hochschulwesen*, 4/1995).

25 In Becker 1994a habe ich diesen Vorschlag in ähnlicher Form erstmals formuliert und ihn in Anlehnung an Modelle der Sachunterrichtsausbildung noch "Integrationsbereich" genannt. Dort findet sich auch eine Begründung des Vorschlags 6 gegenüber anderen denkbaren Modellen.

26 Im Interesse der Qualität der Ausbildung sollten sich die Studierenden für einen Themenbereich in ihrem universitären Studium entscheiden müssen (in Analogie zur Fächerwahl).

gung der Studenten entschieden werden. Die Arbeit im gemeinsamen Themenbereich eröffnet für alle beteiligten Fachvertreter auch eine gute Lernchance, die schliesslich auch positive Rückwirkungen auf die fachlichen Ausbildungskonzepte und die interdisziplinäre Integrationsfähigkeit haben könnte.

These 10: Die Thematisierung von komplexen Problemfeldern in der Schule zeigt zum einen, dass von der Fiktion Abschied genommen werden muss, im Studium und Referendariat bereits "alles" für das Berufsleben lernen zu können. Zum anderen muss man darauf verzichten, einen aus den theoretischen Ansprüchen der Themen leicht begründbaren "omnikompetenten" Super-Lehrer als Ziel zu definieren.

Regionale Kooperation – institutionelle Öffnung der Lehrerbildung

Vorschlag 9: Im Interesse einer berufslebenslangen Lehrerbildung sollten in Kooperation zwischen den verschiedenen Trägern und den Schulen integrierte Gesamtkonzepte entwickelt werden – von der universitären Ausbildung bis zur schulinternen Fortbildung.

Vorschlag 10: Eine erfolgreiche Umweltbildung mit lokaler Ausrichtung erfordert darüber hinaus eine institutionelle Öffnung der Lehrerbildung: Neben inhaltlichen Aspekten umfasst sie eine möglichst umfassende und regionale/lokale Kooperation und Vernetzung, die auch Umwelteinrichtungen, -organisationen und -institutionen einbezieht und eine stabile Infrastruktur zum Nutzen aller Beteiligten aufbaut (Umweltbildungszentren o.ä.).

Nach eigenen mehrjährigen Erfahrungen mit dem Aufbau und dem Nutzen einer solchen Infrastruktur erweist sie sich bei der Planung und Durchführung konkreter Projekte vor Ort für Studium, Fortbildung und Unterricht nach dem Lernortprinzip als zunehmend fruchtbarer.[27]

Abschliessend sei betont, dass für die hier skizzierten kurz- und langfristigen Schritte auch genügend Lehrende gewonnen werden müssen, die zu Inter- und Transdisziplinarität oder

---

27 Eine aktuelle Beschreibung meines diese Arbeit vorantreibenden Forschungs- und Entwicklungsprojektes und des daraus zur Zeit entstehenden Städtischen Umweltbildungszentrums Osnabrück findet man bei Becker 1995.

Ganzheitlichkeit bereit und fähig sind. Gleichzeitig müssen auf Dauer auch entsprechend denominierte Stellen zur Verfügung stehen und institutionelle Anreize zur Reform gegeben werden. Dies dürfte in Zeiten des Nichtausbaus der Universitäten nur durch Umwidmungen und mutige politische Prozesse möglich sein ...

Literatur

Bayer, M. and Wildt, J. (1993) Lehrerausbildung in Deutschland. Situationen, Probleme, Perspektiven. *Das Hochschulwesen. Forum für Hochschulforschung, -praxis und -politik, 4*: 188-189.

Becker, G. (1987) Probleme ökologischen Lehrens und Lernens an der Hochschule. *Hochschulausbildung, 3*: 149-166.

Becker, G. (Hrsg.) (1991) Stadtentwicklung im gesellschaftlichen Konfliktfeld. Naturgeschichte von Osnabrück. Centaurus, Pfaffenweiler.

Becker, G. (1993) Zurück zur Natur in der Pädagogik? *In*: Zurück zur Natur!? Zur Problematik ökologisch-naturwissenschaftlicher Ansätze in den Gesellschaftswissenschaften, Mayer, J. (Hrsg.), Evangelische Akademie Loccum, Rehburg-Loccum.

Becker, G. (1994a) Fächerübergreifende Lehreraus- und -fortbildung als Voraussetzung schulischer Umweltbildung *In*: Praxis der Umweltbildung. Bd. I, Friedrich, G. and Isensee, W. (Hrsg), Ambos, Bielefeld.

Becker, G. (1994b) Sinnliche Naturwahrnehmung, Pädagogik und ökologische Urbanität *In*: Sinnenreich. Vom Sinn einer Bildung der Sinne als kulturell-ästhetisches Projekt, Zacharias, W. (Hrsg.), Klartext, Essen.

Becker, G. (1995) Öffnung von Schule zur städtischen Umwelt als Aufgabe kommunaler Bildungspolitik und regionaler Vernetzung *In*: Gesunde Schule, Carle, U. (Hrsg), Verlag der Universität, Osnabrück.

Bölts, H. (1995) Umwelterziehung. Grundlagen, Kritik und Modelle für die Praxis. Wissenschaftliche Buchgesellschaft, Darmstadt.

Di Giulio, A. and Defila, R. (1995) Ein übergreifendes Orientierungsangebot für alle Fächer? Die Studien in Allgemeiner Ökologie an der Universität Bern. *Das Hochschulwesen. Forum für Hochschulforschung, -praxis und -politik, 4*: 240-246.

Döbler, M. (1994) Interdisziplinarität in Umweltstudiengängen *In*: Umweltbildung von Lehrern, Schleicher, K. (Hrsg.), Krämer, Hamburg.

Entrich, H., Eulefeld, G. and Jaritz, K.-E. (Hrsg.) (1994) Fallstudien zu Umwelterziehung / Umweltbildung in Forschung, Lehre und Studium. IPN, Kiel.

Euler, P. (1994) Lebenswelt, Interdisziplinarität und Bildung. *Wechselwirkung, 69*: 24-28.

Hausmann, W. (1979): Interdisziplinäre und problemorientierte Umwelterziehung als Bestandteil der Lehrerbildung *In*: Empfehlungen und Arbeitsdokumente zur Umwelterziehung - München 1978, Eulefeld, G. and Kapune, T. (Hrsg.), IPN, Kiel.

Hedewig, R. (1993): Aus- und Fortbildung zur Umwelterziehung. Umwelterziehung in der Lehrerausbildung in Deutschland *In*: Umwelterziehung: Bilanz und Perspektiven, Seybold, H. and Bolscho, D. (Hrsg.), IPN, Kiel.

Hübenthal, U. (1991) Interdisziplinäres Denken: Versuch einer Bestandesaufnahme und Systematisierung. Steiner, Stuttgart.

Jaritz, K.-E. (1994) Thesen zur Einbeziehung von Umweltbildung und Umwelterziehung in die Lehrerausbildung *In*: Praxis der Umweltbildung. Bd. I, Friedrich, G. and Isensee, W. (Hrsg.), Ambos, Bielefeld.

Klafki, W. (1993) Neue Studien zur Bildungstheorie und Didaktik. Beltz, Weinheim; *3. Auflage*.

Kocka, J. (Hrsg.) (1987) Interdisziplinarität. Praxis - Herausforderung - Ideologie. Suhrkamp, Frankfurt a. M.

Kyburz-Graber, R. (1993): Die Ausbildung von Lehrkräften für eine handlungsorientierte Umweltbildung in der Sekundarstufe II *In*: Umwelterziehung: Bilanz und Perspektiven, Seybold, H. and Bolscho, D. (Hrsg.), IPN, Kiel.

Mittelstrass, J. (1995) Transdisziplinarität. *Panorama, Informationsbulletin des Schwerpunktprogrammes (SPP) "Umwelt", 5*: 45-53.

Müller, U. (1993) Didaktische Planung ökologischer Erwachsenenbildung. Haag + Herchen, Frankfurt a. M.

Neef, W. (1994) Bildung und Wissenschaft für die Eine Welt. *Wechselwirkung, 70*: 42-47.

Schleicher, K. (Hrsg.) (1992) Lernorte in der Umwelterziehung. Krämer, Hamburg.

Schleicher, K. (Hrsg.) (1994) Umweltbildung von Lehrern. Krämer, Hamburg.

Schreier, H. (Hrsg.) (1994) Die Zukunft der Umwelterziehung. Krämer, Hamburg.

Stipproweit, A. and Bergemann, A. (1991) Umwelterziehung in der Lehrerausbildung *In*: Umwelterziehung. Theorie und Praxis, Hellberg-Rode, G. (Hrsg.), Waxmann, Münster.

Ulrich, O. (1995) Die Welt als Prozess. *Politische Ökologie, 42*: 76-79.

Umweltbundesamt (Hrsg.) (1993) Studienführer Umweltschutz: Studienmöglichkeiten mit umweltspezifischer Schwerpunktbildung an den Hochschulen der Bundesrepublik Deutschland. Umweltbundesamt, Berlin; *5. neubearbeitete Auflage.*

Weigmann, G., Blume, H.-P., Mattes, H. and Sukopp, H. (1981): In der Lehrerausbildung und Lehrerfortbildung. Ökologie im Hochschulunterricht *In*: Didaktik der Ökologie, Riedel, W. and Trommer, G. (Hrsg.), Aulis Verlag Deubner, Köln.

Weiss, W. W. (1976) Lehrerbildung zwischen Anspruch und Wirklichkeit. U&S, München.

Wildt, J. (1991) Zur Aufhebung der Lehrerausbildung in der Wissenschaft. *Pädextra, 10*: 19-26.

Winkler, H. (1995) Die Praxisorientierung des Studiums zwischen Berufs- und Lebenswelt der Studierenden. *Das Hochschulwesen. Forum für Hochschulforschung, -praxis und -politik, 3*: 142-151.

Zeitschrift für Hochschuldidaktik (1986) Ökologisches Lernen an der Universität: Didaktik im Spannungsfeld von Politik, Wissenschaft und Lebenswelt (Themenheft), 2/3.

Ökologie und Interdisziplinarität – eine Beziehung mit Zukunft?
Wissenschaftsforschung zur Verbesserung der fachübergreifenden Zusammenarbeit
Ph. W. Balsiger/R. Defila/A. Di Giulio (Hrsg.)

Allgemeine Wissenschaftspropädeutik in einem interdisziplinär-ökologischen Studiengang – Dilemma oder Chance?

Matthias Drilling

Studiengänge im Bereich der Umweltwissenschaften stellen die Universitäten vor eine neue Herausforderung: Statt disziplinär soll interdisziplinär gelehrt und gelernt werden. Dass interdisziplinäre Zusammenarbeit jedoch bestimmter Voraussetzungen bedarf, wird in den Curricula interdisziplinär-ökologischer Studiengänge entweder unzureichend berücksichtigt oder gar ganz übersehen. Allgemeine Wissenschaftspropädeutik könnte hier einen Ausweg aufzeigen, denn sie hat zum Ziel, die Voraussetzungen zum interdisziplinären Arbeiten zu vermitteln. Bei dem Versuch, einen entsprechenden Ausbildungsteil in einen interdisziplinär-ökologischen Studiengang zu integrieren, ergeben sich allerdings Schwierigkeiten. Diese resultieren zum einen aus den strukturellen Rahmenbedingungen des Studienganges, die eine Integration nur auf Kosten der ökologischen Ausbildung zulassen, zum anderen aus ausbildungsbedingten Defiziten der Dozierenden und

Studierenden. Der folgende Beitrag[1] basiert auf den Erfahrungen eines Forschungsprojektes und versucht, den identifizierten Schwierigkeiten mögliche Chancen gegenüberzustellen.[2]

Voraussetzungen interdisziplinären Arbeitens: allgemeine Wissenschaftspropädeutik

Ziele und Modellehrgang

Allgemeine Wissenschaftspropädeutik[3] bezeichnet einen Ausbildungsteil, der über den Weg einer reflektierenden Auseinandersetzung mit den Grundlagen und Prämissen der eigenen Disziplin Einsichten und Kompetenzen vermittelt, die zur interdisziplinären Zusammenarbeit befähigen (Balsiger, 1995; Balsiger et al., 1993; Di Giulio und Defila, 1995).[4] Diese sind insbesondere:

- Das Wissen um die Stärken, Schwächen und Bedingtheiten der eigenen Disziplin,
- die Toleranz und Akzeptanz gegenüber anderen Disziplinen,
- das Wissen um die Realitätsauffassung, Grundannahmen, Sprache, Ziele und Methoden der eigenen und der anderen Disziplinen und
- die Förderung der Teamkompetenz und kommunikativen Kompetenz.

---

1 Für die zahlreichen konstruktiven Diskussionen, die in diesen Beitrag eingeflossen sind, dankt der Autor Herrn Prof. Dr. Andreas Cesana, Frau Antonietta Di Giulio und Herrn Rico Defila.

2 Das von der Stiftung Mensch - Gesellschaft - Umwelt finanzierte Forschungsprojekt "Allgemeine Wissenschaftspropädeutik als Voraussetzung für interdisziplinäres Arbeiten - Entwicklung und Prüfung eines Teilcurriculums in allgemeiner Wissenschaftspropädeutik für das interdisziplinäre Begleitstudium MGU" (Laufzeit 1.12.1994 - 31.12.1996) wurde an vier ausgewählten Veranstaltungen des Studienganges Mensch - Gesellschaft - Umwelt (MGU) der Universität Basel durchgeführt. Die Integration des Teilcurriculums wurde qualitativ und quantitativ evaluiert. Die in diesen Beitrag eingeflossenen Erfahrungen basieren auf der vorläufigen Auswertung der Leitfadengespräche mit den Dozierenden sowie den schriftlichen und mündlichen Gruppen- und Einzelbefragungen von rund 110 Studierenden.

3 Der Begriff wird in Anlehnung an von Hentig (1971) verwendet. Der Terminus "allgemeine" weist den Begriff als Prinzip der allgemeinen Didaktik aus. Der Terminus "Propädeutik" bezieht sich auf den propädeutischen Charakter im Hinblick auf interdisziplinäres Arbeiten.

4 Vgl. auch den Beitrag Defila und Di Giulio "Voraussetzungen zu interdisziplinärem Arbeiten und Grundlagen ihrer Vermittlung" in diesem Buch.

In diesem Zusammenhang wurde ein Modellehrgang "Allgemeine Wissenschaftspropädeutik" entwickelt, der Inhalte und Fragestellungen aus den sechs Elementen Erkenntnistheorie, Wissenschaftstheorie (inkl. -geschichte und -soziologie), Methodologie, Sprachphilosophie, Ethik sowie Kommunikations- und Arbeitsmethoden umfasst. Dass es sich bei den ersten fünf Elementen um Teildisziplinen der Philosophie handelt, bedeutet keineswegs eine entsprechende Ausrichtung der allgemeinen Wissenschaftspropädeutik: Ausgewählt wurden die Elemente und Fragestellungen anhand der Frage, welche Inhalte und Methoden sich grundsätzlich zur Reflexion der disziplinären Sozialisation und der Arbeits- und Kommunikationsprozesse in einer Gruppe eignen (Defila und Di Giulio, 1996). Dabei stellen die Fragestellungen keinen Kanon von Inhalten, sondern einen "Pool" von Fragen dar: Die Dozierenden können sich diejenigen Fragestellungen auswählen, von denen sie der Meinung sind, dass sie die Studierenden dazu befähigen, ihre Disziplin zu reflektieren.

Die Lernziele

Der Modellehrgang ist lernzielorientiert, d.h. die Dozierenden werden bei der Integration allgemein-wissenschaftspropädeutischer Fragestellungen in ihre Veranstaltungen durch einen "Pool" von mittleren und allgemeinen Lernzielen unterstützt. Diejenigen Lernziele, die konkret für eine Veranstaltung gelten sollen, sind - ausgehend vom Lernziel- und Fragenkatalog - von den Dozierenden selbst zu generieren. Bei der Entwicklung der allgemeinen und mittleren Lernziele des Modellehrgangs wurde von den Voraussetzungen ausgegangen, die für interdisziplinäres Arbeiten notwendig sind. Diese Voraussetzungen lassen sich als Schlüsselqualifikationen formulieren:

- Sachkompetenz, wie z.B.: Die Studierenden erwerben die Fähigkeit, ihren möglichen eigenen Fachbeitrag zu erkennen und zu formulieren sowie Fachfremden eigenes Wissen zu vermitteln.
- Methodenkompetenz, wie z.B.: Die Studierenden erwerben die Fähigkeit, wissenschaftlich korrekte, gegenstands-, problem- und zieladäquate Methoden zu wählen und zu entwickeln.
- Sozialkompetenz, wie z.B.: Die Studierenden erwerben die Fähigkeit, einen für alle Beteiligten funktionierenden wissenschaftlichen Diskurs zu führen.

Bevor die Frage erörtert wird, mit welchen Hindernissen und Chancen die Integration der allgemeinen Wissenschaftspropädeutik in einen interdisziplinär-ökologischen Studiengang verbunden ist, soll der im Forschungsprojekt im Hinblick darauf untersuchte Studiengang Mensch - Gesellschaft - Umwelt (MGU) der Universität Basel kurz charakterisiert werden.

Der Studiengang Mensch - Gesellschaft - Umwelt der Universität Basel

Lernziele

Das Lehrkonzept des Begleitstudiums führt folgende Zielvorstellungen auf (MGU, 1993: 3f.): "Studierende aller Fachrichtungen sollen für ihre zukünftige Lebens- und Berufssituation dazu befähigt werden:

- sich mit den Grundfragen auseinanderzusetzen, die sich aus der Beziehung von Mensch, Gesellschaft und Umwelt ergeben
- die fachlichen Kompetenzen aus ihrem jeweiligen Fachstudium auf die Umweltthematik anzuwenden
- methodische Ansätze anderer Disziplinen zu verstehen
- in interdisziplinären Gruppen die Grenzen der fachspezifischen Wahrnehmung und Methodik zu überbrücken und auf gemeinsame Lösungen hin zu arbeiten
- an interdisziplinären Projekten zu arbeiten
- Grundlagen zu ökologisch weitsichtigem Handeln in verständlicher Form aufzuarbeiten und in überzeugender Art zu vermitteln."

Es besteht die Absicht, mit dem Begleitstudiengang Studierenden über ihr Fachstudium hinaus eine vertiefte Beschäftigung mit ökologischen Fragestellungen zu ermöglichen. Im Lehrkonzept (MGU, 1993: 1) wird dies wie folgt ausgeführt: "Das Begleitstudium MGU verfolgt nicht das Ziel, Umweltfachleute auszubilden. MGU will vielmehr Orientierungswissen in Theorie und Anwendung vermitteln."[5]

Aufbau, Inhalt und Form des Studienganges

MGU kann in folgenden Formen studiert werden:

- Als Begleitstudiengang mit Abschluss (mind. 26 Semesterwochenstunden[6]; Dauer in der Regel 6 Semester),
- als Nebenfach in der philosophisch-historischen Fakultät (mind. 32 SWS; Dauer in der Regel 8 Semester) oder

---

5 Unter Orientierungswissen werden die oben genannten Kompetenzen verstanden.

6 Eine Semesterwochenstunde (SWS) entspricht einer Lektion (Kontaktstunde) pro Woche während eines Semesters.

- als Wahl- oder Prüfungsfach im Rahmen einzelner Studiengänge der philosophisch-naturwissenschaftlichen Fakultät sowie des Ökonomie- und Theologiestudiums (zwischen 15 und 26 SWS; Dauer in der Regel 4-6 Semester).

Der Studiengang führt also nicht zu einem Hauptfachabschluss. Vielmehr handelt es sich bei dem Begleitstudiengang um ein "Teilcurriculum mit nachweisbarer Qualifikation", wenn die Systematisierung des Instituts für Europäische Umweltbildung zu Grunde gelegt wird (vgl. BMBW, 1989; Strobl, 1994: 322).[7] Das Bestreben, dem inter- bzw. transdisziplinären Thema gerecht zu werden und gleichzeitig auf die fachlichen Kompetenzen der Einzeldisziplinen zurückzugreifen, spiegelt sich im Aufbau des Studienganges wider. Dieser setzt sich zusammen aus a) einem Grundstudium, b) einem Aufbaustudium und c) einem Projektstudium.

a) Das Grundstudium umfasst vier obligatorische Veranstaltungen im Umfang von je 2 SWS. "Ziel ist die Vermittlung von Basiswissen", wodurch "die Grundlage gelegt wird, auf der interdisziplinäres Denken und Verstehen erst möglich wird" (MGU, 1993: 10). Die vier Lehrveranstaltungen, die "durch mehrere Dozierende/ReferentInnen aus verschiedenen Disziplinen mitgestaltet" werden, beschäftigen sich mit folgenden Themen: Zwei Kurse führen in die naturwissenschaftlichen beziehungsweise in die geistes- und sozialwissenschaftlichen Grundlagen der Ökologie ein. Ein dritter Kurs beschäftigt sich unter dem Titel "Umweltbilder" historisch und kulturvergleichend mit den verschiedenen Formen des menschlichen Naturverständnisses und der Umweltwahrnehmung. Schliesslich zeigt die Veranstaltung "Grundlagenreflexion der Wissenschaft" Grundprobleme der wissenschaftlichen Erkenntnisform auf. Diese Veranstaltungen werden von MGU initiiert und die verantwortlichen Dozierenden längerfristig als Lektoren verpflichtet.

b) Während des Aufbaustudiums nehmen die Studierenden an Veranstaltungen teil, die sie "an einzelnen Fragestellungen (...) in Methode und Problemstellung einzelner Fächer einführt" (MGU, 1993: 13). Als Strukturhilfe für diesen Studienabschnitt dient die Zuteilung der Veranstaltungen zu einem der fünf Themenschwerpunkte "Natur", "Wahrnehmung", "Ethik", "Entwicklung" und "Technik". Die Studierenden haben die Pflicht, drei Veranstaltungen aus zwei Themenschwerpunkten und aus dem Lehrbereich von drei Fakultäten zu besuchen. Die Kurse des Aufbaustudiums werden teilweise von MGU initiiert, teilweise handelt es sich um reguläre

7 Das Bundesministerium für Bildung und Wissenschaft systematisiert wie folgt: wahlfreie einzelne Studiengangselemente, wahlfreie Spezialisierungsmöglichkeiten (Curriculum-Abschnitte) ohne ausweisbare Zertifikate, Teilcurricula mit ausweisbarer Qualifikation (Nebenfächer, Studienschwerpunkte), Postgraduierten-Studiengänge mit Abschluss, grundständige Studiengänge mit ausweisbarem Abschluss. Die im folgenden beschriebenen Charakteristika des MGU-Begleitstudienganges treffen auch auf Studiengänge an anderen schweizerischen Universitäten zu, so etwa auf die Studiengänge in Allgemeiner Ökologie der Interfakultären Koordinationsstelle für Allgemeine Ökologie (IKAÖ) der Universität Bern (vgl. hierzu Di Giulio und Defila, 1995). Auf allfällige Unterschiede soll in diesem Beitrag nicht eingegangen werden.

Lehrveranstaltungen aus den einzelnen Disziplinen. Letztere können immer, erstere überwiegend in den Fachstudiengängen angerechnet werden.

c) Zwei Projektarbeiten, die je 6 SWS umfassen, beschliessen das Curriculum des Begleitstudienganges. Im Projektstudium soll "in besonderem Mass mit interaktiven Lernformen gearbeitet werden" und "anhand interdisziplinärer Themenstellungen (...) das Arbeiten in fächerübergreifenden Gruppen entwickelt werden. Dabei geht es vordringlich darum, die theoretische Auseinandersetzung mit einer Fragestellung auch in die Praxis zu überführen" (MGU, 1993: 14). Eine Projektleitung, die aus mindestens zwei Dozierenden unterschiedlicher Disziplinen besteht, begleitet die Studierenden. Diese Kurse werden durch MGU initiiert, die Dozierenden haben in der Regel im vorangegangenen Semester eine in das Projekt thematisch einführende Veranstaltung im Aufbaustudium geleitet.

Im folgenden Kapitel soll aufgezeigt werden, inwieweit die Lernziele, aber auch die Struktur des Begleitstudienganges mit den Zielen der allgemeinen Wissenschaftspropädeutik übereinstimmen. Dabei soll auf die Schwierigkeiten, aber auch die Chancen aufmerksam gemacht werden, die sich aus einer Integration der allgemeinen Wissenschaftspropädeutik in das Begleitstudium MGU ergeben.

Allgemeine Wissenschaftspropädeutik im Begleitstudiengang MGU - Erfahrungen aus einem laufenden Forschungsprojekt

Die Berücksichtigung der Voraussetzungen interdisziplinären Arbeitens

Dilemma: Die Berücksichtigung in der Hochschulausbildung

Die Schwierigkeiten interdisziplinären Arbeitens basieren im wesentlichen auf Defiziten aus der disziplinären Ausbildung (Blaschke und Lukatis, 1976: 70; Schneider, 1988; Schurz, 1995: 1087; s. auch Defila und Di Giulio in diesem Buch). Seien es die disziplinäre Fachsprache, die fachspezifischen Theorien und Methoden oder die Vorstellung über das "richtige" Vorgehen: die Studierenden eignen sich während ihrer universitären Ausbildung die spezifischen Handlungsformen[8] ihrer Disziplin an (Schneider, 1988). Daraus resultiert das Dilemma, dass man bei Problemen, die fachübergreifende Kooperation verlangen, zwar miteinander spricht, sich aber

8 Unter Handlungsformen versteht Schneider die Realitätsauffassung, Grundannahmen, Ziele, Sprache und Methoden einer Disziplin.

nicht versteht (Drilling, 1996). Dieses Dilemma kann nur überwunden werden, wenn diese disziplinären Handlungsformen bereits im Fachstudium reflektiert werden (s. oben). Dies hätte zur Folge, dass die Studierenden bereits in ihrer Erstausbildung die Voraussetzungen interdisziplinären Arbeitens erwerben. Damit brächten sie diejenigen Fähigkeiten in einen interdisziplinär-ökologischen Studiengang mit, auf denen fächerübergreifendes Kommunizieren und Kooperieren aufbaut. In den meisten disziplinären Ausbildungen findet eine solche Reflexion jedoch nicht statt.

Dilemma: Die Berücksichtigung im Studiengang MGU

Im Lehrkonzept des Studienganges MGU wird davon ausgegangen, dass die Studierenden mit dem Eintritt ins Begleitstudium bereits über ein grundlegendes Wissen und Können aus ihrer eigenen Disziplin verfügen. Ebenso setzen die Ziele des Begleitstudienganges eine erfolgreiche Integration der allgemeinen Wissenschaftspropädeutik in die disziplinären Curricula, also eine Reflexion dieses Wissens und Könnens, voraus, was im folgenden deutlich wird:

Voraussetzungen interdisziplinärer Zusammenarbeit (nach Defila und Di Giulio in diesem Buch)	**Ziele des Begleitstudienganges MGU (nach Lehrkonzept, s. unten)**
• Das Wissenschaftsverständnis und die Theorien der eigenen Disziplin in ihrer Begrenztheit erkennen. • Die eigenen disziplinären Methoden erkennen und in Relation setzen zu denjenigen anderer Disziplinen. • Die Realitätsauffassung der eigenen Disziplin erkennen und in Relation zu derjenigen anderer Disziplinen setzen. • In einem Team arbeiten und kommunizieren können. • Die Werte, Ziele, Interessen und die Tradition der eigenen Disziplin sowie die Verhaltensmuster der eigenen scientific community erkennen. • Die eigene disziplinäre Fachsprache als solche erkennen und in Relation zu derjenigen anderer Disziplinen setzen.	• Die fachlichen Kompetenzen aus dem jeweiligen Fachstudium auf die Umweltthematik anwenden. • Methodische Ansätze anderer Disziplinen verstehen. • In interdisziplinären Gruppen die Grenzen der fachspezifischen Wahrnehmung und Methodik überbrücken und auf gemeinsame Lösungen hinarbeiten. • Sich mit den Grundfragen auseinandersetzen, die sich aus der Beziehung Mensch - Gesellschaft - Umwelt ergeben. • Grundlagen zu ökologisch weitsichtigem Handeln in verständlicher Form aufarbeiten und in überzeugender Art vermitteln.

Setzt sich MGU beispielsweise zum Ziel, in interdisziplinären Gruppen die Grenzen der fachspezifischen Wahrnehmung und Methodik zu überbrücken und auf gemeinsame Lösungen hinzuarbeiten, wird das Wissen um die eigene Methode als bekannt vorausgesetzt. Gleiches gilt für die anderen Kompetenzbereiche: Wann immer die Besonderheiten der anderen Disziplinen verstanden werden sollen, müssten diejenigen der jeweils eigenen Disziplin bekannt sein. Der

Weg zur interdisziplinären Zusammenarbeit geht - wie bereits erwähnt - nur über eine Reflexion der eigenen Disziplin. Gerade diese wiederum ist das Anliegen der allgemeinen Wissenschaftspropädeutik, weshalb die Ziele des Begleitstudienganges diejenigen der allgemeinen Wissenschaftspropädeutik voraussetzen. Das Lehrkonzept MGU berücksichtigt die Voraussetzungen zur interdisziplinären Zusammenarbeit lediglich bei den Veranstaltungen des Grundstudiums: "Das Grundstudium vermittelt in erster Linie Basiswissen. Darüber hinaus soll es das Ziel verfolgen, die Studierenden für den Themenkreis 'Mensch - Gesellschaft - Umwelt' die Augen zu öffnen sowie ihr Interesse und ihre Lust am eigenen Mitdenken und Aktivwerden zu wecken. Damit wird die Grundlage gelegt, auf der interdisziplinäres Denken und Verstehen erst möglich wird" (MGU, 1993: 10). Diesem Anspruch können die Veranstaltungen des Grundstudiums allein nicht gerecht werden (s. unten).

Dilemma: Die konkurrierenden Ansprüche

Da der Begleitstudiengang auf Voraussetzungen aufbaut, über die nur wenige Studierende und Dozierende verfügen, entstehen Ansprüche, die in Anbetracht der zur Verfügung stehenden Zeit kaum eingelöst werden können. Die Studierenden sollen am Ende des Grundstudiums von "nur" 8 SWS

- über die eigene und fremde Disziplinen sowie die Wissenschaft insgesamt reflektieren können,
- die geistes-, sozial- und naturwissenschaftlichen Grundlagen der Ökologie kennen und
- über Team- und Gesprächskompetenz verfügen.

Dass ihnen dies kaum möglich sein kann, ist plausibel, hat aber für die Dozierenden des Aufbau- und Projektstudiums Konsequenzen: Sie müssen neben der Bearbeitung der ökologischen Themen zusätzlich die noch fehlenden Voraussetzungen interdisziplinären Arbeitens vermitteln.

Chance: Teile der allgemeinen Wissenschaftspropädeutik in die disziplinären Studiengänge auslagern

Eine Reihe der oben genannten Dilemmata könnten dadurch gelöst werden, dass allgemeine Wissenschaftspropädeutik bereits in die disziplinäre Ausbildung integriert wird. Würden die Studierenden die entsprechenden Kompetenzen mitbringen, ergäbe sich das Problem der Überfrachtung des Begleitstudienganges nicht im oben beschriebenen Masse. Die Veranstaltungen könnten dann auf die eigentlich leistbaren Aufgaben konzentriert werden: anhand ökologischer Fragestellungen das interdisziplinäre Zusammenarbeiten lehren und lernen.

Chance: Die Ziele der allgemeinen Wissenschaftspropädeutik den einzelnen Studienabschnitten des Begleitstudienganges zuordnen

Die Ziele der allgemeinen Wissenschaftspropädeutik spiegeln sich auf der Ebene von Schlüsselqualifikationen in unterschiedlichen Kompetenzen wider (s. oben). Auch das Lehrkonzept MGU spricht von vergleichbaren Kompetenzen, wenn es um die Ziele der einzelnen Studienabschnitte geht. So soll das Grundstudium die Grundlagen "interdisziplinären Denkens und Verstehens" schaffen, das Aufbaustudium in Methoden einzelner Disziplinen einführen, und während des Projektstudiums soll das Arbeiten in fächerübergreifenden Gruppen entwickelt werden.[9] Damit besteht die Möglichkeit, die Ziele der allgemeinen Wissenschaftspropädeutik den einzelnen Studienabschnitten zuzuordnen:

Zu fördernde Schlüsselqualifikationen (s. oben)	**Schwerpunkt im Studienteil**
Fach- und Sachkompetenz	Grundstudium
Methodenkompetenz	Aufbaustudium
Sozialkompetenz	Projektstudium

Selbstverständlich handelt es sich nicht um eine ausschliessliche Zuordnung. Erreicht werden soll eine für alle Beteiligten klare und nachvollziehbare Schwerpunktlegung, die als Orientierung dient. Damit würde den Dozierenden einerseits deutlich gemacht, welche Voraussetzungen sie in ihrer Veranstaltung vermitteln sollen, und andererseits, auf welche Vorleistungen sie sich aufgrund vorangegangener Studienabschnitte verlassen können.

Die Dozierenden

Dilemma: Die fehlenden Voraussetzungen

Eine Schwierigkeit ergibt sich daraus, dass die Thematisierung der Fragestellungen der allgemeinen Wissenschaftspropädeutik bereits eine vorherige Reflexion der eigenen Disziplin auch auf Seiten der Dozierenden voraussetzt. Diese ist allerdings nur selten anzutreffen. Das hatte im Forschungsprojekt zur Folge, dass die Integration der allgemeinen Wissenschaftspropädeutik auf Schwierigkeiten stiess. Der Fragenkatalog des Modellehrgangs wurde nur ausnahmsweise

---

9 Es sei darauf hingewiesen, dass die Umsetzung der Ansprüche des Lehrkonzeptes nicht nur bei den Veranstaltungen des Grundstudiums auf Schwierigkeiten stösst (s. oben). Auch die Dozierenden des Aufbaustudiums stehen vor dem Problem, wie sie exemplarisch in die Methode ihrer Disziplin einführen sollen (vgl. die Lehrziele im kommentierten Studienführer MGU).

benutzt, und ebenso wenig konnten Kommunikations- und Arbeitsmethoden angewandt werden. Begrifflichkeiten wie "Wahrheit", "Paradigma" oder "Theorie" konnten nur mit Hilfe des Projektteams auf die eigene Disziplin bezogen werden. Dies widerspricht allerdings dem Anliegen auf ganzer Linie, denn die Ausbildung in allgemeiner Wissenschaftspropädeutik setzt sich ja zum Ziel, ohne externe Ressource-person auszukommen.

Dilemma: Die disziplinäre Ausbildung

Über die Vermittlung des eigenen disziplinären Wissens hinaus haben die Dozierenden die Aufgabe, Wissen aus ihnen weniger vertrauten Fächern zu lehren. Dazu reicht ihre disziplinäre Ausbildung nicht aus. Diese Forderung wird im besonderen an die Lehrkräfte der Grundlagenveranstaltungen gerichtet. Im Bewusstsein, dieses Wissen nur zum Teil selbst liefern zu können, entscheiden sich die Dozierenden für unterschiedliche Strategien: (1) den Beizug von externen Referenten, (2) die Darstellung des eigentlich breiten Themas aus der eigenen fachlichen Perspektive oder (3) die weitgehende Überantwortung der Veranstaltung an die Studierenden.[10]

(1) So konzipierte der Biologe, der mit der naturwissenschaftlichen Grundlagenveranstaltung betraut ist, seine Veranstaltung als Ringvorlesung. Von den 13 Themen des Wintersemesters 1995/96 wurden sieben von externen Experten behandelt. In den verbleibenden Veranstaltungen vermittelte der Dozent Sachkenntnisse aus seiner eigenen Disziplin. Die für den Grundkurs "Umweltbilder" verantwortliche Ethnologin lud für einzelne Lehrveranstaltungen ihres Kurses im Sommersemester 1995 Vertreterinnen und Vertreter unterschiedlicher Fachrichtungen gleichzeitig ein. Diese hatten die Aufgabe, sich in kurzen Stellungnahmen zu einer gemeinsamen Fragestellung zu äussern. Das anschliessende Podiumsgespräch sollte ein direktes Kommmunizieren zwischen den Fachdisziplinen ermöglichen und die jeweiligen disziplinären Handlungsformen verdeutlichen. (2) Der Leiter des Grundkurses "Grundlagenreflexion der Wissenschaft" bediente sich im Sommersemester 1995 des klassischen Vorlesungs- und Seminarstils: Die in der Vorlesung vermittelten Lehrinhalte wurden in der zweiten Hälfte jeder Veranstaltung diskutiert. Anhand kontroverser Texte sollten die Studierenden Grundlagenprobleme ihrer eigenen Disziplin wiedererkennen und damit den Bezug zum eigenen Fach reflektierend herstellen. Gestützt darauf sollten sie im weiteren erkennen, dass sich diese Probleme grundsätzlich in allen Disziplinen identisch stellen. (3) Der Leiter des Grundkurses "Sozial- und geisteswissenschaftliche Grundlagen der Ökologie" (Wintersemester 1995/96) führte durch Impulsreferate in die einzelnen Themen ein. Anschliessend wurden die Studierenden zur Mitarbeit in Form von Diskussionsbeiträgen, Rollenspiel oder anderen Mitteln aufgefordert. Dabei war stets derselbe

10 Was hier analytisch getrennt wurde, zeigt sich in der Realität als Mischform.

Gedanke leitend: Dadurch, dass der Stoff in Gruppen erarbeitet wird, sollen die Studierenden sowohl ihr eigenes Fach als auch die fremden Disziplinen kennenlernen und Erfahrungen sammeln, wie die unterschiedlichen Fachkulturen argumentieren.

In der Evaluation der in das Forschungsprojekt einbezogenen Veranstaltungen des Grundstudiums kristallisierten sich folgende Schwierigkeiten heraus:

(1) Werden externe Experten eingeladen, kann nur wenig Einfluss auf Inhalt und Gestaltung der Veranstaltungen genommen werden. Dadurch erweist sich auch die Integration der allgemeinen Wissenschaftspropädeutik als schwierig. Die einzelnen Referate geben zwar einen Überblick über eine Thematik, bleiben jedoch relativ zusammenhangslos nebeneinander stehen. Der verantwortliche Dozent müsste hier die Aufgabe übernehmen, den roten Faden herzustellen, indem er die einzelnen Vorträge miteinander verbindet. Wo dies nicht oder nur unzureichend geschieht, sind die Studierenden darauf angewiesen, diese Verknüpfung selbst zu leisten, was allerdings auf Schwierigkeiten stösst (s. unten). Die Berücksichtigung der allgemeinen Wissenschaftspropädeutik könnte hier eine wesentliche Rolle spielen: Durch die Darlegung der jeweils eigenen disziplinären Werte, Ziele, Realitätsauffassungen usw. durch jeden Referenten könnten die Studierenden die Spezifika dieser Disziplinen kennenlernen. (2) Wird das eigentlich breite Thema aus lediglich einer fachlichen Perspektive behandelt, findet eine Komplexitätsreduktion statt: Die Studierenden erhalten im Verlaufe der Veranstaltung zwar einen umfassenden Einblick in die Denk- und Argumentationsweise der Disziplin des Dozenten, hingegen ist ihnen der Zugang zu dem Thema aus anderen Fachkulturen verwehrt - es sei denn, sie leisten diese Aufgabe selbst (womit sich ebenfalls Schwierigkeiten ergeben, s. unten). (3) Wird die Veranstaltung weitgehend in die Verantwortung der Studierenden übertragen, resultieren daraus Anforderungen an die Studierenden, die sie nicht erfüllen können (s. unten).

Dilemma: Das heterogen zusammengesetzte Publikum

In allen Veranstaltungen stehen disziplinär ausgebildete Dozierende einem Publikum gegenüber, das aus unterschiedlichsten Disziplinen stammt. Für die Dozierenden ergibt sich daraus eine Anforderung, die sie aus ihrer Lehrtätigkeit im eigenen Fachgebiet nicht kennen: Sie müssen davon ausgehen, dass ihre Disziplin für einen grossen Teil der Studierenden eine fremde Disziplin ist. Es klingt einfach, wenn im Lehrkonzept MGU ausgeführt wird, dass die Studierenden im Aufbaustudium "im Sinne eines Überblicks oder beispielhaft an einzelnen Fragestellungen (...) in Methode und Problemstellungen einzelner Fächer eingeführt [werden]" (MGU, 1993: 13). Um den Dozierenden die Ausrichtung ihrer angebotenen Veranstaltungen zu erleichtern, hat das Lehrkonzept die fünf Themenschwerpunkte "Naturvielfalt", "Ethik", "Entwicklung", "Technik" und "Wahrnehmung" (s. oben) mit jeweils grundlegenden Fragen konzipiert (wie "Welches sind die Auswirkungen menschlichen Handelns auf die Natur" oder "Wie bewerten wir die Vielfalt aus gesellschaftlicher und ökonomischer Sicht?" im Schwerpunkt "Naturvielfalt"). Trotz dieser Hilfsangebote bleibt für die Dozierenden unbeantwortet, (a) welches die Frage- und Problemstellungen sein sollen, die im Rahmen eines Semesters eine Disziplin charakterisieren, (b) wie innerhalb der zur Verfügung stehenden Zeit einem grösstenteils fachfremden Publikum ein Überblick über eine bis dahin fremde Disziplin gegeben werden soll, (c) wie verhindert werden kann, dass die Studierenden, die aus der Disziplin der Dozierenden stammen, in den Veranstaltungen mit einem grossen Teil fachfremder Studierender unterfordert werden[11] und (d) wie gleichzeitig die spezialisierten Kenntnisse, die für das MGU-Thema relevant sind, vermittelt werden sollen.

Chance: Ausbildung der Ausbildner

Fragt man sich, welche Möglichkeiten bestehen, um diesen Schwierigkeiten zu begegnen, so scheint eine besonders verfolgenswert: Den Dozierenden eine Ausbildung in allgemeiner Wissenschaftspropädeutik anzubieten. Eine solche Ausbildung würde zweierlei erreichen. Erstens könnten die Dozierenden während dieser Ausbildung die - wahrscheinlich bis dahin nicht erfolgte - Reflexion ihrer eigenen Disziplin nachholen und damit Kompetenzen im Hinblick auf interdisziplinäres Arbeiten erwerben bzw. vertiefen. Zweitens könnten sie wesentlich systematischer die Fragestellungen und Lernziele der allgemeinen Wissenschaftspropädeutik in ihre Veranstaltungen integrieren.[12] Allerdings ist festzustellen, dass sich die Dozierenden innerhalb enger zeitlicher Rahmen befinden: Sie sind nicht nur mit Lehraufträgen stark belastet, sondern auch mit der eigenen Weiterqualifikation beschäftigt. Und schliesslich kann eine Ausbildung in allgemeiner Wissenschaftspropädeutik nicht das Dilemma lösen, dass die Dozierenden Wissen zu vermitteln haben, das nicht aus ihrer eigenen Disziplin stammt. Hier besteht eine Grenze nicht nur der Möglichkeiten allgemeiner Wissenschaftspropädeutik, sondern auch eines interdisziplinären Studienganges.

---

11 Diese Schwierigkeit stellt sich im Grundstudium weniger als im Aufbaustudium, wo Veranstaltungen aus dem Angebot der Fachdisziplinen übernommen werden.

12 In diesem Zusammenhang sei darauf verwiesen, dass ein entsprechender Kurs "Interdisziplinarität lehren und lernen" im Rahmen der Weiterbildung der Universitäten Bern und Fribourg angeboten wird.

Die Studierenden

Dilemma: Die fehlenden Voraussetzungen

Die Befragung der rund 110 Studierenden zeigte, dass sich viele der Teilnehmenden bereits in einem der Anfangssemester für den Begleitstudiengang entschlossen und damit über ein entsprechend geringes Grundlagenwissen aus der eigenen Disziplin verfügen. Gerade bei Diskussionen über Handlungsformen der eigenen Disziplin wurde dies deutlich. Innerhalb eines disziplinären Studienganges würden die Dozierenden diese Lücken selbstverständlich schliessen können, nicht aber im Falle MGU. Diesem Dilemma bewusst, entschlossen sich die Dozierenden, die mittleren Lernziele des Modellehrgangs in Fragen an die Studierenden zu transformieren. Die Studierenden waren im Zusammenhang mit der Integration der allgemeinen Wissenschaftspropädeutik somit weitestgehend mit derartigen Fragen konfrontiert. Dies ist beispielhaft in den Abbildungen 1 und 2 aufgezeigt.

Thema	Das Zusammenleben der Organismen.
Lernziele MGU	Die Studierenden lernen, dass die Arten nicht isoliert leben und untereinander in Wechselwirkung stehen.
Lernziele der allgemeinen Wissenschafts-propädeutik	Thema: Methodologie: Die Studierenden • wissen um die Kriterien wissenschaftlicher Methoden. • wissen um die Verwendung der Methodentypen in den Einzelwissenschaften. • wissen um Möglichkeiten und Grenzen wissenschaftlicher Methoden. • können (Forschungs- und Darstellungs-)Methoden bzw. entsprechende Vorgehensweisen bezüglich ihrer (Un-)Wissenschaftlichkeit beurteilen. • können disziplinäre Vorgehensweisen und Forschungsergebnisse vor dem Hintergrund des verwendeten Methodentyps verstehen und beurteilen.
Methodisches Vorgehen	Nach der ausführlichen Darstellung des Dozenten, welche Regelungsmechanismen in der Tierökologie existieren, um eine Art zu erhalten, stellte er die Frage: • Sind Sie der Meinung, dass man die Schlüsse aus der Tierökologie auch auf die menschliche Entwicklung übertragen kann? In der anschliessenden Diskussion prallten die unterschiedlichen methodischen Zugänge zu einem Thema zwischen Naturwissenschaftlern ("Kann ich das, was Sie gerade sagen, auch messen?") und Geisteswissenschaftlern ("Es ist eine Frage des Verstehens oder der Quellenauslegung") aufeinander, ohne allerdings explizit thematisiert und gewürdigt zu werden. Diskussion, 20 min.

Abbildung 1. Die Integration von Lernzielen der allgemeinen Wissenschaftspropädeutik in eine Seminareinheit der Veranstaltung "Naturwissenschaftliche Grundlagen der Ökologie"

Thema	Die Aufgabenteilung zwischen Bund und Kantonen und ihre Auswirkung auf Gesetzgebung und Vollzug.
Lernziele MGU	• Kollision zwischen verschiedenen staatlichen Aufgaben (insbesondere Begriffe Verhältnismässigkeit und Interessenabwägung) verstehen. • Voraussetzungen für Eingriffe in Rechtspositionen kennen. • Bedeutung der Gerichtsentscheide kennen. • Relevante Entscheide finden können. • Einen Gerichtsentscheid verstehen lernen.
Lernziele der allgemeinen Wissenschafts-propädeutik	Die Studierenden • erkennen den Reduktionismus der eigenen Disziplin. • wissen, dass sich jede Wissenschaft nur mit Ausschnitten der (Lebens)Welt (Wirklichkeit) beschäftigt und wissen, mit welchem Ausschnitt der (Lebens)Welt, mit welchem Gegenstand sich ihre eigene Disziplin beschäftigt. • wissen um die Bedeutung der Fachsprache und den Zusammenhang von Sprache, Erkenntnis und Wirklichkeit.
Methodisches Vorgehen	Als Fallbeispiel diente die auf das Umweltschutzgesetz gestützte Entscheidung der Tessiner Regierung, die Öffnungszeiten der Tankstellen entlang der Grenze nach Italien einzuschränken. Die Studierenden bildeten zwei Gruppen: Regierungsvertreter und Tankstellenpächter sollten versuchen, über einen Einspruch zu dem Entscheid zu diskutieren. Sehr schnell erkannten die Studierenden, wie disziplinär sie argumentieren. So rechtfertigte der Mediziner die Einschränkung der Öffnungszeiten mit der zunehmenden gesundheitlichen Belastung der Wohnbevölkerung durch den steigenden Benzintourismus italienischer Autofahrer. Die Ökonomen dagegen argumentierten, dass es eine Diskriminierung sei, wenn es innerhalb eines Kantons unterschiedliche Öffnungszeiten für Tankstellen gäbe. Gruppenarbeit, 15 min.

Abbildung 2. Die Integration von Lernzielen der allgemeinen Wissenschaftspropädeutik in eine Seminareinheit der Veranstaltung "Einführung ins Umweltrecht"

Bei den Studierenden wurde dieses "problematisieren statt erklären" ambivalent eingestuft. Einerseits empfanden sie den entstehenden Freiraum als wichtig für die Bewusstwerdung eines Problems, andererseits wurde nach einer Auflösung der gestellten Frage verlangt. Was die einzelnen Studierenden etwa auf die Frage "Welchen Ausschnitt aus der Realität beschreibt Eure Disziplin?" antworteten, blieb unkommentiert. Vor diesem Hintergrund stellt sich die Frage, inwiefern die Voraussetzungen interdisziplinären Arbeitens allein innerhalb eines interdisziplinär-ökologischen Studienganges gefördert werden können.

Dilemma: Die Angst, etwas zu verpassen

Bei den Veranstaltungen, die in das Forschungsprojekt einbezogen waren, gaben die Studierenden in der Befragung mehrfach zu bedenken, dass die Bearbeitung und Diskussion von Fragestellungen der allgemeinen Wissenschaftspropädeutik zu viel Zeit in Anspruch nähme: Es entstand die Befürchtung, in der ökologischen Ausbildung Wesentliches zu versäumen. So wurden einzelne Fragestellungen in manchen Veranstaltungseinheiten bis zu 30 Minuten diskutiert, was gerade auch wegen der nicht erfolgten abschliessenden "Beantwortung" der Fragen bei den Studierenden zu Skepsis gegenüber dem Projektanliegen führte. In erster Linie sind dafür die oben genannten Dilemmata aller Beteiligten verantwortlich. Eben weil die Integration der allgemeinen Wissenschaftspropädeutik in die Veranstaltungen nicht gelingt, suchen die Dozierenden alle Lernziele heraus, von denen sie glauben, sie integrieren zu müssen. Und da sie über keine entsprechende Ausbildung verfügen, überlassen sie die Beantwortung weitgehend den Studierenden.

Chance: Allgemeine Wissenschaftspropädeutik explizit im Curriculum eines interdisziplinär-ökologischen Studienganges verankern

Würde die allgemeine Wissenschaftspropädeutik im Rahmen eines interdisziplinär-ökologischen Studienganges einen festen Platz erhalten, dann hätte das folgende Vorteile: Die Studierenden könnten sich darauf einstellen, dass die Lernziele zur Vermittlung der Voraussetzungen interdisziplinären Zusammenarbeitens in das Studium fest eingebunden sind. Sie könnten ein entsprechendes Curriculum einsehen und auch in den Ankündigungen der jeweiligen Lehrveranstaltungen nachlesen. Die Angst, die allgemeine Wissenschaftspropädeutik nehme der "eigentlichen" Thematik zu viel Zeit, könnte somit genommen werden. Dem Dilemma der fehlenden disziplinären Reflexionsfähigkeit auf Seiten der Studierenden könnte dadurch allerdings nicht begegnet werden. Diese Reflexion müsste im Rahmen der disziplinären Ausbildung erfolgen.

Fazit

Eine Berücksichtigung der allgemeinen Wissenschaftspropädeutik innerhalb eines interdisziplinären Studienganges ist angebracht. Wäre ein solches Curriculum fest verankert, hätte das eine Reihe von Vorteilen: Die Dozierenden hätten eine Orientierung, welche Voraussetzungen interdisziplinären Arbeitens wann gelehrt werden müssten, und sie würden nicht mit Ansprüchen konfrontiert, die sie derzeit kaum erfüllen können. Für die Studierenden würde sich das oben Genannte bemerkbar machen, denn sie hätten eine kompetente Anleitung bei der Bearbeitung wissenschaftspropädeutischer Fragestellungen und müssten nicht mehr befürchten, dass die ökologische Thematik vernachlässigt würde. Um die notwendigen Voraussetzungen bei den Dozierenden zu schaffen, müsste ihnen eine Ausbildung in allgemeiner Wissenschaftspropädeutik angeboten werden. Damit könnten sie ihre eigenen Kompetenzen im Hinblick auf interdisziplinäres Arbeiten fördern und auf der Grundlage dieser Ausbildungserfahrung allgemeine Wissenschaftspropädeutik gezielter integrieren. Die Erfahrungen des Forschungsprojektes haben allerdings auch gezeigt, dass die Voraussetzungen interdisziplinären Arbeitens nicht ausschliesslich innerhalb eines Begleitstudiums vermittelt werden können. Die Fachdisziplinen sind hier aufgerufen, die Reflexion der jeweils eigenen Disziplin innerhalb ihrer Ausbildung zu berücksichtigen und damit den Studierenden diejenigen Voraussetzungen an die Hand zu geben, auf denen ein interdisziplinär-ökologischer Studiengang aufbaut.

Literatur

Balsiger, Ph. W. (1995) Allgemeine Wissenschaftspropädeutik und Interdisziplinarität - Elemente eines Studium generale *In*: Idee und Wirklichkeit des Studium generale, Papenkort, U. (Hrsg.), Verlag Friedrich Pustet, Regensburg.

Balsiger, Ph. W., Defila, R., Di Giulio, A., Dolanc, M., Enzfelder, M. and Hermann, E. (1993) Allgemeine Wissenschaftspropädeutik und Interdisziplinarität *In*: Inter- und Transdisziplinarität: Warum? - Wie? Inter- et Transdisciplinarité: pourquoi? - comment? Arber, W. (Hrsg.), Haupt, Bern, Stuttgart, Wien.

Blaschke, D. and Lukatis, I. (1976) Probleme interdisziplinärer Forschung. Franz Steiner Verlag, Wiesbaden.

BMBW/Bundesministerium für Bildung und Wissenschaft (Hrsg.) (1989) Umweltbezogene Bildungsangebote an Hochschulen ausgewählter Länder. Bonn.

Defila, R. and Di Giulio, A. (1996) Was ist die spezifische Umweltverantwortung der Wissenschaft? *In*: Kaufmann-Hayoz, R. and Di Giulio, A. (Hrsg.) Umweltproblem Mensch. Humanwissenschaftliche Zugänge zu umweltverantwortlichem Handeln. Haupt, Bern, Stuttgart, Wien; *im Druck*.

Di Giulio, A. and Defila, R. (1995) Ein übergreifendes Orientierungsangebot für alle Fächer? Die Studien in Allgemeiner Ökologie an der Universität Bern. *Das Hochschulwesen. Forum für Hochschulforschung, -praxis und -politik, 4*: 240-246.

Drilling, M. (1996) Illusion Interdisziplinarität: Warum in den Universitäten nicht zusammenwächst, was eigentlich zusammenpasst. *Die Weltwoche, 30, 25.06.96*: 31.

Hentig, H. von (1971) Interdisziplinarität, Wissenschaftsdidaktik, Wissenschaftspropädeutik. *Merkur, 25*: 855-871.

Huber, L., Olbertz, J.-H. and Wildt, J. (1994) Auf dem Weg zu neuen fachübergreifenden Studien *In*: Über das Fachstudium hinaus, Huber, L., Olbertz, J.-H., Rüther, B. and Wildt, J. (Hrsg.), Deutscher Studien Verlag, Weinheim.

MGU (1993) Lehrkonzept MGU, Basel; *Typoskript*.

MGU; Koordinationsstelle für Weiterbildung (1996) Hochschuldidaktik an der Universität Basel, Selbstverlag, Basel; *Typoskript*.

Schneider, H. J. (1988) Interdisziplinarität: Floskel oder Notwendigkeit? *UNIVERSITAS. Marksteine. Sonderedition zur 500. Ausgabe*: 12-15.

Schurz, R. (1995) Ist Interdisziplinarität möglich? *UNIVERSITAS, 11*: 1080-1089.

Strobl, G. (1994) Fächerübergreifendes Lehren und Lernen im Bereich Ökologie/Umwelt *In*: Über das Fachstudium hinaus, Huber, L., Olbertz, J.-H., Rüther, B. and Wildt, J. (Hrsg.), Deutscher Studien Verlag, Weinheim.

Gesellschaft und Wissenschaft

Ökologie und Interdisziplinarität – eine Beziehung mit Zukunft?
Wissenschaftsforschung zur Verbesserung der fachübergreifenden Zusammenarbeit
Ph. W. Balsiger/R. Defila/A. Di Giulio (Hrsg.)

Ökologie als ethische Herausforderung der Wissenschaften

Günter Altner

Ökologie beschreibt die Bedingungen der Möglichkeit gemeinsamen Überlebens von Mensch und Natur im Kontext der irdischen Biosphäre. Wer dieser Definition zustimmt, der steht freilich vor der schwierigen Aufgabe, über Wissenschaftsgrenzen hinweg die Bedingungen des Überlebens erfassen zu müssen. Mit dieser Interdisziplinarität allein wird es jedoch nicht getan sein. Die hier vorausgesetzte Definition von Ökologie schliesst auch die ethischen, gesellschaftlichen und politischen Dimensionen des irdischen Oikos (Hauses) mit ein. Wie anders sollte gemeinsames Überleben auf der Erde gewährleistet werden können!? Ökologie kann und muss immer auch "Erdpolitik" sein.

Fundamental in diesem komplizierten Abwägungsprozess ist die ethische Frage. Abweichend von dem in den Naturwissenschaften üblichen Subjekt-Objekt-Dualismus und der damit implizierten Wertneutralität hat es die Ökologie in dem hier verstandenen Sinne mit der Abwägung zwischen äusserst verschiedenen Überlebensinteressen (Mensch und Natur) zu tun. Es geht also um einen Begriff von Ökologie, in dem die ethische Frage immer schon implizit ist. Wie einfach wäre die Aufgabe, wenn *nur* dem Menschen Interessen zugesprochen werden könnten, aufgrund deren er Natur für sich beanspruchen

könnte. Da gäbe es dann nur noch Verteilungsprobleme zwischen Reich und Arm, jetzigen und kommenden Generationen. Davon wird ja auch bis heute die Tagesordnung in der menschlichen Gesellschaft bestimmt. Aber nun zeigt sich immer unabweisbarer, dass man so nicht argumentieren und handeln darf, wenn man wirklich öko-logisch denken will. In diesem Denken muss - ausgehend von der gemeinsamen Abstammungsgeschichte - immer auch den Interessen und Bedürfnissen des Mitlebens (Mitkreatur) Rechnung getragen werden. Und in diesem Hin- und Hergehen zwischen Mensch und Natur liegt die ganze Schwierigkeit der ökologischen Frage.

Wir wollen im folgenden, beginnend mit der Wissenschaftsgeschichte der Ökologie, Schritt für Schritt in die Vieldimensionalität der Mensch und Natur verbindenden Ökologie vordringen, bis wir uns schliesslich über die ethische Frage hinaus in der Politik befinden.

Zur Wissenschaftsgeschichte der Ökologie

Der Begriff "Ökologie" geht auf den Zoologen Ernst Haeckel zurück. Als Haeckel den Begriff 1866 programmatisch einführte, verstand er darunter die Lehre vom natürlichen Haushalt. Es war damit eine rein biologische Disziplin begründet, die die menschlichen Einflüsse auf natürliche Zusammenhänge völlig unberücksichtigt liess. Diese biologische Ökologie hatte noch nichts mit dem Naturschutzgedanken zu tun. Seit 1920 dringen mathematische Modellvorstellungen in die Ökologie ein, die zur Berechnung von Tierpopulationen und zur systemischen Abschätzung von Fliessgleichgewichten, wie sie in der belebten Natur typisch sind, Anlass geben. Es kennzeichnet diese Phase der Ökologie, dass sie mit ihrem Systemwissen zur Bewirtschaftung der Natur (Anlage von Austernbänken, Fischereiwesen) beiträgt. Seit den 20er Jahren beginnt sich die Situation zu ändern. In die Ökologie drängen Umwelt- und Naturschutzgedanken ein. Aber immer noch ist es so, dass die Mensch-Natur-Beziehung im wesentlichen unreflektiert bleibt. Unter Umwelt wird nun die Gesamtheit der Lebensbedingungen für eine bestimmte Lebenseinheit an einer bestimmten Lebensstätte verstanden.

Eine besondere Variante innerhalb der allgemeinen Theoriebildung zum Begriff der Ökologie stellen die Überlegungen von Jakob und Thure von Uexküll dar. Auf der Grundlage des von ihnen entwickelten Funktionskreises werden die Organismen als miteinander agierende Subjekte verstanden, die über Sinnesorgane und Wirkorgane mit der Umwelt verbunden sind. Das Lebewesen figuriert hier in seinem Subjektsein als Zeichenempfänger und Interpret, das eine bestimmte Reizung seiner Rezeptoren mit einer bestimmten Bedeutungsverwertung und Bedeutungszuweisung beantwortet. So gesehen kann es keinen objektiven Ökologiebegriff geben, Ökologie ist vielmehr das jeweilige Reiz-Reaktions-Muster der verschiedenen Träger des Lebens. Ökologie wäre demnach das Verhältnis der wechselseitigen Bedeutungszuweisungen, die durch die Mitglieder einer Lebenseinheit erfolgen. Ein solches Ökologieverständnis würde es auch erlauben, den Menschen unter Berücksichtigung seiner besonderen Existenz in die Ökologie zu integrieren. Ist er doch das Wesen, das aufgrund seiner zivilisatorischen Gestaltungsmöglichkeiten der irdischen Lebenswelt (und einzelnen Regionen) sehr ambivalente Bedeutung zuweist. Unter Berücksichtigung der inzwischen immer schärfer hervortretenden Zivilisationsschäden im irdischen Gesamthaushalt (Biosphäre) ist die Bedeutungszuweisung durch den Menschen zu einem Überlebensproblem geworden. Dabei wird die Frage, was die menschliche Gesellschaft der Erde und die Erde der Menschheit bedeuten soll, unabweisbar: Soll die Biosphäre nur Ressource für die reichen Länder sein? Oder soll sie für alle da sein? Sollen die ökosystemaren Gleichgewichte nur noch für unsere Zeit Bestand haben? Oder sollen sie auch für künftige Generationen das Überleben gewährleisten? Soll die Biosphäre nur Ressource für menschlichen Eigennutz sein? Oder soll sie auch ihren eigenen Wert und ihr eigenes Existenzrecht haben? Wer so fragt, der beginnt, den Menschen konsequent in die Ökologie mit einzubeziehen. Ökologie im umfassenden Sinne kann immer nur Humanökologie sein.

Konturen der Überlebenskrise

Diese humanökologische Bewusstseinserweiterung begann mit der Veröffentlichung des Buches "Der stille Frühling" durch die amerikanische Biologin Rachel L. Carson im Jahre 1963. In diesem Buch wird die chemische Vergiftung der irdischen Ökosysteme geschildert. Mit Beginn der 70er Jahre war es dann soweit, die sich immer deutlicher abzeichnende Überlebenskrise wird nun Gegenstand wissenschaftlicher Globalanalysen. 1972 erscheint der erste Bericht des Club of Rome (Meadows, 1972). In ihm wird auf der Grundlage von Computersimulationen ein Weltmodell vorgestellt, das die Abschätzung verschiedener Fortschrittsvarianten möglich macht. Dabei stehen fünf Variablen im Vordergrund des Interesses: Bevölkerungsentwicklung, Industrieproduktion, Nahrungsmittelerzeugung, Rohstoffverbrauch und Umweltverschmutzung. Das Ergebnis der Berechnungen kann als Wenn-Dann-Voraussage formuliert werden: Bei Fortsetzung der bisherigen Entwicklung können für die Mitte des nächsten Jahrhunderts schwerwiegende Zusammenbrüche erwartet werden, es sei denn, es gelänge, den exponentiellen Zuwachs bei der Bevölkerungsentwicklung und der Industrieproduktion zu stoppen. Die durch den ersten Bericht des Club of Rome ausgelöste Diskussion hat sich bis heute in einer beträchtlichen Anzahl von Globalanalysen niedergeschlagen: u.a. Folgeberichte des Club of Rome, Bericht Global 2000 (im Auftrag des Präsidenten der USA Jimmy Carter), Bericht der Nord-Süd-Kommission, Brundtlandbericht. Der Brundtlandbericht (Hauff, 1987) propagiert als weltpolitischen Grundsatz das Stichwort vom "dauerhaften Wachstum". Gemeint ist mit dieser Forderung ein Wachstum, das die Grenzen der Umweltressourcen respektiert, also Luft, Gewässer, Böden und Wälder für kommende Generationen lebensfähig hält, die bestehende genetische Vielfalt achtet und Energie- und Rohstoffquellen so optimal nutzt, dass im Gebrauch von heute die Lebensbedürfnisse kommender Generationen gewahrt werden. So könnte man auch das Prinzip einer ökologisch orientierten Weltwirtschaft formulieren.

Interessanterweise entspricht diese Perspektive im wesentlichen den Prinzipien, die sich in der öffentlichen Umweltdiskussion seit Anfang der 70er Jahre ergeben haben. Beginnend mit den Umwelt- und Anti-Atomkraft-Bürgerinitiativen, unterstützt durch Friedens-, Frauen- und Dritte-Welt-Bewegung und schliesslich repräsentiert durch Verbände wie BUND, Robin-Wood und Greenpeace hat sich seit zwanzig Jahren eine breite öffentliche Umwelt- und Naturschutzbewegung ergeben, die zum Taktgeber für die Ökologiediskussion wurde. Das betrifft sowohl die Inhalte als auch die politischen Forderungen. Zum Spektrum dieser Ökologiebewegung gehören so verschiedene Gruppen wie alternative Forschungsinstitute, Wissenschaftsläden, Stiftungen und örtliche Bürgerinitiativen. Das von der Deutschen Umweltstiftung herausgegebene Adressbuch Umweltschutz dokumentiert den ganzen Reichtum dieser Entwicklung (Deutsche Umweltstiftung, 1988).

Die auch in den Kirchen - mit einiger Verspätung - in Gang gekommene Ökologiediskussion ist dem Begriff der Schöpfung verpflichtet. Hier heisst die Aufgabe, die in ökumenischer Gemeinsamkeit getragen wird, "Schöpfung bewahren"! Dabei haben sich vier grundsätzliche Massstäbe herausgebildet. Bewahrung der Schöpfung im umfassenden Sinne kann nur gewährleistet sein, wenn die ökologische, die soziale, die internationale (Dritte Welt) und die generative Verträglichkeit (kommende Generationen) menschlichen Fortschritts beachtet werden. In diesem vierfachen Bezug kommen noch einmal die Grundbedingungen einer umfassenden Humanökologie zum Ausdruck. Ergebnis der ökologischen Bewusstseinsbildung ist nicht zuletzt, dass sich hier ein über Weltanschauungsgrenzen hinweggehender Grundkonsens abzeichnet: Es geht um eine Ehrfurcht vor der Vielfalt des Lebens, die von den einen als Achtung vor der Einmaligkeit der Lebensformen und von den anderen als "Scheu vor dem Heiligen" (Hans Jonas) verstanden wird. Durch die Entdeckung des Eigenwertes der nichtmenschlichen Natur ist die Anthropozentrik des europäischen Humanismus heute grundsätzlich in Frage gestellt.

Das Ökologieproblem in der Politik

Die ökologische Bewusstseinsvertiefung seit 1970 ist zu einer Herausforderung für Politik, Wissenschaft und Wirtschaft geworden. Dabei haben sehr verschiedene Formen der Auseinandersetzung (Demonstrationen, Streitschriften, Flugblätter, Alternativkonzepte, Gerichtsverfahren, Platzbesetzungen, Parteigründungen) eine Rolle gespielt. Heute kann es sich keine Partei mehr leisten, auf ein ökologisches Programm zu verzichten. Forschungsanträge werden ökologisch akzentuiert. Unternehmen bejahen den betrieblichen Umweltschutz und verweisen auf die ökologische Orientierung ihrer Produktpaletten. Dennoch muss die Umweltpolitik der zurückliegenden zwanzig Jahre sehr skeptisch beurteilt werden. Sie ist trotz eines beträchtlichen Aufwandes an Gesetzen und Verwaltungsmassnahmen in Halbheiten steckengeblieben, was sich eben auch im desolaten Zustand der Umweltmedien (Luft, Boden, Wasser, Wälder, Klima) widerspiegelt. Im wesentlichen ist es bei zwei Schritten geblieben. Nach einer ersten Phase der Bestandsaufnahme wurde eine ressortorientierte Umweltpolitik eingeleitet, die über gesetzlich festgelegte Grenzwerte (u.a. Abwasserabgabengesetz, Grossfeuerungsanlagenverordnung) den Bau von Filtern, Kläranlagen und Rückhaltevorrichtungen veranlasste. Die dadurch bewirkte Nachsorge hat in den Bereichen von Luft und Wasser zur Entlastung von einzelnen Schadstoffkomponenten geführt, aber insgesamt ist es nicht gelungen, bei der Entwicklung von Technik und bei der Gestaltung der Wirtschaft einen präventiv wirksamen Handlungsrahmen zu gewährleisten. An dieser Stelle wird es notwendig, über neue Instrumente der Umweltpolitik nachzudenken.

Zur Ermöglichung einer konsequenten Vorsorgepolitik wird heute von vielen Seiten das Instrument der Ökosteuer vorgeschlagen: Umweltsteuern auf umweltschädliche Produkte, Steuerabgabe auf Emissionen bzw. Schadstoffe, die in Luft, Boden und Wasser abgegeben werden, Abfallsondersteuer für nicht rezyclierbare Stoffe und dazu die Verwirklichung des Verursacherprinzips. Im Laufe eines Jahrzehnts könnte es auf diese Weise zu einer wirklich ökologischen Umakzentuierung der technisch-industriellen Entwicklung kommen. Dabei würden die, die umzudenken bereit wären, durch steuerliche Vorteile belohnt werden. In diesem Anreizmoment läge der politische Effekt der Sache. Auch für die internationale Umweltpolitik ist die Einführung solcher Instrumentarien (Weltressourcensteuer) dringlich. Dabei stellt die Einführung solcher Steuerungsmechanismen nur eine Massnahme neben vielen anderen Notwendigkeiten dar, die insbesondere an der Behebung des Rückstands der Entwicklungsländer orientiert sein müssten: u.a. Bindung der Entschuldung an ökologische Sanierungsprogramme, internationale Abkommen und Agenturen zur Gewährleistung von Weltressourcensteuern, Kontrolle der Bevölkerungsentwicklung. Internationale Ökologiepolitik kann sich nur unter Berücksichtigung des

Nord-Süd-Gegensatzes und aller damit verbundenen Zwänge vollziehen. Hier kommt den Industrieländern eine besondere Bringschuld zu. Diese Konstellation zeigt sich besonders deutlich im Bereich der Klimaproblematik.

Die für die nächsten Jahrzehnte zu erwartende Klimaerwärmung ist zu 75% durch den Ausstoss von CO_2 bei der Verbrennung von fossilen Energien in den Industrieländern bewirkt worden. So gesehen kann die Klimakrise als das Ergebnis verschwenderischen Verbrauchs von fossilen Energien in den Industriestaaten verstanden werden. Dieser Weg darf nicht fortgesetzt werden, - weder bei uns noch in den Entwicklungs- und Schwellenländern, die sich notgedrungen auf die Ausbeutung ihrer fossilen Energievorräte konzentrieren. Die Alternative für die nationale und internationale Energiepolitik kann nur heissen: Drastische Reduktion der Verbrennung fossiler Energien durch konsequent verbesserte Nutzungstechniken und Ersatz des durch verbesserte Energienutzung drastisch heruntergefahrenen Anteils der fossilen Energien durch erneuerbare Energien, insbesondere Sonnenenergie. Es käme also darauf an, den menschheitlichen Bedarf wieder so in das von der Sonne kommende Energiegefälle einzubetten, wie es die Grundlage des allgemeinen Evolutionsgeschehens bis heute war. Diesem Ansatz wären auch alle jene Alternativen zuzuordnen, die heute auf den Sektoren Landwirtschaft, Chemieproduktion, Verkehr und Müllvermeidung diskutiert werden. Neben den zumindest in der Theorie vorhandenen Technikvarianten sollte nicht vergessen werden, dass eine ökologisch orientierte Politik - national wie international - mehr Demokratie, mehr Mitsprache, mehr Partizipation und mehr Öffentlichkeit verlangt, als es bisher der Fall war. Ökologisch orientierte Politik findet nicht zuletzt darin ihren Ausdruck, dass sie vielstimmig ist und dass sich in ihrer Vielstimmigkeit die Vielfalt des Lebens spiegelt und zur Grundlage neuer Fortschrittskonzepte wird.

Ökologie und Ethik

Ökologie als ethische Herausforderung der Wissenschaften ist also durch eine Reihe von aufeinander verweisenden Argumentationsebenen gekennzeichnet. Auf keiner dieser Ebenen kann sich der wissenschaftliche Sachverstand von der ethischen Frage distanzieren. Die ethische Frage ist vielmehr der Ökologie in dem hier verstandenen Sinne inhärent. So gesehen ist sie auf den folgenden Argumentationsebenen unentbehrlich:

1. Fundamental ist Schweitzers Grundsatz der Ehrfurcht vor allem Leben: "Ich bin Leben, das leben will, inmitten von Leben, das leben will". Wer diesen Satz ernstnehmen will, muss

dort beginnen, wo er gilt: auf der Ebene der Arten (und gegebenenfalls einzelner Artvertreter) und ihrer biotopischen Vernetzung. Schon hier wird deutlich: Das Funktionieren der Natur ist von der Vielfalt der Lebensträger abhängig. Ihre Überlebensbedürfnisse sind zu achten!

2. Leben ist unter dem Blickwinkel des heutigen Naturverständnisses Geschichte, Werdeprozess in der Zeit. Ökologische Ethik hat die vielschrittige Zeitlichkeit dieses Prozesses anzumahnen und angesichts der immer schneller laufenden Dynamik des neuzeitlichen Fortschrittsprozesses als unverzichtbare Rahmenbedingung menschlichen Handelns im Bewusstsein zu halten.
3. Das Prinzip der Nachhaltigkeit versucht, menschliche und nichtmenschliche Überlebensinteressen (soziale und ökologische Verträglichkeit) aufeinander abzustimmen und in Einklang zu halten. Dazu bedarf es neuer technologiepolitischer Handlungsprinzipien: Sparsamkeit, Dezentralität, Vernetzung, Fehlerfreundlichkeit etc. Die ökologische Orientierung bietet immer auch soziale Garantien.
4. Die ökologische Orientierung von Technik und Produktion hängt ihrerseits wieder davon ab, dass in den fundamentalen Gesellschaftssystemen eine radikale Öffnung zur Naturseite stattfindet: Neben die Menschenwürde müsste die Anerkennung der Kreaturwürde treten. Neben dem Menschen als Rechtssubjekt müsste auch die Natur analog als Rechtssubjekt geachtet sein. Neben Arbeit und Kapital müsste die Natur als weiterer Partner Eingang ins ökonomische Kalkül finden ....
5. Die neue ökologische Orientierung der Ethik bedarf des Diskurses zwischen denen, die Natur nur als Objekt zu sehen vermögen, und denen, die Natur als verpflichtende Lebensgestalt auffassen. Diskurs in diesem Sinne ist Streit zwischen unterschiedlichen ethischen Paradigmen, aber auch Streit zwischen unterschiedlichen Interessen, die öffentlich abgeglichen werden müssen. So gesehen setzt die ökologische Ethik ein Mehr an Demokratie voraus.
6. Es ist nicht so sehr entscheidend, auf welcher der charakterisierten Argumentationsebenen die ethische Reflexion beginnt. Wichtig ist vor allem, dass alle Stufen der ethischen Reflexion durchlaufen werden.

Literatur

Altner, G. (Hrsg.) (1989) Ökologische Theologie. Perspektiven zur Orientierung. Kreuz-Verlag, Stuttgart.

Bossel, H. (1978) Bürgerinitiativen entwerfen die Zukunft. Neue Leitbilder. Neue Werte. 30 Szenarien. Fischer, Frankfurt a. M.; *3. Auflage 1981.*

Carson, R. L. (1963/68) Der stille Frühling. Deutscher Taschenbuch Verlag, München.

Deutsche Umweltstiftung (Hrsg.) (1988) Adressbuch Umweltschutz. Bauverlag, Wiesbaden; *2. Auflage 1991.*

Eisenbart, C. (Hrsg.) (1979) Humanökologie und Frieden. Klett-Cotta, Stuttgart.

Hauff, V. (Hrsg.) (1987) Unsere gemeinsame Zukunft: der Brundtland-Bericht der Weltkommission für Umwelt und Entwicklung. Eggenkamp Verlag, Greven.

Meadows, D., Meadows, D., Zahn, E. and Milling, P. (1972) Die Grenzen des Wachstums. Bericht des Club of Rome zur Lage der Menschheit. Deutsche Verlags-Anstalt, Stuttgart.

Michelsen, G. (Hrsg.) (1982) Der Fischer-Öko-Almanach. Daten, Fakten, Trends der Umweltdiskussion. Fischer, Frankfurt a. M.

Schramm, E. (Hrsg.) (1984) Ökologie-Lesebuch. Ausgewählte Texte zur Entwicklung ökologischen Denkens. Von Beginn der Neuzeit bis zum Club of Rome (1971). Fischer Taschenbuch Verlag, Frankfurt a. M.

Simonis, U. E. (Hrsg.) (1982) Ökonomie und Ökologie. Müller, Karlsruhe; *4. Auflage 1986.*

Ökologie und Interdisziplinarität – eine Beziehung mit Zukunft?
Wissenschaftsforschung zur Verbesserung der fachübergreifenden Zusammenarbeit
Ph. W. Balsiger/R. Defila/A. Di Giulio (Hrsg.)

Interdisziplinarität über die Grenzen der Wissenschaft hinaus

Reinhard Mocek

Das global-ökologische Problem, inwieweit eine organische Wende in der Forschungs- und Technologiepolitik als realistisches Ziel angesteuert werden kann, wird über die Erwägung von Möglichkeiten eines interdisziplinären Austausches von Forschung, (akademisch getragener) Politik und (akademisch gebildeten) Akteuren diskutiert. Primäre Bedeutung für sein Zustandekommen ist ein Wertekonsens zwischen den Beteiligten. Die organische Wende könnte durch immanente Strukturverschiebungen, durch neue verfahrenspolitische Wege, die den akteurbezogenen Aktivitäten auch juristische Wirkungsmöglichkeiten verleihen, sowie durch Erprobung neuer Ansätze zur Demokratisierung der Wissenschaft eingeleitet werden. In der gesellschaftstheoretischen Debatte sind dafür bereits Modelle entworfen worden, die von Politik und Akteuren nur besser zur Kenntnis genommen werden müssten. Interdisziplinarität ist hier auch ein Informationsproblem.

Einleitung

Kaum eine neuere forschungspolitische Grundidee ist stärker in den Nachweiszwang geraten als die Idee der Interdisziplinarität. Lange Jahre hat man über mögliche Strukturen der Interdisziplinarität die originellsten Modelle entworfen, jedoch kaum einer der neueren innovativen Lösungswege moderner Wissenschaft und Technik ist ein Kind von Interdisziplinarität. Sondern da ist weit mehr Traditionelles, als man der modernen Wissenschaft noch zugetraut hätte - der gelegentliche und zufällige Gesprächskontakt, die ganz unspezifische Anregung, das mühsame "Herauströpfeln" neuer Ansatzpunkte aus jahrelangen mühevollen Versuchsreihen. Alles das gab es schon immer und gibt es auch heute noch. Doch wird damit die Idee der interdisziplinären Forschungsorganisation als bewusst angewandtes Prinzip diskreditiert? Diese Frage nun sollte man nicht vorschnell bejahen. Doch es liegt die Annahme nahe, dass man keine Theorie der Interdisziplinarität braucht, die man dann Punkt für Punkt in die Wissenschaftsorganisation umsetzt. Sondern Interdisziplinarität sollte so etwas wie eine wissenschaftsethische Überzeugung sein, eine zur Selbstverständlichkeit gewordene Orientierungsgrösse bei allen wissenschaftlichen Vorhaben, die über die Spezialistengrenze hinausweisen. Ich will im folgenden versuchen, diesen Ansatzpunkt anhand einer ziemlich globalen Problemstellung zu erläutern. Es geht mir dabei um die Frage, ob und wenn ja wie es möglich sein könnte, zu einer Wende in der Forschungs- und Technologiepolitik zu gelangen, die sich relativ unterbruchslos an das vorherrschende technologische System anschliesst, dabei aber nach und nach neue technologische Profile anzunehmen in der Lage ist. Systemtheoretisch betrachtet handelt es sich um den fliessenden Übergang eines Grosssystems in ein anderes - ein Übergang, der nicht nach dem verbreiteten Denkschema funktioniert, dass das vorhergehende System entweder beiseite gestellt oder aber zerstört wird, um daneben das andere zu errichten. Sondern aus dem alten System wird das neue förmlich herausgetrieben; es "metamorphiziert".

Hier steht man vor einem keineswegs neuen, in der nunmehr erreichten brachialen Zuspitzung allerdings schier allesbeherrschenden Widerspruch - der Widerspruch von kognitiven und politischen Interessen. Während sich die Wissenschaft im sozialen Umsetzungsfeld für ökologische Problemlösungen nur eingeschränkt kompetent fühlt und auf die Politik verweist, hofft diese wohl auf Denkangebote aus der Wissenschaft, geht dabei aber, ausgesprochen oder nicht, davon aus, dass sich kurzfristig nichts ändern lässt - wie ja gegenwärtige Politikkonzepte sich leider auf den Vierjahreszyklus der grossen Wahltage orientieren, nicht aber auf die längerfristig anzugehenden Lebensfragen der Menschheit. Das Resultat ist eine Lähmung auf beiden Beinen, mit denen man die künftige Wegstrecke der Weltzukunft dann eben eher kümmerlich denn hoffnungsfroh zurückzulegen sich anschickt. Nun stellt sich diese Verdopplung auch der wissenschaftlichen Analyse in den Weg - soll sie den Blick vor allem auf die politischen Potentiale richten, die fähig sein müssten, eine organische, ökologische Wende in der Forschungs- und Technologiepolitik durchzusetzen, oder sollte sie unbeirrt davon Modelle ausarbeiten, auf die sich die Gesellschaft politisch "hinorganisieren" müsste? Beides klingt nicht besonders überzeugend. Wäre eine dritter Weg anzudenken - man versucht, Problemlösungsvorschläge mit Wertpräferenzen zu koppeln, denen sich politische Überzeugungen bereits seit langem verpflichtet fühlen und über die sie gezwungen werden könnten, sich mit den Lösungsvorschlägen anzufreunden. Das wiederum ergibt zwingend, dass man an mehrere solcher Lösungsvorschläge denken müsste, denn die gegenwärtigen politischen Parteiungen verfolgen ziemlich divergente Werte.

Das alles ist intellektuelle Partnerschaft von Wissenschaft und Politik; eine Form von Interdisziplinarität also, die man im traditionellen Sinne als eine solche gar nicht anerkennen möchte. Das neuerdings für solche Aussenkooperationen von Wissenschaft bevorzugte Wort der "Transdisziplinarität" scheint auch das hier zur Rede stehende Problem besser zu packen, wenngleich für meine Begriffe Bezeichnungsfragen eher sekundärer Natur sind. Das umso mehr, wenn man noch an eine dritte nichtwissenschaftliche Säule denkt, die in der Literatur seit geraumer Zeit schon zu dieser Einheit von Wissenschaft und Politik hinzugefügt wird - der informierte und engagierte Bürger! Ist es denn denkbar, dass sich zwischen drei so divergenten sozialen Gruppen so etwas wie interdisziplinärer Gedankenaustausch entwickelt? Es wäre nun eigentlich gefordert, auf die wissenschaftstheoretischen Klippen, die sich hier aufrichten, näher einzugehen (die Sprachbarriere zuallererst); allein auch hier sollte der Effekt erst gesucht und ausprobiert werden, ehe man darauf wartet, dass in umfänglichen Abhandlungen zu diesem Problem einige Dutzend im Detail erwartungsgemäss höchst unterschiedliche Standpunkte vorgelegt werden, über deren Gewicht allerdings auch wieder ausserwissenschaftlich entschieden werden müsste. Auf ein solches Dilemma ist man ja in der gutachtergeprägten Öffentlichkeit inzwischen hinlänglich vorbereitet.

Wertekonsens als Basis ökowissenschaftlicher Transdisziplinarität

Meine Überlegungen gehen zunächst in die Richtung, die Wertpräferenzen und Wertungsebenen für eine organische ökologische Wende in der Forschungs- und Technologiepolitik anzudenken. Zum Wertungsbereich gehört in allererster Linie die *Bereitschaft, Probleme zur Kenntnis* zu nehmen. Wer heute die Stützen des industriellen Fortschreitens, also den wissenschaftlichen Fortschritt als solchen und den gesamten Bereich der modernen Technologien, nicht nur kritisiert, sondern gar aus dem geistigen und materiellen Fundamentalbereich der industriellen Gesellschaften zumindest schrittweise auszuschalten trachtet, vermag in der Regel nicht, höchstens nur ungefähr anzugeben, wie sich die Vorgänge innerhalb der Weltgesellschaft gestalten werden, sobald die tragenden modernen Produktionstechnologien ersatzlos auslaufen. Die aktuelle Lebenswelt der industriellen Gesellschaften hängt durchgreifend von eben jenem wissenschaftlich-technologischen Wettlauf um das neueste Patent, um das grosse Geschäft mit neuen Stoffumwandlern und Silikonen, um die Verheissungen des züchterischen Eingriffs in das Jahrmillionen sich selbst überlassene Leben ab. Und von der industrialisierten Welt hängt die übrige Welt ab. Ein Rückschneiden der Industrialisierung in kurzschrittiger Manier und ohne stoffliche und energetische Bilanzierung bedeutet, einer real existierenden Welt ihren Lebensnerv zu kappen. Wie grosse soziale Systeme sich dann verhalten, weiss man nur ungefähr - im grossen und ganzen aber macht man sich nichts vor, dass dies eine Zeit des transpersonalen Kannibalismus werden würde.

Doch ist das überhaupt ein richtig gestelltes Problem? Ich denke, dass man jedes "System" analytisch anfechten kann. Wenn auch Systeme ihre Elemente basal reproduzieren, ist längst nicht ausgemacht, dass ihnen keine Elemente entnommen werden können. Man wird sehen, dass manche der ganz grossen Technologien gänzlich problemfrei "verschwinden" könnten, wenn man nur wollte (Gentechnologie), andere hingegen auch auf lange Sicht ausgehalten werden müssen, verbunden mit dem Preis des Fortschreibens dauerhafter Gefahren, aber wenigstens bei Reduktion der schlimmsten Übel (moderne chemische Technologien), dritte gar eine gänzliche Reorganisation ihrer Erscheinungsform ermöglichen würden (die Informationstechnologien), während man eine Technologie in keiner Weise um ihre tödliche Menschheitsgefahr "herummogeln" kann - die Atomtechnologie. Nun will ich dies als eine gänzlich vorläufige Argumentation verstanden wissen; sie dient mir lediglich dazu, die Einsicht nahezulegen, dass man von einer solchen geschlossenen "Front" der modernen Technologien im Grunde nicht zu sprechen braucht. Damit wäre eine Säule des oben angeführten Gegenstandpunktes bereits untergraben - die Annahme nämlich, dass bei Ausgliederung von einzelnen Bereichen der herrschenden Technologien gewissermassen mit systemischer Notwendigkeit das "Ganze" zusammenbrechen würde.

Zum Problemwissen, das bei komplexen Sachverhalten stets inter- bzw. transdisziplinärer Natur ist, gehört also eine möglichst *ganzheitliche Sicht auf den Gegenstandsbereich*. Auch hier ist die Bereitschaft, über spezialisiertes "Genauwissen" hinauszugehen und die Berechtigung von weniger genauen ganzheitlichen Aussagen (weniger genau aufgrund der vielen sich überlappenden Komponenten, die unmöglich in mathematisch klarer Weise erfasst werden können) anzuerkennen, ein spezifischer Aspekt der Bewertung. Inwieweit sich soziale Systeme überhaupt, überwiegend oder nur in speziellen Fällen "systemisch" verhalten, ist eine ebenso offene

Frage wie die Besetzung sozialer System-Ränder oder die Möglichkeit, ob und inwieweit sich soziale Systeme oder als solche definierte soziale Gegebenheiten umstandslos auch qualitativ reduzieren können. Das bedeutet, dass im oben angeführten Gegenargument eine Vielzahl von systemtheoretischen Implikationen enthalten sind, die überaus streng klingen, jedoch keineswegs absolute Gültigkeit beanspruchen können. Das muss jedoch alles erst einmal abgesteckt werden, ehe man die Frage diskutieren kann, inwieweit ein mit fast selbstorganisatorischer Präzision ablaufender Vorgang - eben die Determination der ökonomischen, politischen, sozialen und ökologischen Gegebenheiten der industrialisierten Welt durch die wissenschaftlich-technisch getragenen Technologien - nach anderen, nicht aus der relativen Zwangsläufigkeit der inneren Logik dieser Technologien gewonnenen Kriterien reguliert werden kann. Denn darauf läuft unsere Frage nach der Möglichkeit einer "organischen Wende" in der Forschungs- und Technologiepolitik letztlich hinaus. Und da zeigt bereits ein grober Überblick, dass von jener hermetischen Geschlossenheit sozialer Systeme (zu denen die technologischen zu rechnen wären) ebensowenig gesprochen werden muss wie von ihrer vorgeblichen linearen Determination.

Doch zurück zum Wertekonsens. Das bisher dazu Ausgesagte bezieht sich auf ein Akzeptieren von eher wissenschaftstheoretischen Notwendigkeiten. *Traditionelle Werte* scheinen da noch nicht auf. Doch ohne solche geht es nicht. Hier nun gelangt man in gewisser Weise in eine philosophische Brache, denn die Werttheorie hat sich zwar weidlich über die Beziehung von normativen zu Aussagesätzen mitgeteilt, jedoch die Kommensurabilität bestimmter Wertinhalte mit den scheinbaren oder echten Erfordernissen der wissenschaftlich-technischen Welt kaum geprüft. Wer es tat, gelangte zu völlig neuen Forderungen an Wissen und Gewissen der Menschheit, denken wir nur an Erich Fromm (1976) und Hans Jonas (1979). Beide sind auch insofern für unser Problem von Interesse, weil sie scheinbar traditionell "linkes" Wertepotential wenn auch kritisch, so aber doch strukturell bestimmend verarbeiten. Die Linken haben seit jeher die Grundwerte der Solidarität, die Forderung nach menschenwürdig gestaltetem und mitgestaltetem Leben, nach den Prinzipien des Gemeinwohls als Grundlage des individuellen Wohls sowie nach Gerechtigkeit im Zugang zu den Möglichkeiten, die die Gesellschaft bietet, auf ihrer Seite. Jedoch ist leicht ersichtlich, dass vor allem dann, wenn die dürren Worte für sich betrachtet werden, weit über linkes politisches Selbstverständnis hinaus diese Werte akzeptabel sind und in der aus verschiedenen politischen Motiven gespeisten ökologischen Bewegung vielfältig aufgesaugt worden sind. Dabei ist nicht ihre wertetheoretische Durcharbeitung das erstrangige Problem, sondern die viel schwierigere Problematik, dass sie, zugespitzt gesagt, heute durch Wissenschaft und Technik "hindurch müssen". Nun ist leicht ersichtlich, dass sich hier kein Werteanschluss, gewissermassen automatisch, ergibt. Solidarität und Nord-Süd-Gefälle stehen unvermittelt, unbilanziert nebeneinander. Von Gerechtigkeit sollte man nicht sprechen, wenn man die Dritte arme und die Vierte ärmste Welt vor Augen sieht. Es ist zu prüfen und darzulegen, dass und wie Solidarität, Gerechtigkeit, Gemeinwohl und gleichberechtigter Zugang unter den modernen extrem arbeitsteiligen Bedingungen gesellschaftlichen Lebens ein spezifisches Aussehen haben; welche Möglichkeiten zur Verfügung stehen, die genannten Grundwerte als Basis einer neuen weltweiten Technologiepolitik zu fixieren. Wohl jeder Sachkundige hat heutzutage nur ein müdes Lächeln im Gesicht, wenn von Solidarität als Basis der Neugestaltung von wissenschaftlich-technischen Transfers in die Dritte Welt die Rede ist. Natürlich ist der Aufweis eines machbaren Gegenteils nicht aus den Ärmeln zu schütteln, jedoch er hat eine gute geistige Tradition hinter sich. Für die Erhaltung einer humanen Lebenswelt ist sozialistisches (Kautsky, 1913) wie liberales (Schumpeter, 1974), aber auch konservatives (Klages, 1929) Denken ins Feld zu führen.

Man braucht also eine "Grundidee", die dieses Vorhaben sowohl von der wertetheoretischen als auch von der strategischen Seite her zugleich als notwendig und als machbar vorstellt. Diese Grundidee muss aussagen, wie eine wissenschaftlich-technisch strukturierte und zugleich kapitalgetragene Produktionsweise, die sich selbst und die ganze existierende Welt bedroht, zur Selbstbesinnung gemahnt und zur Wende veranlasst werden kann. Eine solche Wende jedoch muss klar durchdacht sein - d.h. sie muss "organisch" sein, ablaufende Prozesse kalkulieren, integrieren, paralysieren.

Das Grundproblem - wie ist eine "organische Wende" realisierbar?

Eine "organische Wende" in der Wissenschafts- und Technologiepolitik ist nicht nur losungshaft zu fordern, sondern buchstäblich auch "auszurechnen"!

Diese Grundidee nun - die Wissenschaft auf ihr humanistisches Grundanliegen transformieren entgegen allen äusseren und inneren Faktoren, die auf eine Verselbständigung der Entfaltungs- und Vernutzungskriterien zielen - *ist in erster Linie als eine machbare Strategie darzulegen.* Das ist für meine Begriffe die entscheidende Frage!

Hier sollen zunächst vier Möglichkeiten benannt werden, wie sich eine solche Umwandlung eines Wissenschafts- und Forschungspotentials Schritt für Schritt gestalten könnte. Dabei ist zu betonen, dass diese Möglichkeiten auf die fortlaufende Wissenschaft und Technologie gemünzt sind, nicht auf Umbruchsforderungen oder gar Forschungs- und Technologie-Verbote. Das ist insofern zu unterstreichen, weil damit das Adjektiv "organisch" in seinem Stellenwert umschrieben werden kann, womit eben jene anzustrebende Kontinuität abgebildet wird. Zum anderen bleiben gewiss eine Menge anderer Möglichkeiten unerwähnt - doch es geht mir hier nicht um Vollständigkeit. Im übrigen sind die nun aufzuzählenden Forderungen nicht neu. Es ist fast nichts offengeblieben im Forderungskatalog der ökologischen Bewegung - aber was oft genug untergewichtig geblieben ist, das ist die Zuversicht einer schrittweisen Umgestaltung eines Ganzen. Viel eher treffen ökologisch motivierte Proteste und Sitzstreiks, Besetzungen und sonstige Einzelaktionen auf die in der Öffentlichkeit schier festgeklopfte Überzeugung, dass sich auf diese Weise am "Grossen und Ganzen" sowieso nichts ändert. Der grösste Feind von Veränderung ist die Gewohnheit.

Ein Weg organischen Wandels könnte darin bestehen, dass man eine allmähliche Strukturänderung durch Neugründungen von Forschungsrichtungen und Instituten im Sinne der Grundidee anstrebt, wobei gleichzeitig zu dieser Idee konträre Einrichtungen abgebaut werden. Die Überdominanz sogenannter strategischer Forschungsschwerpunkte (Weltraumforschung u.a.), soweit deren vorwiegend oder rein militärische Bedeutung offenkundig ist, muss in Relation zu wirklich bedeutsamen und für die Menschheit überlebensentscheidenden Forschungen gebracht werden (alternative Energiesysteme etc.). Auf dieser Grundlage wäre eine forschungspolitische Prioritätenliste aufzustellen, die weitgehend von den bilanzierbaren globalen Problemen bestimmt sein müsste. Eine Selbstverständlichkeit fast, so möchte man angesichts der weltweiten Irritationen über Fluch oder Segen des technischen Fortschritts ausrufen, doch hier zeigt sich überdeutlich, dass die Kommandohöhen für derartige Entscheidungen ausserhalb des gewöhnlichen gesellschaftlichen Dialogs liegen. Transdisziplinarität greift hier - zumindest in den bekanntgewordenen Ausprägungen - viel zu kurz. Und hier zeigt sich, dass die transdisziplinäre Partnerschaft von Wissenschaft und Politik wohl stets die zweite Geige spielen wird, wenn sie nicht in diesen Kommandozentralen für die fundamentalen gesellschaftspolitischen Weichenstellungen ihr Gewicht erhält. Der Weg dahin ist allerdings schwer zu eruieren. Was sich abzeichnet, ist eine weitgehende Öffnung der gesellschaftlichen Entscheidungswege jenseits vom parlamentarischen Diskurs für eine öffentliche Kontrolle.

Ein zweiter Weg wäre ein eher organisationspolitischer mit verfassungsrelevanten Folgen. Es müsste versucht werden, den üblichen Weg des Zweischritts von Ministerium und gesetzgebender Versammlung (d.h. die entsprechenden Ausschüsse des Bundestages und der Länderparlamente) aufzureissen durch die Bildung von ausserparlamentarischen Gremien verschiedenster Form, die unabhängig von parteipolitischen Vorgaben oder Verpflichtungen eigenständige, öffentlich einsichtige Problemerörterungen vornehmen und Handlungsempfehlungen für die Entscheidungsorgane vorlegen. Dafür bedarf es natürlich eines rechtlichen Rahmens, der soweit zu reichen hat, dass die Aktivitäten der Ministerien gegenüber diesen Gremien offenzulegen sind und andererseits die parlamentarischen Organe mindestens zur Beratung der Vorlagen dieser Gremien verpflichtet werden müssten. Demokratie ist hier Eingriff in weitgehend unkontrolliert ablaufende traditionelle Entscheidungs- und Verfügungsgewalt; das ganze Vorhaben fusst auf dem sogenannten "akteurbezogenen Ansatz", auf dessen Problematiken noch einzugehen sein wird. Fraglos liegt im Durchdenken dieses Ansatzes der meiste Zündstoff für die Struktur und Wirkungsvielfalt transdisziplinärer Wissenschaftspraxis.

Ein dritter Weg zur mittelfristigen Erreichung dieses Zieles einer organischen Wende wird durch die Neuorganisierung des akademischen Studiums möglich, das sich zunächst in allen wesentlichen Studiengängen auf eine ökologisch konzipierte Einheit der Wissenschaften und der Technik orientieren müsste. Auf diese Weise werden auch die allgemeinen Bildungsgrundlagen für eine solche Neugestaltung geschaffen. Dabei liegt die Forderung nahe, dass in die Curricula der höheren Bildungsanstalten auch die politisch-moralischen Werte, die zum Verantwortungskanon von Wissenschaft und Technik gehören, einfliessen sollten.

Bliebe noch, *als vierter Schritt*, die vorrangige und grosszügige Förderung von Wissenschaftseinrichtungen, die sich konkret Modellen der Gestaltung der Nord-Süd-Probleme sowie verwandter wissenschaftlicher Forschungen zuwenden.

Jeder dieser Schwerpunkte verlangt nach ausgiebiger und gründlicher Debatte; und gewiss schliessen sich weitere Schritte zwanglos an. Und es sollte auch deutlich werden, dass der entscheidende Punkt in einem solchen Katalog in der sozialen Aktionsfähigkeit ökologisch fundierter Bewegungen liegt. Dass das nicht an einer grünen Parteiung liegen muss, ist evident. Aber gerade die Fixierung ökologischer Ziele am Nimbus einer politischen Bewegung mag die gewisse Bedrohlichkeit, die die ökologischen Probleme ja an sich schon haben, noch verstärkt haben. Ökologen gegen den Rest der Welt - das ist eine Relation, die in die Irre leitet. Viel eher sollte das ökologische Bewusstsein vertikal in allen Parteien neue Entscheidungslagen bedingen. Es ist hier nicht der Ort, um dieses Problem weiter zu verfolgen. Doch auf die Beziehung von Ökologie als Wissenschaft und als politische Bewegung werden wir durch die aufgeführten vier Schritte zu einer organischen Wende in der Forschungs- und Technologiepolitik schon gewiesen. Nun ist die Ökologie als Wissenschaft viel zu spezialisiert, als dass sie für sich so etwas wie eine disziplinäre Einheit organisieren würde. Wer auf botanischem Gebiet die pflanzlichen Indikatoren für Umweltgifte beforscht, wird in der Regel keinen Zugang zu den glacialen Problemen, zur Sicherung des Energiehaushalts oder zum Müllproblem haben, zumindest nicht im engeren Forschungskontakt. Die Ökologie als Wissenschaft hat weit weniger ein innerwissenschaftliches Verbundsystem als nahezu sämtliche traditionelle Wissenschaftsdisziplinen. Über Fakultäten, Zeitschriften und Kongresse hat sich dieses althergebrachte Wissenschaftssystem bei aller Zersplitterung doch stets zu begegnen gewusst. Nun ist ernsthaft zu fragen, ob die Herstellung einer solchen Wissenschaftseinheit der Ökologen zwingend ist für ihre soziale Wirksamkeit. Für den universitären Bereich wäre die Gründung einer ökologischen Fakultät wahrscheinlich eine vergnügliche Herausforderung an alle. Folgen für die Gesellschaft aber hat

Ökologie - man ist versucht zu sagen "allein" - als ökologische Bewegung, als das theoretisch begründende Initial für ein selbstbewusst handelndes soziales Subjekt, den vielberufenen "Akteur". Dem wenden wir uns nun noch zu.

"Organische Wende" und gesellschaftstheoretische Diskussion

Die vorstehend erhobenen Forderungen, die Wissenschaft in die geistig-moralischen Ansprüche des gesellschaftlichen Lebens einzubinden, immanente Strukturverschiebungen in Gang zu setzen, über die man Ansätze alternativer Wissenschaft fördert, neue verfahrenspolitische Wege einzuführen und den akteurbezogenen Aktivitäten auch juristische Wirkungsmöglichkeiten zu verleihen, insgesamt neue Ansätze zur Demokratisierung der Wissenschaft zu erproben, könnten den Anschein erwecken, man wolle an den Grundsätzen der vor 25 Jahren bereits von Herbert Marcuse (1970) geforderten "neuen Wissenschaft" basteln. Im Gegenteil ist ein Trend nachweisbar, wonach aktuelle Prozesse des täglichen Umgangs mit ökorelevanten Folgerungen beim Einsatz neuer Technologien "vor Ort" den Ansatzpunkt bilden, um daraus Vorschläge für die stufenweise Neugestaltung des gesamten Prozesses bis hinein in die Entscheidungsfindung abzuleiten. Auf der anderen Seite gilt die analytische Aufmerksamkeit natürlich auch den Strukturen der Gesellschaft, verbunden mit der Frage, ob sich im produktiven wie reproduktiven Bereich überhaupt grundsätzlich etwas ändern lässt. Die Tatsache, dass die nach bisheriger Art betriebene Wissenschaft meilenweit von den Lebensbedürfnissen der Weltmenschheit weggeführt hat, resultiert beileibe nicht aus der Eigenbewegung von Wissenschaft und Technologie, sondern ist eine Frage der Verfügungsmacht über sie. Hier wird die Notwendigkeit einer grundlegenden Neuorientierung aus politischen Gründen einsichtig, die neue Formen der gesellschaftlichen Einflussnahme auf Wissenschaft und Technologie erfordert, auf Möglichkeiten der mitgestaltenden Einflussnahme, der Aktivierung der Öffentlichkeit setzt. Ein neues Wissenschaftskonzept ist in diesem Sinne ein Bedürfnis für die in Wissenschaft und Technik tätigen Bürger, die kritisch eben jene gesellschaftliche Wahrnehmung der Wissenschaft einfordern und darüberhinaus verantwortungsbewusst auf die globalen Dimensionen ihres Tuns blicken.

Einige neuere Vorschläge sollen noch kurz referiert werden - vor allem aus dem Grunde, weil sich hier diverse Anschlussstellen für die politische Forderung nach einer "organischen Wende" ergeben. Es liegt viel mehr vor, als man gemeinhin glauben mag, wenn man nur die politische Literatur im Auge hat.

Seit Ende der 80er Jahre mehren sich die Stimmen, wonach die westlichen Demokratien nicht mehr in der Lage seien, den global-ökologischen Herausforderungen der Menschheit entgegenzusteuern. Als Grund gilt das Versagen der traditionellen staatlichen Steuer- und Regulierungsmittel zur Lösung gesamtgesellschaftlicher Probleme; korrespondierend dazu gibt es in der gesellschaftstheoretischen Welt, wie Ulrich Beck konstatiert hat, keine akzeptierte Theorie für grössere Zeitläufe mehr. Die politische Pragmatik findet ihr Pendant im politiktheoretischen Pragmatismus (vgl. dazu Beck, 1986 und 1993). Andere Autoren erblicken die Gründe in der unweigerlich voranschreitenden kommunikativen Ausdifferenzierung der sozialen Teilsysteme. Nach Luhmann entwickeln diese Teilsysteme binäre Codes der Kommunikation, die ganz funktionsspezifisch sind und keine systemübergreifende Verständigung mehr ermöglichen würden. Danach gibt es in der modernen Industriegesellschaft keine multilinguale Kommunikationskompetenz mehr. Da die jeweiligen Systeme zudem eigene Wertmuster herausbilden, ist ein solches transsystemares Kommunizieren prinzipiell gestört. Das habe aber nichts mit böser Absicht zu tun, sondern liege im Wesen der Sache begründet: was ökonomisch nützlich ist, ist in der Regel nicht zugleich auch ökologisch nützlich (vgl. dazu Luhmann, 1984)[1].

In der Literatur haben sich nun drei Argumentationslinien herauskristallisiert, wie diese strukturelle Schwäche der modernen Demokratie abzubauen ist. Das wäre zum einen der *steuerungspolitische* Ansatz, nach welchem den staatlichen Einrichtungen eine erhöhte Bedeutung zukomme, die jedoch nicht mit den alten Einstellungen und Methoden wahrzunehmen ist. Die spezifischen Strukturzwänge in Wirtschaft, Verwaltung und Umwelt sind nach dieser Lesart unüberschreitbar. Sie bieten zwar Spielräume, aber die sind nicht beliebig und nur durch Experten auszumessen. Diese Auffassung dominiert in den Schriften staatlicher und überstaatlicher Organisationen, aber auch in der systemtheoretischen Literatur[2].

Zum zweiten wäre der *kommunikationstheoretische* Ansatz zu nennen, wonach die innere Differenzierung der Gesellschaft in hochorganisierte gesellschaftliche Akteure mit einer durch die gegebene Professionalität hochentwickelten Reaktions-, Handlungs- und Problemlösungsfähigkeit zu einer neuen diskursiven Qualität heranreifen werde, die zunehmend die Übernahme gesellschaftlicher Entscheidungen, mindestens aber ihre Vorbereitung und Mit-Vorbereitung erzwingen wird. Dieser Ansatz ist eng verbunden mit den *akteurbezogenen* Theorien, die überwiegend in den Schriften der Verbände und eingetragenen Vereine sowie verschiedener linken und grünen Parteien nahestehender Arbeitsgruppen bzw. von diesen in Auftrag gegebenen Studien zu finden sind. Hier dominiert die Sorge um das Mitspracherecht des Einzelnen, aber auch die Suche nach neuen Wegen, um dieses Recht einbringen zu können. Die meisten der in der Diskussion befindlichen Projekte wachsen auf diesem Stamme; Projekte oder Konzepte, die sich hinter programmatischen Formulierungen verbergen wie Eindämmung, Nullwachstum, or-

1 Auf ganz anderem Fundament steht die umfangreiche sozialethische Literatur (s. u.a. Offe und Preuss, 1990).
2 Die Ökostaat-These hat Rudolf Bahro (1988) wieder aufgebracht (s. ferner Kloepfer, 1989; Linke, 1991 u.a.).

ganisches Wachstum, zivilgesellschaftliche Regulierung der Gesellschaft, Modernisierung der Demokratie oder ökologischer Umbau der Gesellschaft.

Man darf sich allerdings nicht darüber hinwegtäuschen, dass die akteurbezogenen Ansätze trotz ihres Bekanntheitsgrades kaum umgesetzt sind. Nach Lage der Dinge beherrschen die steuerungspolitischen Ansätze das Feld bei weitem! Das wird unterstützt durch die Literatur zur Steuerung der Weltwirtschaftsbeziehungen angesichts der Verselbständigungstendenz der internationalen Vereinigungen und Folgeorganisationen von UNO und UNESCO, der ökologischen Kommission der Europäischen Gemeinschaften, wo bereits recht souverän über die Köpfe der nationalen Belange hinweg geurteilt wird (s. u.a. Kommission der Europäischen Gemeinschaften, 1992; Chukwama Soludo, 1992). Diese Schriften gehen von der zunehmenden Dominanz einer staatlich dirigierten globalen Ökopolitik aus. Ihnen gilt die nationale Verfahrensdemokratie als de facto unbrauchbar für das globale Problemfeld. Damit verbunden ist eine Zurücksetzung der nationalen parlamentarischen Körperschaften gegenüber der Macht der staatlichen Bürokratie und Administrativorgane, wobei letztere schrittweise ihre Kompetenzen an internationale Organe übertragen oder sie schlichtweg mit in diese "mitnehmen". Insgesamt aber gibt es noch kein Konzept, wie ein übernationales Parlament sofort und effektiv, mit oder ohne Rückkopplung in die nationalen Administrativorgane, wirksam werden könnte. Der steuerungspolitische Ansatz ist also durch die Konzentration von Professionalität und Expertentum, durch Legitimation und staatliche Auftragszuweisung bestens profiliert für die Lösung seiner globalpolitischen Aufgaben - allein diese Potenz ist durch mangelnde gesetzliche Regelung des überstaatlichen Eingreifens weitgehend lahmgelegt. Nicht von ungefähr machen sich seither wieder die auf die nationalen administrativen Potentiale weisenden Vertreter verschiedener Konzepte vom "Ökostaat" stark. Dennoch wird in der gesellschaftstheoretischen Literatur weitaus stärker das akteurbezogene Denken favorisiert - allerdings bislang ohne die gewünschte Resonanz. Besonders die politischen Parteien und die grossen Organisationen scheinen auf diesen Literatur- und Anregungsfundus nicht zurückgreifen zu wollen. Aber nur im Rahmen des politischen Lebens der Gesellschaft hat der Vorschlag von Ulrich Beck eine Chance, neue Institutionen und Verfahren auszudenken und auszuprobieren, die einen wirklich durchgreifenden Einfluss der Betroffenen, der gesellschaftlichen Akteure also, ermöglichen. Allein der nicht ökonomisch gezielt interessengebundene Akteur ist in der Lage, in der Risikogesellschaft für die generelle Ausschaltung bestimmter technologischer Risiken einzutreten, Folgebewertungen industrieunabhängig durchzukämpfen und politisch unverfälscht durchzusetzen, wobei der Sachverhalt konträrer Interessen, der nun einmal gegeben ist, durch die Suche nach neuen Vermittlungsformen wenigstens kanalisiert werden könnte.

Innerhalb dieser Diskussionen hat eine Arbeitsgruppe um Horst Zillessen, Peter C. Dienel und Wendelin Strubelt (Zillessen et al., 1993) einen Ansatz zur "Modernisierung der Demokratie" vorgeschlagen, der eine grundlegende Erneuerung der interagierenden "Pole" des Staates und der gesellschaftlichen Akteure ins Auge fasst. Diese Erneuerung hat zur Voraussetzung, dass sich der Staat zunehmend als eine Form der Organisation gesellschaftlicher Akteure bei deren eigenständiger Bearbeitung politischer und sozial-ethischer Probleme begreift, während sich auf der anderen Seite und in diesem Prozess der "hochorganisierte gesellschaftliche Akteur" selbst herausbildet, als Mitglied der Gesellschaft, das über die erforderliche hochentwickelte Reaktions-, Handlungs- und Problemlösungsfähigkeit verfügt (Zillessen et al., 1993: 17). Flankierend zu diesem Vorgang, für den sich mindestens auf der Akteurseite bereits genügend Beispiele finden lassen (eine Auswahl davon wird in dem Buch fallstudienartig vorgestellt), ist die Bildung von Gremien anzustreben, die einmal als "nationale Politikforen zur Beeinflussung der politischen Tagesordnung" die institutionalisierte Demokratie gewissermassen auflockern und zugleich kritisch und kooperativ bedrängen, zum anderen als "neue Institutionen mit Entscheidungskontrolle" eine Art Kammer mit dem Recht eines aufschiebenden Vetos bilden. Der kundige Experte aus dem "nichtgewählten Bereich" der Gesellschaft muss Mittel und Wege zur Verfügung haben, um seine qualifizierte Kenntnis kommunikativ einzubringen und politisch wirksam zu machen, ohne sich damit auf eine parteipolitische Linie einlassen zu müssen. Administrative Effizienz, parlamentarische Kontrolle und der gesellschaftliche Akteur werden auf diese Weise in ein wechselwirkendes Netz gebracht. Auf das Problem der Transdisziplinarität bezogen, wird sichtbar, dass sich hier völlig neue Ansätze herausbilden, die interdisziplinäre Arbeitsweisen der Sozialwissenschaften herausfordern. Oder, anders ausgedrückt, die Kooperationen von Forschergruppen werden nicht mehr primär durch innerwissenschaftliche Probleme herausgefordert, sondern durch die Wechselbeziehungen zu Politik und Bürgerschaft.

Die Vielfalt der Anregungen aus dem gesellschafts- und politiktheoretischen Schrifttum zielt auf Transdisziplinarität, weniger auf die Schärfung interdisziplinärer Profile. Wie anders sind die aufgestauten Probleme des Wissenschafts- und Technikprogresses zu bannen, wie ist die in dieser Hinsicht ungelenk gewordene Demokratie zu beleben, wie das faktische Ausgeliefertsein an die Staatsexperten zu überwinden, wenn nicht auf einem solchen Wege des Ausprobierens neuer Formen, getragen von einem quantitativ breiten Konsens der Betroffenen? Und diesem Blick auf die Praxis wird sich auch die Bearbeitung fächerübergreifender ökologischer Fragen nicht entziehen können.

Literatur

Bahro, R. (1988) Notstandsregierung oder Rettungsregierung in der Krise der weissen Zivilisation *In*: Die Zukunft der Demokratie, Bobbio, N. (Hrsg.), Rotbuch Verlag, Berlin.

Beck, U. (1986) Risikogesellschaft. Auf dem Weg in eine andere Moderne. Suhrkamp, Frankfurt a. M.

Beck, U. (1993) Die Erfindung des Politischen. Zu einer Theorie reflexiver Modernisierung. Suhrkamp, Frankfurt a. M.

Chukwama Soludo, Ch. (1992) North-South macroeconomic Interactions: Comparative analysis using the MULTIMOD and INTERMOD global models. Brookings Discussion Papers 7. The Brookings Institution, Washington.

Fromm, E. (1976) Haben oder Sein. Die seelischen Grundlagen einer neuen Gesellschaft. Deutsche Verlags-Anstalt, Stuttgart.

Jonas, H. (1979) Das Prinzip Verantwortung. Versuch einer Ethik für die technologische Zivilisation. Suhrkamp, Frankfurt a. M.

Kautsky, K. (1913) Vorläufer des neueren Sozialismus, 2 Bde. J. H. W. Dietz Verlag, Stuttgart; *3. Auflage.*

Klages, L. (1929) Mensch und Erde. Eugen Dietrichs Verlag, Jena; *Erstausgabe 1913.*

Kloepfer, M. (Hrsg.) (1989) Umweltstaat. Springer-Verlag, Berlin, et al.

Kommission der Europäischen Gemeinschaften (1992) Arbeitsdokument der Kommission für das vierte gemeinschaftliche Rahmenprogramm im Bereich der Forschung und technologischen Entwicklung (1994 - 1998). Amt für Veröffentlichungen der Europäischen Gemeinschaften, Luxemburg.

Linke, M. (1991) Demokratische Gesellschaft und ökologischer Sachverstand. Kann die Demokratie die ökologische Krise bewältigen oder brauchen wir eine Ökodiktatur? Institut für Wirtschaftsethik an der Hochschule St. Gallen, St. Gallen.

Luhmann, N. (1984) Soziale Systeme. Suhrkamp, Frankfurt a. M.

Marcuse, H. (1970) Der eindimensionale Mensch. Studien zur Ideologie der fortgeschrittenen Industriegesellschaft. Luchterhand, Frankfurt a. M.

Offe, C. and Preuss, U. K. (1990) Democratic Institutions and Moral Resources. ZeS-Arbeitspapier. Zentrum für Sozialpolitik der Universität Bremen, Bremen.

Schumpeter, J. A. (1974) Kapitalismus, Sozialismus und Demokratie. Francke, München.

Zillessen, H., Dienel, P. C. and Strubelt, W. (1993) (Hrsg.) Die Modernisierung der Demokratie. Internationale Ansätze. Westdeutscher Verlag, Opladen.

Verzeichnis der Autorinnen und Autoren

Prof. Dr. Dr. Günter Altner, Professor, Institut für evangelische Theologie, Universität Koblenz-Landau
P: Zum Steinberg 55, D-69121 Heidelberg
Tel: ++49 (6221) 462 20, Fax: ++49 (6221) 47 48 80

Dr. Klaus Amann, Assistent, Fakultät für Soziologie, Universität Bielefeld, Postfach 100131, D-33501 Bielefeld
Tel: ++49 (521) 106 43 12, Fax: ++49 (521) 106 58 44
eMail: klaus.amann@post.uni-bielefeld.de

Dr. Philipp W. Balsiger, Lehrbeauftragter, Interdisziplinäres Institut für Wissenschaftstheorie und Wissenschaftsgeschichte, Universität Erlangen-Nürnberg, Bismarckstrasse 1, D-91054 Erlangen
Tel: ++49 (9131) 85 23 23, Fax: ++49 (9131) 85 21 80
eMail: pebalsig@phil.uni-erlangen.de

Dr. Gerhard Becker, Akademischer Oberrat für Erziehungswissenschaften/Hochschuldidaktik, Fachbereich Erziehungs- und Kulturwissenschaften, Natur- und Umweltbildung in der Stadt Osnabrück (NUSO), Universität Osnabrück, Heger-Tor-Wall 9, D-49069 Osnabrück
Tel: ++49 (541) 969 44 73, Fax: ++49 (541) 969 12 33
eMail: gbecker@titan.rz.uni-osnabrueck.de

Fürspr. Rico Defila, Wissenschaftlicher Sekretär, Interfakultäre Koordinationsstelle für Allgemeine Ökologie (IKAÖ), Universität Bern, Falkenplatz 16, CH-3012 Bern
Tel: ++41 (31) 631 33 62, Fax: ++41 (31) 631 87 33
eMail: defila@ikaoe.unibe.ch

lic. phil. hist. Antonietta Di Giulio, Assistentin, Interfakultäre Koordinationsstelle für Allgemeine Ökologie (IKAÖ), Universität Bern, Falkenplatz 16, CH-3012 Bern
Tel: ++41 (31) 631 39 56, Fax: ++41 (31) 631 87 33
eMail: digiulio@ikaoe.unibe.ch

mag. artis Matthias Drilling, Forschungsassistent, Philosophisches Seminar, Universität Basel / Interfakultäre Koordinationsstelle für Allgemeine Ökologie (IKAÖ), Universität Bern
P: Im Davidsboden 8, CH-4056 Basel
Tel: ++41 (61) 322 69 84, Fax: ++41 (61) 322 69 84

Prof. Dr. Wolfram Malte Fues, Professor, Deutsches Seminar, Universität Basel
P: Brunaustrasse 161, CH-8951 Fahrweid
Tel: ++41 (1) 748 07 52, Fax: ++41 (1) 748 07 63

Prof. Dr. Karin Knorr-Cetina, Direktorin, Fakultät für Soziologie, Universität Bielefeld, Postfach 100131, D-33501 Bielefeld
Tel: ++49 (521) 106 43 25, Fax: ++49 (521) 106 58 44
eMail: knorr@post.uni-bielefeld.de

Prof. Dr. Max Krott, Direktor, Institut für Forstpolitik und Naturschutz, Georg-August-Universität Göttingen, Büsgenweg 4, D-37077 Göttingen
Tel: ++49 (551) 39 34 12, Fax: ++49 (551) 39 34 15
eMail: mkrott@gwdg.de

Prof. Dr. Verena Meyer, Präsidentin, Schweizerischer Wissenschaftsrat, Inselgasse 1, CH-3003 Bern
Tel: ++41 (31) 322 96 66, Fax: ++41 (31) 322 80 70
eMail: vmeyer@physik.unizh.ch

Prof. Dr. Reinhard Mocek, Wissenschaftlicher Mitarbeiter, Institut für Wissenschafts- und Technikforschung, Universität Bielefeld
P: Vossstrasse 1, D-10117 Berlin
Tel: ++49 (30) 229 34 20

Dr. Heinrich Parthey, Wissenschaftlicher Mitarbeiter, Institut für Bibliothekswissenschaft, Humboldt-Universität Berlin
P: Margaretenstrasse 54, D-15370 Petershagen
Tel: ++49 (33439) 81 0 32
eMail: hparth@ib.hu-berlin.de

Prof. Dr. Hans Julius Schneider, Ordinarius, Institut für Philosophie, Universität Potsdam, Postfach 601553, D-14415 Potsdam
Tel: ++49 (331) 977 22 42, Fax: ++49 (331) 977 20 92
eMail: hschneid@rz.uni-potsdam.de

Die grössten Gefahren für die Umwelt in der Schweiz sind heute globaler Natur. Daher ist es erforderlich, die schweizerische Umweltpolitik aus dem Rahmen rein nationaler Betrachtung herauszulösen und in einen internationalen Kontext zu stellen.

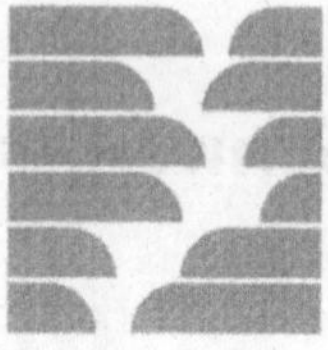

• Schwerpunktprogramm Umwelt •

Die Autorinnen und Autoren dieses Werkes analysieren die Eingebundenheit der Schweiz in internationale Abkommen und weisen darauf hin, wo die wachsende internationale Verflechtung der nationalen Umweltpolitik Grenzen setzt beziehungsweise wo sie ihr neue Möglichkeiten eröffnet.

Schweizerische Umweltpolitik im internationalen Kontext

2. Themenheft des SPP Umwelt

Herausgegeben von M. Jochimsen und G. Kirchgässner, Hochschule St. Gallen

1995. 224 Seiten. Broschur.
ISBN 3-7643-5247-7

Der Band umfasst Beiträge aus den Wirtschafts-, Rechts- und Politikwissenschaften: anhand *ökonomischer* Analysen werden die wirtschaftlichen Anreize und Konsequenzen für die beteiligten Akteure untersucht, *juristische* Analysen zeigen die möglichen Umsetzungen in Form von Abkommen und Verträgen und die sich daraus ergebenden Verpflichtungen auf; aus einer *politisch-ökonomischen* Perspektive werden die Bedingungen für das Zustandekommen, die Stabilität und Wirksamkeit internationaler Umweltabkommen und deren (innenpolitische) Umsetzung formuliert.

Ergebnis ist ein Umriss des umweltpolitischen Handlungsspielraumes der Schweiz heute, auf dessen Grundlage konkrete Empfehlungen für die Politik gegeben werden.

Das Werk richtet sich an ein politisch und wirtschaftlich orientiertes Fachpublikum sowie an Forschende aus den genannten wissenschaftlichen Disziplinen.

Für beide Szenarien „Harter Alleingang der Schweiz" und „EU-Mitgliedschaft der Schweiz" werden wirtschaftliche Entwicklungstendenzen sowie deren Folgen für verschiedene Branchen analysiert und eine ökologische Gesamtbilanz erstellt.

Birkhäuser Verlag • Basel • Boston • Berlin